微课

其实不简单(技术篇)

张荣华
许建华 著
王 英

北京师范大学出版集团
BEIJING NORMAL UNIVERSITY PUBLISHING GROUP
安徽大学出版社

图书在版编目(CIP)数据

微课其实不简单.技术篇/张荣华,许建华,王英著.—合肥:安徽大学出版社,2018.7

ISBN 978-7-5664-1557-8

Ⅰ.①微… Ⅱ.①张… ②许… ③王… Ⅲ.①多媒体教学－教学研究 Ⅳ.①G434

中国版本图书馆 CIP 数据核字(2018)第 059231 号

微课其实不简单(技术篇)

张荣华 许建华 王 英 著

出版发行:	北京师范大学出版集团 安 徽 大 学 出 版 社 (安徽省合肥市肥西路 3 号 邮编 230039) www.bnupg.com.cn www.ahupress.com.cn
印　　刷:	安徽省人民印刷有限公司
经　　销:	全国新华书店
开　　本:	170mm×240mm
印　　张:	23
字　　数:	365 千字
版　　次:	2018 年 7 月第 1 版
印　　次:	2018 年 7 月第 1 次印刷
定　　价:	59.00 元

ISBN 978-7-5664-1557-8

策划编辑:刘中飞　武溪溪　　　装帧设计:李　军　金伶智
责任编辑:武溪溪　　　　　　　美术编辑:李　军
责任印制:赵明炎

版权所有　　侵权必究
反盗版、侵权举报电话:0551－65106311
外埠邮购电话:0551－65107716
本书如有印装质量问题,请与印制管理部联系调换。
印制管理部电话:0551－65106311

本书作者名单

张荣华　许建华　王　英　郝利明　张怀义
霍鑫磊　王星星　赵铁柱　刘春艳　张海珍
崔淑燕　王鹏飞　邵搏宇　禾佳唯　粟佳静
郭　娟　陈连冀　李　锋　李　辉

序

　　自 20 世纪 90 年代以来,教育领域出现了众多新名词。从"微课""微视频"到"微学习",从"微课程"到"翻转课堂"和 MOOC,令人应接不暇。近年来,又出现了"互联网+教育""深度学习""精准教学"等更新的术语。这些名词术语更新换代的背后,折射出现代高新技术,如通信技术、互联网技术、视频处理技术等信息技术高速发展对教育发展带来的深刻影响。

　　无论是高等教育,还是基础教育,都不分先后、不同程度地卷入了这场教育变革。作为培养基础教育师资的高等师范院校,更应一马当先,推进信息技术与大学人才培养深度融合的系统改革。2016 年以来,我们山西师范大学实施以课堂教学改革为突破口的人才培养模式改革,通过改革传统课堂教学模式,构建高度融合信息技术、"以学生为中心"的课堂教学模式,以此推动其他环节的改革。为此,我们建设了智慧教室和微课录制室,支持大学教师录制微课,开展翻转课堂教学,使今天的学生能够适应未来的基础教育新形势。

　　面对基础教育的变革与发展,师范大学的学者更应该在观念更新上领先于其他大学教师,在学术研究上超前于其他同仁,在行动上跟进或超越其他教育工作者,用自己的课题研究带动基础教育一线的科研力量,推进山西省基础教育的发展。《微课其实不简单(技术篇)》在这方面做了一些探索。该书与其说是象牙塔内的学者与基础教育一线合作的成果,不如说是师范大学教师怀揣服务基础教育的理想,脚踏实地予以践行的硕果。

微课承载着教育信息化深入发展的希望,无论微课的开发与设计,还是实施与评价,都不是一件简单的事情。我们期盼越来越多的学生、教师积极地投身于微课,投身于信息技术与教育深度融合的理论研究与实践行动中,为推进教育信息化发展贡献自己的力量!

山西师范大学校长

卫建国

2018.4.2

自 序

随着互联网、计算机和通信技术的发展,新媒体技术已经成为人类的一种必需的、基本的生存和生活工具,并促使人类的认知方式、思维方式和生活方式发生根本性改变。在教育领域,技术正在引领教育发生一场人类历史上前所未有的革命性变化。借助互联网这一强大的信息平台和传播媒介,21世纪初,一种新型课堂教育模式——"翻转课堂"(Flipping Classroom,或译作"颠倒课堂")得以在北美地区孕育,并迅速引起了全球教育界的广泛关注。2011年,翻转课堂被加拿大《环球邮报》评为"影响课堂教学的重大技术变革"。据不完全统计,截至2012年初,已经有2个国家20个州(省)30多个城市在开展翻转课堂的教学改革实验。我国重庆市和广州市的一些中学相继开始了翻转课堂的教学实验。

2013年底,由我主持的项目在中阳一中启动。该项目的目的在于通过实践构建"翻转课堂"教育信息生态系统及其教育理论,探索传统文化背景下技术革新教育、视频再造教育的可行性,以期为未来教育发展提供有益的借鉴。本书为该项目的阶段性成果之一。课题签约以后,我们组建了课题组,中阳一中还为课题实施设立了专门的办公场所。2013年11月19日,在中阳一中技术楼的多媒体教室,举行了该课题的启动仪式。中阳县政府秦香平副县长,中阳一中阴艾生校长、谢瑞鸿副校长、许建华副校长,以及中阳一中全体教师,山西师范大学教师教育学院副院长闫建璋等参加了启动仪式。作为课题首席专家,我报告了课程实施的背景、意义,以及课题总体实施计划。秦香平副县长对中阳一中开启中学与大学合作事业予以肯定,并对课题研究提出了"改革课堂教学模式,提升学校发展水平,争创吕梁一流"的要求和希望。

教学微视频是翻转课堂的重要手段,但在2013年底至2014年初,翻转课堂尚未普及偏僻县城,国内也缺乏相关实践经验和理论总结,我们的课题组就要凭借集体的力量来进行探索。我们组建了教学微视频录制技术攻关小组。虽然当时我们对教学微视频的内涵把握得不那么准确,但是,经过课题组的讨论,凭借我们多年对视频录制、多媒体教学课件的研究,以及对教育信息化的关注,我们总结出教学微视频的几个特点:从时间上来说,教学微视频一定很短,如3分钟或5分钟,一般为7~8分钟;从性质上来说,它不同于多媒体课件,又不是课堂教学的实录,更不是纪录片;从内容上来说,教学微视频是对教学中的重点、难点的视频化的讲解或解释;从要素上来说,教学微视频应受到内容、形式和技术等诸多方面因素的制约。

就教学内容和形式而言,我们认为,经过多年多媒体教学的洗礼,中学教师已经具备了进行规划、设计的基本能力和技能。而我们要做的,就是在技术上给予大家有力的支持。为此,我们在中阳一中电教组的基础上,从语文、数学等12个学科中,筛选了12位青年教师,成立了微视频录制技术攻关小组。首批设备到位以后,我们立即发动优秀青年教师录制样本视频。从样本视频的展播和交流中,我们收集了一段时间以来,录制教学视频中遇到的困难和问题,厘清了视频录制的步骤,明确了教学视频录制的规范。随后,在对全校教师培训的基础上,在中阳一中教研室刘汶福、雒海平、赵江等教师以及各学科组组长的协助下,我们组织了首届中阳一中微视频大赛,推进了各学科微课的开展。

在实践过程中,技术组对视频的屏幕录制、音频录制、音视频剪辑有一定的掌握,形成了一整套的工作流程。在解答教师疑问和处理教师视频的过程中,我们逐渐萌生了编写一本关于微视频录制的实用手册的想法。一方面,将我们的经验总结出来;另一方面,将我们的经验传播出去,让更多的教师、高师院校的师范生,以及对信息技术与学科教学整合感兴趣的研究生、研究人员,熟悉和掌握微视频录制的基本技术。

为了提高教师培训的效率,弥补面对面培训的不足,也为了更好地与国内同行交流,我们还制作了微视频录制技术的微视频,并建立了"微慕在线"微信公众平台(mooc-cell),用于开展微视频录制技术的在线教育。为广大的中小学校和培训机构提供微视频录制技术的在线微视频课程和线下指导培训服务，为开展翻转课堂提供强有力的技术支持。我们已经发布的微视频包括三部分：简单录制微视频技术、PPT达人课堂和微视频后期处理技术。关于微视频录制技术，有外置声卡的安装、数位板的使用、数位板的基本使用步骤、手机录制、麦克风支架的安装、超级捕快、IPAD录制——Explain everything等微视频；关于微视频后期处理技术，有Camtasia Studio 8.0微视频后期处理基础教程软件介绍、媒体导入、视频裁剪、图片插入、添加转场、添加背景、添加标注、手动添加、自动生成、视频输出、简易片头的制作、让我们一起把相片做成微视频、降噪等。

相关的微视频在微信公众平台上传以后，引起了良好的社会反响。在山西师范大学国培计划项目中，我们尝试运用此平台进行线下培训，受到国培学员们的好评。国内一些网站还转载或链接了这些微视频。今天大家看到的这本书，就是我们三年来实践的一个总结。这些实践，既包含来自一线教师录制微视频的实践探索和经验，也包含来自师范院校高年级师范生的实践和经验，还包含在线教育中对来自许多网友的问题的解答和学习反馈的经验。

为了使更多的人能够分享我们的成果，也为了普及微课录制技术，推动翻转课堂的有效实施，我们将本书的编著目标定位为六个"最"：用最浅显的语言、最精湛的技术、最通俗的案例、最简单的操作、在最短的时间里教会大家最实用的教学视频录制技术。既然是教学视频录制技术，为什么书名要取为《微课其实不简单（技术篇）》呢？微视频是微课的核心，正是借助微视频这个非同一般的载体，才使得课程、学习甚至教学实现了碎片化、泛在化和混合化。微课承载着教育信息化深入发展的希望，它脱胎于传统课程，而又具有鲜明的信息化特征，无论微课的开发、设计，还是微课的实施，都不是一件简单的事情。本书仅仅从技术角度，探讨微课的录制、上传等问题，故将书名确定为《微课其实不简单（技术篇）》。

编写本书的主要力量来自中阳一中课题组技术组的核心成员，以及山西省汾阳中学的几位青年教师。山西省汾阳中学是山西省教育信息化优秀试点项目学校，在王继民校长的领导下，自2014年以来，该校在基础教育信息化方面取得很多成绩，涌现出一批信息化教学青年教师。参与本书撰写的青年教师,皆为大学本科或硕士毕业生,绝大多数人在山西师范大学获得了学士学位,少数人还获得了硕士学位。他们拥有多年教龄和工作经验,通晓基础教育课程标准和教材,熟知教学内容的重点和难点,熟悉中学教学方法与策略,在各自的学科教学领域已经成长为骨干教师和学校的中坚力量。更重要的是,他们身怀终身学习理念,不断地虚心学习先进技术,反复摸索和练习,精益求精,练就了过硬技能。他们是信息技术时代谙熟技术的"技术达人",也是学校里精通各科教学的"骨干教师",还是母校引以为傲的青年才俊,更是最有能力实现信息技术与学科教学深度整合的一代年轻人。教育信息化的未来必定掌握在这样的年轻人手中。

张荣华
2017 年秋于平阳

前　言

《微课其实不简单（技术篇）》在区分微课和微视频、探讨微课的起源与发展历史、比较现有微课内涵的基础上，概括了微课的五个要素，并着重从技术角度阐述了微课的微视频录制技术以及学习平台运行技术。

绪论介绍了微课的起源与发展，阐述了微课的内涵及其要素、教学微视频等。从微课的要素分析中，读者也会找到"为什么微课其实不简单"的答案。第一章介绍的是微视频录制技术。微视频既是微课动态的、立体的、自媒体式的载体，又是微课取之不尽用之不竭的资源。教师掌握一些常用的视频录制技术，可以提高自己在信息技术时代生存和发展的能力。常见的录制视频的工具有摄像机、计算机、智能手机、平板电脑以及其他工具，第1章逐一介绍了这些工具的使用方法与技巧。微课的制作离不开PPT，很多人觉得PPT很容易制作，其实，走进中小学甚至大学的课堂去听课，我们会发现，很多教师其实并不会制作多媒体课件（PPT），更不要谈制作高水平的课件了。第2章以教学实践中的案例为对象进行分析，阐述教学PPT中的常见问题和解决办法。由于受客观条件的限制，绝大多数教师会将录制微视频的地点选在自己家中。这便带来一个问题，录制环境嘈杂，导致微视频杂音过多。或者，由于自身技术不过硬，录制出来的视频总是带有一些杂音。而制作精良的微课，是不允许有丝毫噪音出现的。那么，如何通过后期处理技术，消除微视频中的噪音呢？又如何添加标注？如何处理视频中的音频？通过阅读第3章，读者一定会找到满意的答案。微视频录制出来以后，若只是放在教师自己的电脑里，则无论如何也发挥不出来它在混合式学习中的作用。

此时，就需要将微视频在在线学习平台上予以发布，通过推送和分享的方式让学生高频率地下载和学习。第 4 章介绍了如何在优酷、腾讯上传视频，微信公众平台的使用策略，以及 EduWind 和 EduSoho 等在线教育平台。第 5 章是微视频教学的案例展示，列举了语文、数学、外语等 9 个学科的教学案例，以及两个脚本制作案例。这些教学案例均来自中阳一中与汾阳中学一线教师的课堂实践；脚本制作案例的实例则来自师范大学大四学生的毕业设计。教学案例主要展示微视频从设计到录制、后期处理和上传的过程；脚本制作案例主要展示微视频脚本的制作流程。

本书是《微课其实不简单》的第一卷，旨在帮助读者了解微课的基本理论问题，如微课的起源、发展、内涵与要素，以及微课制作的基础性技术问题，如微视频录制技术、微课 PPT 制作、教学微视频的后期处理技术、微视频发布及在线学习平台。最后一部分，从设计、录制、处理、上传及脚本制作等方面，展示了微视频教学案例。本书作者均有微课录制经验，内容由浅入深，操作从实际出发，所举实例均经过课堂教学检验，并附有视频二维码。作为能存储汉字、数字和图片等信息的更高级的条码格式，二维码的应用极大地方便了读者的学习。读者可以省去在 PC 端打开网址搜索的繁琐过程，通过"扫一扫"就可以直接获得相应的教学微视频。读者在阅读、学习本书理论知识的同时，能够及时获得技术操作的"全景"演示，从而提高了阅读和学习的效率，也最大程度上实现了我们对本书的目标定位。利用二维码的信息获取和网站跳转功能，读者可以用手机快速打开相应的教学微视频，这是本书作为技术指南类书籍的一大特色。

传统意义上，教师的形象是"一支粉笔两袖清风，三尺讲台四季晴雨，加上五脏六腑七嘴八舌，九思十想滴滴汗水诚滋桃李满天下"，那么，信息技术时代，唯有那些拥有信息技术素养，通晓信息技术与教学相整合技术的教师，才最受社会认可和学生的欢迎。人的技术素养不是与生俱来的，而是后天养育的结果，信息技术素养亦是如此。信息技术素养的培养，须从点滴做起，掌握微课录制技术可以说是一条最便捷的培养途径。关于微课录制技术，我们虽然进行了较长时间的探索，书中有不少内容属于原创，但也借鉴和引用了国内外的许多相关成果，我们对这些成果的作者深表感谢。

本书由张荣华、许建华和王英所著，张荣华负责定稿，许建华、王英、郝利明、张怀义和赵铁柱负责统稿。自序、前言、绪论的0.2和0.3由张荣华撰写,绪论的0.1由许建华撰写,绪论的0.4由王英撰写;第1章由张怀义撰写;第2章由王星星(2.1至2.4)、赵铁柱(2.5)撰写;第3章由霍鑫磊撰写;第4章由郝利明(4.1至4.6)、邵搏宇(4.7)撰写;第5章由郭娟、张怀义、刘春艳、张海珍、李锋、王鹏飞、李辉、陈连冀、崔淑燕、禾佳唯和栗佳静撰写;后记由许建华撰写。山西师范大学教育科学研究院2013级教育硕士郑瑞琴、宁彩荣和吉青青,山西师范大学2014级在职教育硕士薛刚霞和申海萍,山西师范大学教师教育学院2016级教育硕士王英侠和邵搏宇参加了书稿的讨论、案例的采集等工作;2017级教育硕士苏丽敏、陈静、李佳、王凤娇、李洋、王佳然、王喆婷等七人参加了书稿的后期校对工作;赵铁柱和邵搏宇还参加了本书的修改、统稿工作。本书力求在借鉴国内外相关技术、经验的基础上,实现六个"最"的编撰目标,能否实现这一目标,就交给读者和时间来判断吧。

《微课其实不简单(技术篇)》是我们多年来课题研究的一个总结。在课题研究过程中,我们了解到基层信息技术与学科教学的实际情况,也了解到一线教师在将信息技术与学科教学进行深度整合过程中遇到的问题与困难。我们期望从解决这些问题与困难的角度,编撰出对推进信息技术与教育教学深度整合特别实用的指导用书。从微课的基本要素可知,微课的实施是涉及目标与管理、内容与设计、方法与形式、评价与反馈以及技术与平台的系统工程。限于篇幅,本书主要探讨了微课录制的入门技术,以及微课在线学习平台的相关入门技术,展示了部分微课的设计。本书的阅读人群可以是微课理论研究人员,也可以是中小学教师,还可以是信息化教育的技术人员。除了对基层教师开展微课实践具有指导意义以外,本书还可作为大专、本科等院校教师教育相关课程的教材或参考书籍。在微课实施方面,我们实际上只能算"新兵",编撰这一本书也着实吃力。书中难免有错误和疏漏,不足之处,期盼读者批评指正。

中阳县原县长乔晓峰、副县长秦香平,中阳一中原校长阴艾生十分关心课题研究和本书的撰写工作;在本书修改过程中,还得到中阳一中现任校长张福平、汾阳中学校长王继民的大力支持,在此对他们表示衷心的感谢!正是在各位领导的关怀和督促下,这本以吕梁山区高中学校青年教师为主力的课题研究成果终于得到出版。对中学教师而言,能够在繁重的教学工作之余,抽出时间和精力来完成这项工作,实属不易。几位编者参与了本书内容的讨论,他们对本书的框架构建、内容编排、修改、校对付出了艰苦的劳动,这里对他们表示衷心的感谢!初稿完成和修改之时,我正在美国纽约州立大学的布法罗分校进行为期一年的访学。通过布法罗大学的校园网,我观看并下载了一些资料和微视频,其中的一些还被用到了书稿和老师们的教学视频录制中。为此,我还要特别感谢为我们提供帮助和支持的作者们。

《微课其实不简单(技术篇)》得以顺利出版,要感谢中阳县政府、中阳一中对课题的支持和资助,感谢中阳一中参与课题研究的领导和教师;感谢汾阳中学的领导和教师;感谢山西师范大学协同创新中心与山西师范大学地方服务与合作办公室的支持。最后,本书的写作和出版,还得到北京师范大学出版集团安徽大学出版社的帮助和大力支持,谨在此表示衷心的感谢!

在此书付梓之际,适逢母校山西师范大学建校 60 周年。我们将人生中最美好的青春时光留在了母校的校园里,也是在这里,我们的知识到扩充,思想得到升华,灵魂得到滋养。母校给予了我们奋进前行的力量和智慧。谨以此书献给母校建校 60 周年华诞!

张荣华
2017 年秋于平阳

思想需要成长
扫码一起碰撞

目 录

绪论 / 1
  0.1 微课的起源与发展 / 2
  0.2 微课的内涵 / 8
  0.3 微课的要素 / 14
  0.4 微课的发展前景 / 26
  本章小结 / 32

第1章 微视频录制技术 / 33
  1.1 微视频录制概述 / 33
  1.2 摄像机拍摄微视频 / 36
  1.3 计算机录制微视频 / 49
  1.4 智能手机录制微视频 / 72
  1.5 平板电脑录制微视频 / 79
  1.6 其他方式录制微视频 / 87
  1.7 商业定制微视频 / 90
  本章小结 / 95

第2章 微课PPT制作 / 97

- 2.1 教学PPT中的常见问题 / 98
- 2.2 快速找到PPT所需材料 / 104
- 2.3 保持PPT风格统一 / 114
- 2.4 快速导入与排版 / 135
- 2.5 使用其他软件快速制作PPT / 144

本章小结 / 156

第3章 教学微视频的后期处理技术 / 157

- 3.1 Camtasia Studio 8.0软件界面简介 / 158
- 3.2 视频的导入、剪辑与插入 / 161
- 3.3 视频配音 / 172
- 3.4 给视频添加元素与音频处理 / 186
- 3.5 视频输出 / 201
- 3.6 视频格式及转换基础知识 / 205
- 3.7 微视频后期处理卡片 / 213

本章小结 / 216

第4章 微视频发布及在线学习平台 / 218

- 4.1 微视频平台概述 / 218
- 4.2 上传视频 / 220

4.3 微信公众平台的使用 / 231
4.4 入驻网络课堂 / 242
4.5 在线教育平台：EduWind 整体解决方案 / 255
4.6 在线教育平台：EduSoho 开源网络课堂 / 262
4.7 在线教育平台：可汗学院 / 268
本章小结 / 276

第 5 章 案例展示 / 277

5.1 语文课微视频教学案例——通感——以《荷塘月色》为例 / 277
5.2 数学课微视频教学案例——空间几何体的表面积与体积 / 285
5.3 英语课微视频教学案例——强调句 / 293
5.4 政治课微视频教学案例——民族区域自治制度 / 298
5.5 历史课微视频教学案例——五四运动 / 302
5.6 地理课微视频教学案例——工业的区位选择 / 307
5.7 物理课微视频教学案例——正弦式交流电的产生 / 311

5.8 化学课微视频教学案例
　　——铝热反应 / 315
5.9 生物课微视频教学案例
　　——果酒和果醋的制作
　　/ 322
5.10 教学微视频的脚本制作
　　　案例 / 331
本章小结 / 345

后记 / 347

绪　论

近几年来,对于教育界的业内人士来说,微课成为一个出现频率颇高的词语。据报道,2014年中国教育信息化十大年度热词为翻转课堂、微课、智慧教育、慕课、移动学习、学习分析、教育大数据、智慧校园、在线教育以及3D打印。微课凭借其新颖的传播形式、灵活的学习方式,深受广大教育工作者的喜爱。现如今,微课已经渗透到教育领域的每一个角落,从学校到培训机构,从民间组织到网站平台,到处都可以看到它的身影。它就像一颗刚刚发芽的种子,一切都那么美好,一切都充满着希望。那么,微课是不是真的像人们说的那么神秘?微课会不会真的能改变中国的传统教育?微课会不会真的能实现教育公平化及最优化?微课——这颗仍然顶着露珠的小幼苗到底会长成一棵什么样的大树?它的命运会不会像流星一样稍纵即逝呢?

自20世纪80年代以来,以语言为中心的文化开始转向以视觉为中心的文化。马丁·海德格尔(Martin Heidegger)在《世界图像时代》中指出,世界就是图像,图像将成为认识世界的方式。当文化发生了"视觉转向"时,教育应该如何面对呢?较之教师的语言教学,微课必然会包含许多图像信息,通过让学生免费下载,就可以让学生像阅读小说一样随时随地展开课程内容的学习。当学生下载并反复播放微课进行观看和学习时,能够激发思维中的视知觉,即视觉思维。根据格式塔心理学家鲁道夫·阿恩海姆(Rudolf Arnheim)的论证,视觉思维是一种与言语思维或逻辑思维不同而富于创造性的思维,它可以充分发挥认识主体的能动性和创造性。以微课为切入点,通过教师、学生与教学信息的共生关系,又可以营造一个信息化的新型教育生态系统。

熟悉教育史的人都知道,今天的教学理论基本上都是在班级授课制确立以后,经过一代又一代教育家的实践和理论总结形成的。如今,微课使教学的过程更加开放,可以随时随地学习,课堂上的知识传授不再遵循"预备—提示—比较—总括—应用"五段论,这就为教学理论的创新提供了契机。

0.1 微课的起源与发展

0.1.1 微课发展的背景

在我国,"微"和"课"最早作为一个固定搭配出现在教育研究文献中是在2011年。这一年,广东省佛山市教育局的胡铁生在《电化教育研究》(2011年第10期)上发表《"微课":区域教育信息资源发展的新趋势》一文。他在分析教育信息化进程中制约资源应用效率的深层次原因时,结合佛山市微课建设实践,提出建设"微课"资源的必要性与可行性,并首次论述了"微课"的概念、组成、特点及分类。实际上,2010年11月,在佛山市教育局所启动的首届中小学新课程优秀"微课"征集评审活动中,征集和展播的均为优秀的"课例片段"。2011年11月,关中客在《中小学信息技术》上发文,对"微课程"(Micro-lecture)进行了介绍。他指出这个概念最早是由美国新墨西哥州圣胡安学院的高级教学设计师、学院在线服务经理戴维·彭罗斯(David Penrose)于2008年秋提出的。微课程因长度大约只有60秒而被称为"知识脉冲"(Knowledge Burst),戴维·彭罗斯也因此被人们称为"一分钟教授"(the One Minute Professor)。

无论是"微"课程还是"微"课,都属于互联网时代教育创新的产物。作为知识传播的新型手段或形式,它们的出现绝不是偶然的,而是与信息技术、广播电视通信技术、互联网技术以及网络社交技术的发展息息相关。1971年,人类历史上第一封电子邮件(E-mail)诞生,由此实现了点对点的信息传输。1984年,电子公告牌系统(Bulletin Board System,BBS)发布,借助群发、转发技术,可以向所有人发布信息和讨论话题,实现了点对面的信息传输。20年后,蒂姆·伯纳斯·李创办了以超链接为特征的万维网(World Wide Web,WWW),建立了全球信息交流、沟通和服务的平台和世界性的信息库,使全世界的人们以史无前例的巨大规模进行相互交流。2004年,脸书(Facebook)问世,它将线下生活更完整的信息流转移到线上,让虚拟社交与现实世界社交得以交叉。2005年,前贝宝(PayPal)员工查德·赫利(Chad Hurley)、陈士骏、乔德·卡里姆(Jawed Karim)等创立优兔(YouTube)视频网站。该网站主要采用 Macromedia Flash 技术提供内容,使用户拥有自由上传、搜索和评论的权限,实现了网络共享的"视"界。史上首个视频时长仅 19 秒,题名为"我在公园",由其创办人之一——卡里姆在 2005 年 4 月 23 日上传。在该视频中,卡里姆站在加利福尼亚州圣地亚哥动物园的大象前说:"这些家伙有好长好长好长的,呃,鼻子,好酷。"卡里姆的这一段视频短小精悍,记录的是自己生活中的事情,给那些喜欢拍摄视频、表现欲望强烈,而又希望引起大众关注和分享的人们提供了一个表现自我、快速分享、与他人交流互动的"新媒体"模板——微视频。YouTube 将上传的视频时长限制在 10 分钟内,一时间,时长小于 10 分钟的微视频风行全世界。

微视频网站避免了传统视频网站的费用高昂、图像质量低劣、版权问题频发等问题,可以满足大众日益高涨的浏览、创作和分享个人生活微视频的愿望。有数据显示,全球排名前十的视频网站总访问量在 2006 年第一季度增加了 164%,YouTube 网站每天的浏览量突破 1 亿大关,这标志着网络视频时代的到来。截至目前,YouTube 是全球最流行的视频网站,用户每月视频观看总时长超过 40 亿小时,每分钟上传的视频总时长达 72 小时。YouTube 自 2005 年问世以来,已经发展成为一家原创内容提供商,不再只是专注于业余视频分享网站。2006 年,社交网络及微博客服务网站 Twitter 问世,它允许用户将自己的最新动态和想法以及移动电话中的短信(推文)进行发布(发推)。由于其互动性和参与性强,信息传播速度快,故 Twitter 受到人们的欢迎。但由于推文字数受到限制,继微视频之后,一种即时传播,同时可交流的 Micro-blog 很快又风靡全球。

短短的 30 年时间,信息传输就实现了如下转变:点对点;点对面;全球信息交流、沟通和服务的平台和世界性的信息库;线下与线上、虚拟与现实世界的交叉;自由浏览、创作和分享视频;即时传播,同时交流。这些技术的不断更新和突破,使得共享、互动、开放、便捷、个性化的互联网发展新理念深入人心,引发了人类历史上另一场革命——信息革命。在工业革命时代,由于信息传输,尤其是文字、图像信息传输受到距离、气候等许多不可控因素的限制,因此人们只能集中在工厂化的教育系统——学校中接受教育。在信息革命时代,技术正在把教育从学校转移到学校以外的各种场所,如家庭、办公室等。由于计算机、智能手机、平板电脑等网络设备的普及,网络接入速度越来越快,同步在线通信操作变得越来越简单,价格越来越低廉。视频游戏承载的教育信息越来越丰富,越来越多的人在校外场所进行在线学习。在线学习给个人带来了均等的学习机会,学习不受围墙、分数和场所限制,只要你愿意,随时随地都可以学习;在线学习给学校带来了挑战,如果在网络上就可以接受到个性化的、私人订制的、有利于多方面兴趣培养的良好教育,那么学校还能做什么?

面对技术的挑战,学校教育只能融合技术再发展。在高等教育领域,2001年,美国麻省理工学院推出"开放课件"项目(Open Course Ware, OCW),旨在将该学校的所有课程资源免费发布在互联网上,实现优质教育资源的全球共享。2002年,联合国教科文组织召开了主题为"开放课件对发展中国家高等教育机构的影响"(Impact of Open Course Ware for Higher Education Institutions in Developing Countries)的论坛,首次正式提出"开放教育资源"(Open Educational Resources, OERs)这一概念。2012年,麻省理工学院和哈佛大学联合创建大规模开放在线课堂平台edX,向所有互联网用户推出高质量的在线课程,即MOOCs(Massive Open Online Courses)。如今,继全球慕课平台"三巨头"——Coursera、Udacity和edX之后,欧盟的OpenupEd、日本的Schoo、巴西的Veduca、英国的FutureLearn、爱尔兰的Alison、德国的iversity、荷兰的SURFnet、西班牙的Crypt4you和MiriadaX、芬兰的Eliademy、澳大利亚的Open2Study等慕课平台纷纷涌现出来。通过互联网,任何感兴趣的人士都可以使用免费的、可检索的、开放存取的大学资源和课程内容。据研究,[①]2012年之后,OERs和慕课领域的研究呈现出蓬勃发展的态势;研究者数量较多,以英美国家的作者居多,亚非拉国家的作者偏少;在线学习、数字化学习、技术、联通主义、在线教育、学习社区、教学法等备受关注。目前,麻省理工学院的所有课程均已上传至网上。在它的影响下,许多国家基础教育领域的教育工作者都尝试将在线学习与实体学校学习相结合。俄罗斯成立国家开放教育信息平台,在基础教育阶段,俄罗斯完成中小学电子版教材认证工作并将"信息安全"设为中小学必修课程;日本中小

---

① 李艳,张慕华. 国际开放教育资源和慕课(MOOCs)研究文献计量分析(2000—2015)[J]. 远程教育杂志,2016,35(3):76—87.

学实现教材电子化;丹麦44%的小学使用iOS应用程序WriteReader,帮助学生以创造故事的方式提高读写能力;美国K-12个性化教育机构Altschool通过技术平台推行个性化教育;一些国家还将机器人引入了教学。在线学习与实体学校学习相结合,在实践中诞生了一种颠覆性的教育模式——混合式学习模式(如图0-1所示)。迈克尔·霍恩(Michael B. Horn)和希瑟·斯特克(Heather Staker)在研究了美国150多个混合式学习项目后,概括出混合式学习(Blended Learning)的定义,认为它包括在线学习、在受监督的实体场所学习以及一种整合式的学习体验等三个关键性部分。

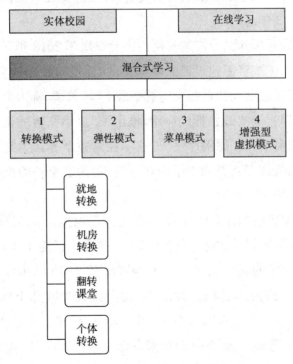

图0-1 混合式学习模式

(摘自:迈克尔·霍恩和希瑟·斯特克的《混合式学习》)

1. 在线学习。混合式学习是正规的教育项目,学生的学习过程至少有一部分是通过在线进行的。在线学习期间,学生可以自主控制学习的时间、地点、路径和进度。

2. 在受监督的实体场所学习。学生的学习活动至少有一部分是在家庭以外受监督的实体场所进行的。

3. 一种整合式的学习体验。学生学习某门课程或科目时的学习路径模块要与整合式的学习体验相关。混合式学习有四种模式,如图 0-1 所示,其中转换模式中知名度最高的就是翻转课堂。无论哪种形式的混合式学习,课程和教学显然都在向网络转移。这就使网络课程的开发成为混合式学习的先决性条件。

0.1.2 微课发展的现状

在国内教育领域,微课从最初的课例片段发展到在线微视频和微网络课程,仅仅经历了 3 年时间。

最早进行微课探索的是广东省佛山市教育局于 2010 年开展的课例片段展播活动。基于传统资源建设模式暴露出的"建设与应用脱节""更新缓慢""交互性差""资源粒度大""资源应用效率低下"等弊端,佛山市教育局系统化开展区域性微课建设实践并推广应用,推出了"短小""情境化""案例型""便于应用"的资源类型——课例片段。[①] 这一探索被学界认为是微课的最初研究。[②] 山东省寿光市圣都高级中学的郑金明,可谓首个将微视频用于教学的教师。他在《生物学通报》(2011 年第 1 期)发表了《生物学实验显微视频制作》,探索了微视频的制作方法:将光学显微镜下观察到的动态实验过程用摄像机录制下来,再用相关软件进行加工处理,制作成适用于实验教学的视频。文章从显微摄像机的制作、实验录像和视频编辑等三个方面详细介绍了生物学实验显微视频的制作过程。2011 年,国内只有少数几个地区(如广东佛山、深圳以及内蒙古鄂尔多斯等地区)的部分学校(如重庆市江津聚奎中学,江苏、浙江、上海等地的部分学校)探索微课教学。2012 年,随着"翻转课堂""可汗学院""电子书包""视频公开课""混合学习"等教育创新概念和实践在全球迅速走红,以在线视频为主要表现形式的微课(或微课程)迅速在全国中小学、职业院校、电大系统、普通高等院校甚至企业教育等领域全面展开。2012—2013 年国内重要的微课比赛与活动如表 0-1 所示。

---

① 胡铁生,黄明燕,李民. 我国微课发展的三个阶段及其启示[J]. 远程教育杂志,2013,(4):36—42.

② 关中客. 微课程[J]. 中国信息技术教育,2011,(17):14.

表 0-1　2012—2013 年国内重要的微课比赛与活动

活动组织方	活动名称	启动/活动时间
教育部教育管理信息中心	第四届全国中小学优秀教学案例评选活动暨中国微课大赛	2012 年 9 月至 2013 年 6 月
中国教师报	全国首届微课程大赛(为保护版权,只能在教育通手机应用软件中进行观看)	2012 年 10 月 22 日至 2012 年 11 月 21 日
教育部全国高校教师网络培训中心	首届全国高校微课教学比赛(分初赛、复赛和决赛,既有作品推荐报送,又有现场教学竞赛)	2012 年 12 月至 2013 年 8 月
华南师范大学与凤凰卫视集团	面向全球推广"凤凰微课",举行规划盛大的发布会和启动仪式,首期便推出 6000 多门面向社会的免费实用课程	2012 年 12 月 28 日
江西省教育厅	2012—2013 学年全省中小学(幼儿园)教师全员远程培训优秀微课评选活动	2013 年 3 月 14 日

(摘自:胡铁生、黄明燕和李民的《我国微课发展的三个阶段及其启示》)

自 2012 年教育部教育管理信息中心举办首届中国微课大赛以来,各省市也纷纷举办本地区的微课比赛。为了选拔出优秀微课参加省级比赛,数以千计的学校又举办了校级比赛。与此起彼伏的微课赛事交相辉映的是关于微课的研究也兴盛起来。在中国知网,分别以"微课""微课程""微视频"等教育信息化的热门词汇为关键词,检索到的文献数量如图 0-2 所示。由图中可以看出,相关研究呈现迅速增长态势。

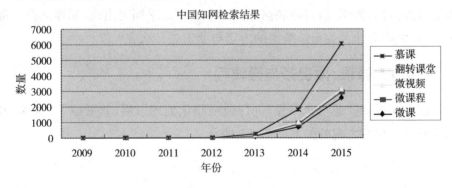

图 0-2　微课相关研究的文献数量

与此同时,国内涌现出很多服务于中小学翻转课堂教学的在线教育网站和微课平台。一些大型互联网公司,如腾讯、阿里巴巴、百度等,逐渐开发旗下的在线教育平台。在线教育平台是实现翻转课堂、开展在线教育和混合式学习的硬件保障。方圆媛详细分析了可汗学院在线平台的构成与功能。① 她认为,从学生角度来说,平台为学生观看教学微视频、完成相关练习与测试、了解自己的学习进度,以及进入学习社区中向辅导教师或其他人提出学习疑问提供了支持。对教师而言,平台同样具备支持功能。教师可以在学习平台上通过获取平台自动生成的学生学习行为报告书来监督学生总体与个体在线学习行为(如观看视频时长、练习时长、讨论时长等),了解学生总体和个体知识的掌握情况;向学生推荐学习视频与相关学习材料,以及解答学生的问题等。如同黑板在工业革命时代对教育的重要性一样,在信息革命时代,在线教育平台必将成为一个必不可少的因素,影响和推动教育的发展。本书第 4 章将对在线学习平台的构成和使用进行详细的介绍。

微课的研究涉及微课的概念与本质、制作方法与原则、微课设计、微课评价、教师的专业发展等多方面。因本书篇幅所限,仅在下一节对微课的概念与本质作一番讨论。

0.2 微课的内涵

可汗学院在全球范围内的走红,也将"微课"一词带入人们的视野。从广播、电视和计算机辅助教学,到今天的微课,教育传输技术都在不断发生着变化。与微课同时进入人们视野的还有"微视频""微课程"等热词。从前面的介绍可以得知,微课、微视频和微课程三个名词几乎同时出现,相伴而行。那么,三者之间有什么关系?微课的内涵与要素是什么呢?

0.2.1 微课、微视频与微课程

简单来说,把"课"和"课程"进行微视频化处理以后,就形成了"微课"和"微课程"。它们之间的关系如图 0-3 所示。

---

① 方圆媛. 翻转课堂在线支持环境研究——以可汗学院在线平台为例[J]. 远程教育杂志,2014,(6):41—48.

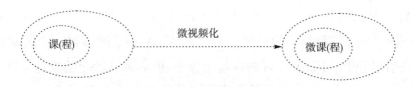

图 0-3　微课、微视频和微课程的关系

《现代汉语词典(第7版)》对"课"的解释如下：①教学的科目,如语文课和数学课；有计划的分段教学,如上课和下课；教学的时间单位,如一节课；教材的段落,如这本教科书共有25节课。相比课而言,课程的定义要复杂许多。施良方教授在分析国内外课程的定义后,提出课程即教学科目,课程即有计划的教学活动,课程即预期的学习结果,课程即学习经验,课程即社会文化的再生产,课程即社会改造。② 对照此定义,语文课也可以称为语文课程；数学课也可以称为数学课程。"课"即"课程"。把教学的时间单位累加起来,一节一节的课就构成了课程。同样,教科书中的段落如果累加起来,所有的课就构成了一门课程。从这个角度来说,课程又可以看作课的集合。课程与教学密不可分。美国学者塞勒(J. G. Saylor)等人用三个隐喻揭示了课程与教学的关系：③第一,若课程是一幢建筑的设计图纸,则教学是具体的施工；第二,若课程是一场球赛的方案,则教学是球赛进行的过程；第三,若课程是一个乐谱,则教学是作品的演奏。可见,课程目标的实现离不开教学过程和教学手段。

自有课程以来,人们一直在致力于教学手段和教育传输技术的更新。在传统课堂上,课程的教学要依赖教师的语言、手势等展开教学内容,进行知识传播。在广播、电影和电视技术出现以后,陆续有人探索将电子化的技术应用于教育。例如,20世纪80年代出现的广播电视大学,其课程教学就应用到了广播和电视传播技术。但是,广播、电影和电视的制作成本十分昂贵,对拍摄技术、录音技术和后期制作技术都有非常高的要求,一般人很难掌握。在计算机辅助教学技术普及以后,教师会利用多媒体课件开展教学。在多媒

---

① 中国社会科学院语言研究所词典编辑室编. 现代汉语词典(第7版)[M]. 北京：商务印书馆,2017.
② 施良方. 课程理论——课程的基础、原理与问题[M]. 北京：教育科学出版社,1996.
③ 崔允漷. 课程与教学[J]. 华东师范大学学报(教育科学版),1997,(1)：54－60.

体课件中可以插入 AVI(Audio Video Interleave)、WMV(Windows Media Audio)和 Flash 三种格式的视频。AVI 和 WMV 格式的视频可以直接插入，但文件容量很大。Flash 文件的容量比较小，但必须有特定的控件支持才能播放。相对于电影和电视，虽然多媒体课件的制作成本要低很多，但是多媒体课件的文字、图片、音频和视频的兼容性较差，在大多数情况下，多媒体课件成了文字、图片、音频和视频等学习资源的静态的堆砌，无法同时记录教师的教学语言，而且课件的容量一般都比较大，携带不方便，也不利于上传和下载。一些精品视频课程，也因真实拍摄和录像是在传统课堂上完成的，且用时过长，无法吸引到更多的学习者。[1] 简言之，广播、电影、电视技术以及互联网技术出现以后，教育信息化得到了长足发展，但也遇到了信息化与教育不能深度整合的发展瓶颈。[2]

YouTube 上线以后，其对一切浏览器、对所有人开放的微视频网络技术使知识实现了可视化的传输。此项技术将 1968 年阿特金森和萨普斯等倡议的计算机技术促进学习引向一个新的发展阶段，促使知识的传输形式和技术发生革命性的变化，预示着知识可视化时代的到来。YouTube 提供了一种全新的娱乐方式和教育方式，引发了视频、文化和教育方面的革命，因此被美国《时代》杂志评为 2006 年度最佳发明。YouTube 在教育方面引发的最著名的革命，便是由美国科罗拉多州落基山林地公园高中的化学教师乔纳森·伯尔曼(Jonathan Bergmann)和亚伦·萨姆斯(Aaron Sams)以及萨尔曼·可汗(Salman Khan)主导的视频教育。

在这里，有必要了解一下 YouTube 网络技术。在 YouTube 出现之前，互联网上还没有可以分享视频的网站。YouTube 网络技术实现了这一点，它集音频与视频、文章与图像为一体，支持各种格式的视频文件，兼容性强；利用计算机内嵌的 FlashPlay 播放器，在任何计算机上都可以直接播放；还可以在 Linux 平台上运行，在 Firefox 或 Opera 等除 IE 之外的其他浏览器上使用，且向一切浏览器开放；基本上不对用户上传和浏览视频文件作任何

---

[1] 王佑镁.高校精品课程网络资源教学有效性的缺失与对策[J].中国电化教育,2010,(8):80—84.

[2] 何克抗.迎接教育信息化发展新阶段的挑战[J].中国电化教育,2006,(8):5—7.

法律和道德之外的限制,且向一切用户开放;允许容量不超过 100 MB、时长不超过 10 分钟的视频上传,方便用户上传视频。YouTube 最大的特点是它具有社会化特性与良好的交互性,它可以显示影片观看的次数,提供指向影片的链接。YouTube 还针对视频内容提供很多选择,如评级、加入收藏、评论、与他人分享、观看相关视频、查看用户播放列表以及交友功能等。就在许多人热衷于拍摄和在 YouTube 上分享个人视频的时候,伯尔曼、萨姆斯和可汗却将这些技术运用到了远程辅导学习上。他们利用当时流行的计算机录屏软件 Captivate、ALLCapture、Camtasia Studio 以及手写板等辅助工具,制作了最早的微型教学视频,并将其上传到 YouTube 上,供异地的学习者通过浏览视频来学习课程。

在国内,早在 2002 年,就有人介绍过录屏软件。[①] 2004 年,周建峰还提出利用录屏软件自助打造属于自己的视频教学网,但引起的反响并不大。[②] 直到优酷网播出《一个馒头引发的血案》以后,微视频才被广为人知。优酷网总裁古永锵第一个给出了微视频的中文定义:[③]微视频,又称视频分享类短片,是指个体通过 PC、手机、摄像头、DV、DC、MP4 等多种视频终端摄录、上传至互联网,进而播放共享的短则 30 秒、长则 20 分钟的视频。其内容广泛、形态多样,是小电影、纪录短片、DV 短片、视频剪辑、广告片段等在内的视频短片的统称。这个定义中的微视频,包括微电影、微广告、微电视等多种形式的微型视频,视频所涉及的内容范围非常广泛。5 年之后,微视频才慢慢走进学校,被运用在教学中,进而出现了教学微视频、微型教学视频等新名词,它们被用来指称区别于多媒体课件的、新型的、视频化的教学工具。

微型教学视频或教学微视频,常常被简称为"微视频"。微视频,用来指称区别于多媒体课件,为实现一定教育教学目标,由个人或组织开发的视频化的教学手段或过程。其内容多聚焦于某门课程中的某一个概念、知识点,教学重点、难点或教学实践活动(如实验、任务和项目学习)等。微视频、练习题、课程资源等组成了微课的学习资源系统。微视频的特点还体现在:

---

① 刘长青.我的动画录像机[N].中国电脑教育报,2002,5,27.
② 周建峰.自助打造视频教学网[J].电脑应用文萃,2004,(5):80—81.
③ 古永锵.微视频在中国的机会[J].互联网周刊,2006,(9):11.

短：时长不超过 10 分钟。一般小学 1～4 年级的微视频时长不超过 4 分钟，5～6 年级的不超过 5 分钟，初中的不超过 7 分钟，高中的不超过 10 分钟，大学的不超过 20 分钟。

小：容量小，便于携带和复制。

低：视频制作和应用成本低，可以随时随地反复观看。

精：内容精练，一个微视频着重对一个小问题或主题进行讲解或解释。

快：制作周期短，相比电影和电视，制作的速度要快很多。

微视频技术将教学手段视频化，与传统教学单纯依赖教师授课培养学习者的言语或逻辑思维能力不同，微视频营造了一个视觉化的教学与学习环境，能够激发和唤醒学习者的视觉思维。据阿恩海姆研究，[①]在认知过程中，人们对那些"视觉化"了的事物往往能增强表象、记忆与思维等方面的反应强度。视觉思维能传递言语、文字所无法表达的信息，具有直接性、形象性、丰富性、多变性和动态性的特点，能够有效激发学习者的想象力、创造力和思维力。

教学手段和过程的视频化，是否等于课程的视频化呢？在下结论之前，我们先回想一下传统教学中教师是如何上"课"的。课上，学生要聚精会神地听讲，与同学和教师交流、讨论；课下，学生还要认真完成教师布置的作业，在自习的时候，还会向教师提出问题；当学习进行到一定程度时，学校还会组织各种测验和考试，来测试学生对知识的掌握程度。教学手段和过程的视频化，仅仅体现了课程视频化的一个方面，另外，还需要师生互动、评价、作业等网络化、可视化。有人会问，如果课程的教与学均在网络上进行，岂不成了在线课程？的确，微课（程）本质上就是一种在线课程。它既可以作为独立的在线课程，对学习者进行在线教育，又可以与实体中的课堂教育相结合，实现线上和线下双向联动混合式学习。

总之，课程的视频化比教学的视频化复杂得多。就教学视频而言，它能否体现教学目标，能否在短时间内突出教学重点，突破教学难点，能否吸引学生全神贯注地观看，着实要考量教师的教学能力、专业素养，甚至科学与人文素养。由此可见，微课看似"微小"，其实一点也不简单。那么，什么是微课？

---

① ［美］鲁道夫·阿恩海姆著.滕守尧译.视觉思维[M].北京:光明日报出版社,1987.

微课的要素有哪些？下面来进行介绍。

0.2.2 微课的内涵

关于微课的内涵，有很多种说法。[①] 以下列举了一些比较常见的定义或解释。

微课是根据新课程标准和课堂教学实际，以教学视频为主要载体，记录教师在课堂教学中针对某个知识点或教学环节，而开展的精彩的教与学活动中所需的各种教学资源的有机结合体。(胡铁生，2011)

微课是指以视频为主要载体，记录教师在课堂教育教学过程中围绕某个知识点或教学环节而开展的精彩的教与学活动的全过程。(百度词条，2012)

微课的全称为微型视频课程，它是以教学视频为主要呈现方式，围绕学科知识点、例题习题、疑难问题、实验操作等进行的教学过程及相关资源的有机结合体。(教育部教育管理信息中心，2012)

微课又名微型课程，是基于学科知识点而构建、生成的新型网络课程资源。微课以"微视频"为核心，包含与教学相配套的"微教案""微练习""微课件""微反思"及"微点评"等支持性和扩展性资源，从而形成一个半结构化、网页化、开放性、情景化的资源动态生成与交互教学应用环境。(胡铁生，2012)

微课是指以视频为主要载体，记录教师围绕某个知识点或教学环节开展的简短、完整的教学活动。(教育部全国高校教师网络培训中心，2012)

微课，它是一个微小的课程教学应用，是一种以 5~10 分钟甚至更短时长为单位的微型课程。它以视频为主要载体，特别适宜与智能手机、平板电脑等移动设备相结合，为大众提供碎片化、移动化的网络学习新体验。(凤凰微课，2012)

微课又名微课程，它是以微型教学视频为主要载体，针对某个学科知识点(如重点、难点、疑点、考点等)或教学环节(如学习活动、主题、实验、任务等)而设计开发的一种情景化、支持多种学习方式的新型在线网络视频课程。(胡铁生，2013)

---

① 苏小兵，管珏琪，钱冬明，祝智庭.微课概念辨析及其教学应用研究[J].中国电化教育，2014,(7):94-99.

微课是以阐释某一知识点为目标,以短小精悍的在线视频为表现形式,以学习或教学应用为目的的在线教学视频。(焦建利,2013)

微课程是指时间在 10 分钟以内,有明确的教学目标,内容短小,集中说明一个问题的小课程。微课程除包括视频外,还包括录音、PPT、文本等,并包括学习清单和学习活动的安排。(黎加厚,2013)

微课是指为使学习者在自主学习时获得最佳效果,经过精心的信息化教学设计,以流媒体形式展示的围绕某个知识点或教学环节开展的简短、完整的教学活动。(张一春,2013)

微课是指为支持翻转学习、混合学习、移动学习、碎片化学习等多种学习方式,以短小精悍的微型教学视频为主要载体,针对某个学科知识点或教学环节而精心设计开发的一种情景化、趣味性、可视化的数字化学习资源包。(郑小军,2013)

为满足个性化学习差异的需要,以分享知识和技能为目的,师生都可以录制能够增强学习实境、实现语义互联的简短视频或动画(可附相关的学习任务清单和小测验等),它们又能成为被学习者定制和嵌入的 wiki 资源分享内容。(吴秉健,2013)

从以上定义可以发现微课的特点如下:第一,微课教学时间以 5~10 分钟甚至更短时长为主;第二,微视频是微课的核心,也是微课的主要载体;第三,支持碎片化、移动化、泛在化的网络学习;第四,具有跟踪、分析和评价网络学习得以实现的反馈和考核系统;第五,需要技术与学习平台支持。

在诸多定义中,将微课视为网络微型课程的定义较为流行,但此定义未能揭示出微课的本质。微课具有课程的普遍特征,又具有特殊的信息化教育特点。它是一种有计划、有指导的学习经验和预期的学习结果,其目的是使学生的能力得到提高,通过信息化技术与平台的支持,为学生呈现可视化的知识和经验,支持碎片化、移动化、泛在化的网络学习,同时还具有对网络学习进行跟踪、分析,使之得以实现的反馈和考核系统。

0.3 微课的要素

概括起来,微课的要素包括目标与管理、内容与设计、方法与形式、评价与反馈、技术与平台(如图 0-4 所示)。

0.3.1 目标与管理

一、目标

微课虽"微",但也需要清楚地定义课程与教学的目标。其目标是选择教学材料或内容、设计教学方法、设计教学过程以及进行课程管理和评价的标准。

图 0-4 微课的要素

如何才能达到这些设计目标呢?首先,我们要明确什么是目标。一般来说,目标是指通过实施一定的教育,学习者预期达到的结果或标准。目标是学习者有意识地追求的对象,也是教育者想要实现的教育宗旨。其次,根据目标要求的主体不同,目标又可以分为若干层次,如国家层面的教育目标、学校层面的培养目标、课程专家层面的课程目标、课堂教学中教师层面的教学目标等。

那么,如何选择目标呢?课程与教学之父——美国著名教育家拉尔夫·泰勒在《课程与教学的基本原理》一书中指出,[①]教育目标来源于五个方面:①对学习者本身的研究;②对当代生活的研究;③学科专家对目标的建议;④利用哲学选择目标;⑤利用学习心理学选择目标。可汗学院的课程不但在线上受到欢迎,而且被更多的学校引入实践,这与可汗学院在创立之始就树立的课程理念与目标有很大关系。可汗在辅导自己的侄女的过程中,一直在思考为什么在标准化的课堂中孩子们不容易掌握知识,而辅之以个性化的辅导,他们却可以获得学业上的成功。在他看来,差生的产生是因为在他们没有完全掌握核心概念时,就不断地被迫跟着教师和大多数人的进度接受新知识。而事实上,每个人接受新知识的速度是有差异的。如果学生能够按照自己的进度学习,教师按照不同学生的进度给予个性化的辅导,最终每个人都可以掌握知识,成为学习上的佼佼者。正是基于这样的一个哲学思考和认识,可汗认为,通过互联网,可以让全世界所有人都能随时随地享受到免费

---

① [美]拉尔夫·泰勒著. 罗康,张阅译. 课程与教学的基本原理(第 2 版)[M]. 北京:中国轻工业出版社,2014.

的、高质量的教育。而要做到这一点,课程进度应该按照每个学生的不同需求来制定,而不是人为地规定一个统一的进度;学生如果想要掌握更高难度的知识,就必须深入理解最为基本的概念。

在传统的标准化课堂中,课程与教学产生的结果是多重的。比如,布鲁姆等人将教学目标分为认知、情感和技能三大领域,每一个领域目标又有从低级到高级的若干层次。以认知目标为例,它包括知识、领会、运用、分析、综合和评价六个层次。加涅认为,学习结果包括言语信息、智慧技能、认知策略、动作技能和态度。广义的知识理论认为,知识的学习包括陈述性知识、程序性知识和策略性知识。对于微课而言,课堂形式与教学形式发生了变化。当学生在线自主学习时,课堂是虚拟的,教学是可视化的、反复再现的;当学生参与教师的线下辅导时,课堂是现实的,教学是现场的、短暂的、不可复制的。那么,在学生自主的学习环境中,课程目标是否需要设定得与传统的课堂教学一致呢?

对基础教育而言,绝大多数的微课实际上依赖于或脱胎于国家课程。课程与教学目标的设立就需要参考或参照课程标准。因此,微课程目标是指根据教育理念、教育目标、课程理念或课程标准制定的一种教育、教学目标,是学习者在学习结束时达到的要求或产生的变化。自新课标实施以来,基层教师、高校教师与教学专家已经习惯了使用"知识、能力、情感"三维目标模式,针对 45 分钟的教学时长来构建目标。当时长变为不足 10 分钟时,合理确立教学目标对每一个教师而言都是一种挑战。具体到每一节微课时,可根据微课主要的学习经验和有利于教学指导的形式去设计目标。比如,侧重于知识教学的目标,可将目标聚焦于知识的理解、掌握和应用;侧重于能力教学的目标,可将目标聚焦于能力的掌握;侧重于情感教学的目标,可侧重于情感的体验、感受等。系列微课的目标应形成一个目标系统,组成微课程的课程目标。

二、管理

微课的出现使在线教育的发展上了一个台阶,但是,不可否认的是,微课虽然集中了在线教育的优势,但也不可避免地折射出在线教育的缺陷。在线教育的实践表明,注册课程人数虽多,但坚持到课程结束的人数却不多;开始时激情满满,越到后期越提不起精神;在线教育的学习环境可以随意变换,缺乏学习氛围,缺乏同伴交往、交流以及来自学习主体之外的监督,学习效果往往比在教室学习的效果差。因此,微课的管理就势在必行。

与实体学校的管理不同,微课的管理更多借助于自动化的程序来实施。其管理是课程开发者利用微课的学习资源,如微视频、练习题等,借助管理手段和机制,实现课程目标的过程。微课的管理者可以由课程开发者担任,也可以由教师担任,甚至可以由家长担任。微课管理的手段与机制包括实名制注册、实时更新学习信息、自动形成学习报告、对学习进步者进行奖励或激励等。微课管理的过程包括:①组建虚拟化的学习社区,允许课程开发者、实施者和学习者注册和登录。社区类似于现实生活中的学校,它能将学习者、教师和课程开发者组织起来,营造一个教育环境,这是实施管理的首要条件。②为每位学习者建立学习档案。学习者的学习时间、学习次数、学习轨迹等组成了学习者的电子学习档案,它如同成长记录册一样,记录了学习者的学习过程和成长过程。③根据课程学习的相同进度组建虚拟班级。传统班级是按照年龄分班的,相同年龄的人分在一起,未考虑学习者学习能力的差异和他们接受新知识的程度。④根据学习者的学习进度进行分组。同伴的交流、对话与互动可以降低学习者的孤独感,激发学习者思维火花的闪现。⑤实时监督学习过程。年龄越小的学习者的自控能力越小,实时监督可以督促他们在有限的时间里完成学习任务。⑥完成学习效果反馈、分析与评价。学习效果的检测通常依靠教师收集学生的作业,向学生访谈教学情况来实现。微课可以及时收集一个班级、一个小组的数字化的教学反馈信息,这样便于教师调整教学进度。⑦建立激励、奖励机制等。微课的奖励虽是虚拟化的、非现实的,但也可以激发学习者的内部学习动机,激励学习者实现课程目标。

0.3.2 内容与设计

一、内容

课程目标拟定好以后,我们面临的一个问题便是确定课程可以提供哪些特定的教育经验或学习经验,以帮助学习者实现教育目标。传统教育中对教育内容的选择原则同样适用于微课。依托于线下课程而开发的微课,则可以参考线下课程进行内容的建构。由于在线教育突破了时间和空间的诸多限制,因此,从理论上来讲,微课可以提供无年级限制、无难度限制、无语言限制的课程内容。但也需注意碎片化与系统化的统一、可视化与结构化的统一、基础化与多样化的统一、自主化与交互化的统一。

1. 碎片化与系统化的统一。通常情况下,微课的教学内容是针对某个问题、知识点(如重点、难点、疑点、考点等)或教学实践活动(如实验、任务、项目学习等)等而展开的。传统课堂中 45 分钟的知识容量,常常可以被分解为若干节微课。如果微课间缺乏联系,那么学习者获得的学习经验就是零散的、缺乏内在联系的、松散的、碎片化的,不利于学习者形成系统的知识体系。萨尔曼·可汗创立了知识地图(如图 0-5 所示),有效地解决了这一矛盾。知识地图中,每一个知识点对应一节或多节微课,知识点之间用直线连接,按照认知层级从简单到复杂的顺序有规律地排列起来,形成一个知识网络和微课网。越上位的知识,在垂直方向上排列的位置就越高。知识地图如同知识树一样,将碎片化的知识联系起来,形成系统化的知识体系。知识地图相当于知识森林中的指路牌,给学习者指明了学习的方向,由浅入深,由下位概念到上位概念,循序渐进,最终让学习者掌握目标内容。此外,知识地图也有利于学习者自定步调和进度,进行自主学习。

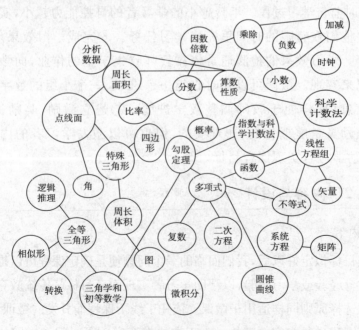

图 0-5　知识地图

2. 可视化与结构化的统一。在结构主义看来,每门学科都有它的基本结构,这是必须掌握的科学因素,应该成为教学的中心。基本结构包括基本概念、基本原理或基本规则,其教学有助于学生的理解、记忆和迁移。因此,微课的教学内容应展示学科的基本结构,不应脱离学科基本结构而一味追求内容的视听冲击效果。但在可视化思潮的影响下,一些微课变成了"微型视频",充斥着具有强烈视觉感染力的图像式内容,如图片、视频、动画等,而忽略或忽视了抽象的逻辑符号所表征的知识,以及能够形成知识的猜想、归纳、概括、抽象等思维过程,脱离了微课本真的教育目标。

可视化,可以理解为通过动态或静态的图形、图像形式,把科学知识更为形象地、直观地、有效地传递给学生。图形、图像内容可以激发学习者的视觉思维,并在学习者的大脑中形成视觉意象。以"视觉意象"为中介,在观察、想象、构绘三者间的相互作用中进行创造性思维。视觉意象,即视觉表象,是一种非常重要的记忆编码和存贮形式,也是一种非常有效的记忆形式。我们都曾有过这样的经历,在茫茫人海中可以一眼认出儿时的玩伴,但却叫不出他(她)的名字,这其中发挥作用的就是视觉表象。

传统课堂中,由于受到教学环境和教学条件的限制,可视化教学内容的比例并不高。微课可以提供大量的可视化教学内容,那么,当学习者的视觉感知形式表现为"看见"的时候,在他们的视觉理解层面上是否"看懂"了呢?比如,有关花的结构的微课展示了自然界各式各样的花,姹紫嫣红,绚烂多姿。当学习者观看时,生成的是视频描绘的花的表象,而不是一个"概括性"的花的概念。如果微课展示的是花的结构示意图,那么学习者生成的表象也是一个具体的示意图的表象,而不是一个"概括性"的花的概念。从概念学习的角度而言,学习者"看见"了花,却没有生成和理解关于花的一般性结构的概念,相当于他们并没有"看懂"。从知识传播学角度来看,知识可视化的视觉表征价值并没有得到充分体现,这就需要结构化知识或系统化知识来补充。

前面提到的知识地图以及概念图、知识网络图等,就是常见的将知识结构化和系统化的有效工具。知识可视化解决的是看见、看不见的问题,而知识结构化关乎看懂、看不懂的问题。微课的目标就是让学习者在数字化的学习环境中既"看见"知识,又"看懂"知识,实现可视化与结构化的统一。

3.基础化与多样化的统一。在教育领域,我们经常提及教育内容,但很少有人能对它下一个定义。安德森指出,教育内容与传统意义上的教材(Subject Matter,即内容领域)是等值的。教材的实质是由学科领域的专家对"历史上共享的知识"所达成的一致,教材内容和知识是紧密相连的。在这样的情境下,内容与知识可以互相替换。郭晓明[①]认为新课程实施以来,教材的功能便发生了变化,由学生的读本和教师的教本——至高无上的真理的权威发布者和封闭僵硬的知识"冷藏库",转变为引导学生思考和探究的活动指南,教师探究教学的蓝图和学习评价的平台;不仅教给学生学科知识,还引导学生领悟科学方法,促进其能力和情感领域的健康发展。一言以蔽之,教材在体现学科基础知识和基本结构的基础上,被赋予了多样性的教育功能。

诸多微课定义都强调微课在阐释学科基本知识和基本结构方面的意义。微课一般选取教学中的某个问题、知识点(如重点、难点、疑点、考点等)或教学实践活动(如实验、任务、项目学习等)等基础性和结构性的内容,而开展可视化的教学活动。实际上,微课还可以促进学生的多样化学习。如可视化知识或可视化的教学过程带来的审美愉悦与可视化思维的发展,系统化教学过程引起的数理逻辑推理能力的提升等。

4.自主化与交互化的统一。在微课的学习过程中,学习的进度、内容、步骤与方法等是由学习者自己根据实际情况拟定和选择的,与传统课堂中教师的主导和督导不同。从这个意义上来讲,微课的学习具有自主性。另外,也要兼顾交互性。交互,即学生与平台、学生与教师、学生与学生之间的交往与互动。倘若微课上线以后,变成平台上的"摆设",远离教师和学生的生活,那么,微课距离消失也就不远了。在当代哲学中,"交往"是指主体间以语言或符号为媒介,以言语的有效性为基础,以达到相互理解为目的的活动。因此,微课的内容选择和设计既要考虑学生自主学习的便利,也要照顾到学生与平台、学生与教师、学生与学生之间的相互交流、相互理解,实现自主化与交互化的统一。

---

① 郭晓明.课程知识与个体精神自由——课程知识问题的哲学审思[M].北京:教育科学出版社,2005.

二、设计

微课实践和研究表明,微课的制作并不仅仅是一个技术开发过程,更应是在先进教育理念支持和精细创意的教学设计方法指导下进行的一项创造性工作。[①] 微课的设计应遵循系统化、可视化和多样化的原则。微课的系统化原则包括:①全员参与,协同发展。作为在线教育课程,微课的开发不能仅仅由教师这一团队孤立地完成,还需要课程专家与管理部门人员、教育信息化建设的技术团队、课程效果评估团队等参与,围绕共同目标,相互协作,共同发展。②线上与线下整体考虑,无缝对接。微课开启了将传统课程数字化的先河,如何实现数字化?是将传统课程简单复制?是将传统课程进行电子化迁移?还是使微课与传统课程互为补充、相得益彰?从系统化的整体性特征考虑,应将线上课程(微课)与线下课程(传统课程)通盘考虑,实现无缝对接。③资源关联设计,点面结合。当课程实现数字化以后,同样也面临着资源的数字化问题。数字化资源既要为教师的微课教学服务,也要为学生的微课学习服务;既要为课堂教学服务,也要为教学反馈、评价服务;既要为课程实施服务,也要为中小学生的课外实践活动服务。这就要求对课程资源进行关联设计,做到以点带面,点面结合。

作为视觉媒体作品,微课更应强调视觉艺术的审美愉悦和审美享受,不可粗制滥造。陆吉健和张维忠总结了可视化设计的原则:[②]①信息组块原则,促进深度学习。在设计教学内容时,尽量将材料中多元表征信息设计成有意义的信息组块或信息块。②时空邻近原则,减少注意力分散。该原则是指信息组块的设计应尽量使学习对象的同一表征在时间上同步或临近。③一致性原则,避免冗余效应。对信息进行组块时,尽量使多元表征的信息结构与被表征的学习对象的结构成分保持一致。④双通道原则,拓展工作记忆容量。在信息组块时,尽量使用"信息块",它包含"视觉表征+听觉表征"。⑤标记性原则,增强选择性注意。运用标记技术(应用标题、字体、字号、颜色变化、箭头、图标、下划线、超级链接等)将学习任务的重点、难点、关

---

① 胡铁生.还原中小学微课本质[N].中国教育报,2014,11,5.
② 陆吉健,张维忠.可汗学院微课程分析及其启示——基于圆锥曲线可视化的视角[J].中学数学教学参考,2015,(6):70—72.

键点等标记出来。⑥多样化原则。作为传统课程在信息技术时代的补充,微课不能仅仅停留在对知识点的可视化教育上,而应基于能力、情感、价值观发展等进行多样化的开发。

不同层次的微课,其设计的目标与要求不同。在区域教育信息化层面,为避免微课重复开发,[1]有学者建议应组织名师和名校,构建优质资源互联互通、免费、共享、知识系统化与数字化的微课平台;在学校层面,组织学科负责人构建微课建设方案、内容规划与范例;在学科层面,组织学科教师,结合各学科课程标准,构建微课教学设计目标、内容、方法与评估体系;在微课层面,组织承担微课开发任务的教师,探索基于"微目标""微课时""微内容""微评价"的微教学设计。教师的微教学设计与常规45分钟的教学设计流程相似:分析"微教材"与学生的"微学习心理",编制"微目标",设计"微过程"与"学习任务单",设计"微作业与微习题",撰写"微教案",另外,还包括设计课件与拍摄脚本,制作"微视频"等。

0.3.3 方法与形式

何为有效的教学组织学习经验?这里或涉及方法论的指引。虽然微课的课时缩短了,但微课并不等于"微讲座",也不是"视频式课件",而是需要在微课中对知识呈现的方法与形式进行认真的思考与精心的设计。比如,知识呈现的顺序、程序与效果,以及教学的科学性、逻辑性、顺序性、完整性、结构性、艺术性、愉悦性等。布鲁纳指出,依照知识结构的再现形式,设计最佳的教学程序有三条基本的要求:第一,教材的呈现顺序要与学习者的认知发展阶段相适应;第二,要以经济有效的原则来安排教学顺序;第三,教学程序应明确学习的速度,要考虑认知的紧张度。对微课而言,还需考虑知识呈现的艺术性与审美愉悦性。

微视频是微课的核心,其呈现形式应简洁且具有审美愉悦性。传统课堂教学中,黑板、教材和教师的语言组成了呈现教学内容的重要要素,这种呈现伴随着教师形象,其教学过程时常伴随着教师真人"在现场"。学生在学习过程中获得的审美愉悦是即时的,不会在大脑中反复地、完整地呈现。微课的

---

[1] 许之民,黄慕雄.微课发展关键在系统规划[N].中国教育报,2015,7,25.

微视频则不然。微视频中,教师形象缺席,讲课的声音却"在现场"。种种迹象表明,教师的声音越动听,讲的课越生动和幽默,就越能激发学生对微课的审美愉悦感,也就越能吸引学生的学习注意力。

0.3.4 评价与反馈

微课能在多大程度上产生预期效果?微课是如何促使学生的学习行为发生变化的?前者涉及评价,后者关乎反馈。缺乏评价的课程如同电影和电视剧,难以形成课程学习的约束力;而缺乏反馈的课程,如同"僵尸课程",会影响微课的教学质量与效果。传统课程中,无论是诊断性评价、形成性评价还是终结性评价,多数情况下都采取纸笔测试方法。从制定目标、实施评价到获得结果,需要专业人员花费一定的时间才能完成。而借助于计算机程序和在线学习平台,微课的评价可以同步于学生学习的过程,自动完成。图 0-6 显示了可汗学院的学习流程和学习评价过程。

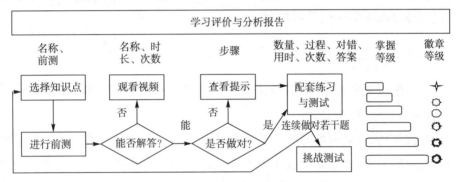

图 0-6　可汗学院学习流程及学习评价过程

可汗学院将学生对知识技能的掌握程度划分为 6 个等级:学习困难(Struggling)、需要练习(Need Practice)、完成练习(Practiced)、第一级(Level Ⅰ)、第二级(Level Ⅱ)和掌握级(Mastery)。为了评定学生的掌握程度,可汗学院引入一种新的测评模式——连续正确前进模式,即学生在通过练习功能进行学习检测时,必须连续答对一定数量的题目(这个数量根据知识点的不同而有所区别,一般为选择题和填空题)才算达到掌握级,才能开始下一个单元的学习,或者参加该知识点的挑战测试。[①] 否则,平台将出现更多的测试题,直到正确率为60%才可以进入更高等级。为了激励学生学习,可汗学院将对学生的奖励分为流星级、月亮级、地球级、太阳级、黑洞级以及挑战破解级等6个等级,每一级奖章下都有相应的特别奖章。学生注册账号并登录后,选择课程和相关知识点,平台根据学生的选择自动出现与课程内容相关的前测题。通过前测后,学生将进入个性化导航面板(Dashboard),进行知识学习(观看视频或完成配套的练习题与技能测试)。由于学习者的每一个操作都有记录,如观看视频的名称、时间长短和次数,做配套练习题与测试题的数量、过程、对错情况、花费时长、次数等,因此,平台可以自动生成学习评价与分析报告,然后有针对性地为学生推荐相关的知识与技能。

利用信息化学习平台的交互功能,微课收集教学的反馈信息也相对容易。例如,从学生对课程内容的讨论中,可以看到学生在哪些方面有疑问,还可以看到学生对知识点视频质量的评价意见等。学生的学习评价与分析报告详细地反映了学生的学习情况。

0.3.5 技术与平台

与传统课程实施不同,微课需要一定的信息化技术作保障,需要一定的信息化环境条件作基础。

对教师而言,微课所需要的诸多技术中,最核心的就是微课设计与制作技术。一般来说,微课制作技术或程序包括:①将45分钟内课堂教学中的教学内容细化,分解成单个的相互关联、难度分级的概念(知识点)网络。②选择其中的一个知识点,设计1~2分钟的导入介绍和总结,它们将为这些概念的学习提供背景。③完成教学设计过程,准备用于教学的图片、实验、视频等。④设计教学课件,撰写微课录制脚本。⑤录制教学过程可以由教师自己来完成,也可以由专业的信息技术人员来帮助完成。⑥教学视频后期处理。⑦设计配套的教学效果检测和学业评价,以帮助学生学习相关课程。⑧将视频、作业等上传到课程管理系统中。

微课学习平台真正做到了向所有人开放,它不仅提供了一个无地域限

[①] 王星磊,乔爱玲.可汗学院的发展:从视频到系统[J]. 中小学电教,2014,(9):10—15.

制、无学校限制、无时间限制、无阶层限制的优质教育空间,也提供了微课运行所需的信息化环境条件。它既是微课程的贮存、检索和播放平台,又是学生的学习平台,还是教师开展教学评价、收集教学反馈信息数据的主要来源,其开发、维护和管理较为复杂,需要专业的信息技术人员参与。

借助于技术与平台,未来有望营造信息化的教育生态系统。以往的教育信息化强调硬件设备而不注重硬件应用,硬件设备有时沦为学校装点门面的摆件。而在微课中,信息技术不再是一个鹤立鸡群的孤立的东西,而是像黑板和粉笔一样融入了日常教学。通过教师、学生与技术的共生关系,形成良好的教育信息生态系统。传统课堂中,教学信息传播链是线性的,即由教师到学生或由学生再反馈回教师,当课堂教学结束时,教学信息传播链也随之中断。学习者能够获得的教学信息量的多少,取决于学习者个人的记忆力和理解力。在微课中,教学信息传播链是非线性的,由于教学视频可以随时随地、反复地再现完整的教学信息,因而教学信息传播可以完整地、无误地被每一个学习者接收。也就是说,每一个学习者都可以获得完整的教学信息量。学生的学习行为和学习效果必然要发生根本性的变化。长此以往,这些作用和变化必然会映射在学生的学业成就上,促进学生学业成就的提升。

微课还有利于培养信息化时代聪明的未来公民。未来公民最重要的思维就是人机合一。通过计算机、智能手机等电子产品的运用,可以使学生学会人和电脑的协同思维。在传统教学模式下,想把一个学习能力较差的学生的成绩提高一些,这几乎是很难的事情。有经验的教师都知道,要想改变学生基本的认识和思维结构也是很不容易的事情。但是,如果我们广泛地运用微课教学,学生就很容易处理复杂的事情。技术与人脑的协同会改变人的基本认知方式,使人变成一个内脑和外脑联合行动的人,使人具备人机合一的思维体系。人机结合使现代人更加聪明,以应对技术所改造的信息化时代工作和生活的复杂性。

0.4 微课的发展前景

0.4.1 翻转课堂的教育意义

翻转课堂起源于美国一所高中的教学革新。美国高中生的学习生活丰富多彩,因此经常有学生因为参加各种课外活动或运动比赛,而不得不缺席课程的学习。为了给这类高中学生补课,使他们的学习能够及时跟上班级教学进度,随时随地接受补课而不受学习环境、教师工作时间与地点的限制,美国科罗拉多州落基山林地公园高中的两位化学教师——乔纳森·伯尔曼(Jonathan Bergmann)和亚伦·萨姆斯(Aaron Sams)进行了一种视频教育的尝试。凭借对网络技术、计算机教学软件技术和视频录播技术的熟练掌握和运用,他们从2007年开始,使用录屏软件录制PPT演示文稿和实时讲解的音频,然后将这种带有实时讲解的视频上传至网络,让学生在缺课的时候下载学习。不仅如此,他们还对这种授课方式进行了实验。经过一个学期的教学实验,实验班学生的学业成绩得到了大幅度提高。在140名学生中,各门课程的不及格率由原来的50%以上分别降低为英语语言艺术33%、数学31%、科学22%、社会研究19%。在学生学习成绩提高的同时,他们还发现,学生的学习心理也发生了明显的变化,如学生的挫败感逐渐减少,自信心日益增强,违纪事件的发生概率也大幅度下降。

借助教学视频和互联网,"课堂上听教师讲解,课后回家做作业"的传统教学模式发生了"颠倒"或"翻转",变成"课前在家里观看教师的视频讲解,课堂上在教师指导下做作业(或实验)"。

翻转课堂的出现,对教育发展的影响十分深远。它是指将课上知识学习与课下学生做作业的顺序进行翻转,变"课上知识传授"为课下任务,变"课下知识内化"为课上任务。具体来讲,就是将原本在课堂上讲授的内容,由教师录制下来制作成教学视频,在课堂教学之前,连同相关的课程和学习材料一并放置到网络上,供学生在课前学习;在实体教室上课时,学生再在教师的引导下,通过参加各种活动,将视频上学到的内容加以应用,来解决真实的问题。或针对个人的学习疑难,寻求教师的个别指导。

表面上，翻转课堂颠覆了传统课堂教学和学案教学"课上传授，课下内化"的知识教学流程。传统课堂教学，又称班级授课制，它是为了适应近代资本主义发展对普及教育、提高教育质量和教学效率、人才大规模培养的需求，由夸美纽斯率先进行理论总结和论证，后又经过赫尔巴特补充完善后确定下来的一种教育形式。其教学流程一般为课上教师讲授，课下学生做作业。学案教学兴起于20世纪90年代末期，被称为中国本土产生的、集体无意识的教学实验。它依据"学案"而展开课堂教学，调动了学生学习的主动性和积极性。在学案教学的课堂上，教师"一言堂"和"满堂灌"的教学行为得到了有效遏制，学生成为学习主体，他们在教师引导下通过合作、讨论和展示等自主学习来探究知识。但是，课堂下或课余时间里，学生仍然需要通过独立做作业或复习等手段进行知识的内化、运用和巩固。无论是传统课堂教学，还是学案教学，都沿循着课上进行知识传授，课下进行知识内化的教学流程。而翻转课堂却反其道而行之，将知识内化与知识传授的教学流程进行颠倒。

深入来看，翻转课堂不仅颠覆了传统教育形式，也颠覆了传统教育理论。熟悉教育史的人都知道，在班级授课制的确立、普及和推广过程中，赫尔巴特及其弟子作出了很大的贡献。在长期教育实践和理论探究的基础上，赫尔巴特根据儿童学习心理和思维发展规律，提出了著名的"明了—联想—系统—方法（应用）"四段论形式阶段教学理论。19世纪，他的学生齐勒将"四段论"扩展为"预备—提示—比较—总括—应用"五段论。赫尔巴特和齐勒的形式阶段教学理论影响深远，直到今天，世界各国的学校还在沿循着他们关于知识传授的程序和步骤，有条不紊地进行着教学。在赫尔巴特看来，"明了—联想"一起组成了"专心"活动，"系统"与"应用"一起组成了"审思"活动。教学是一个从专心到审思的过程，专心活动应当也必须发生在审思活动之前，审思既是专心的延续，又可转变为新的专心，专心与审思相互交替、相互接近，从而形成新的观念。翻转课堂上，知识内化，即赫尔巴特所谓的"系统—应用"审思活动阶段取代以知识传授为主的"明了—联想"专心活动阶段，登上课堂这个"大雅之堂"，成为课堂上师生关注的焦点和教学的中心任务，而专心活动阶段则淡出课堂。这是否意味着赫尔巴特理论过时了呢？

事实上，从儿童学习心理和思维发展角度来看，知识学习过程依然因循

"四段论"。随着互联网、计算机和通信技术的发展,信息技术已经融入我们生活的各个领域,成为我们生活环境的一部分。人类知识信息的获取途径和方式也随之发生了根本性的变化,只要环境条件许可,学生的注意力和统觉可以随时随地发生,而不再受教材、教师、教室和课时的限制。当知识和信息以指数形态加速膨胀时,对知识信息进行整合、组织及内化的审思活动对学习者而言就变得尤为重要。这就启示我们应当对日益复杂化和数字化的社会环境和学习环境中的教学问题进行深入研究,进一步完善和发展赫尔巴特理论。

从长远来看,翻转课堂指明了信息化、数字化时代未来教育的发展方向。实施翻转课堂的一个关键点是将教师在课堂上的讲授内容录制为视频,这些讲授内容必然包含许多图像信息,如三维立体的细胞模型、DNA 转录复制的动态过程、物体运动和化学物质发生反应的显微过程等。通过让学生免费下载,就可以让学生像阅读小说一样随时随地进行课程内容的学习。在关注教育公平、公益的时代,倡导移动学习、个性学习的今天,"翻转课堂"为方兴未艾的教育提供了可借鉴的范式。

0.4.2 中小学微课的发展路线

微课的制作与使用并不是简单地把教师上课的内容录成微视频,更不像某些教师那样,一节课都在不停地播放微视频。如此一来,教师便成了一个电脑操作员。这样的教学模式只会增加教师的工作负担和学生的学习负担,学习方法仍然是被动式接受型学习方法,学生的自主学习能力、探究能力、合作能力仍然没有得到培养。那么如何使用微课才算合理呢?在什么情况下利用微课教学比较好呢?

一、微课的使用范围

对中小学教育而言,微课的主要用途体现在以下几个方面。

第一,微课可以用来演示课程和进行课后复习。在理科学科中,比如物理、化学、生物等,有很多知识是通过实验得出结论的,对于这些知识点,单凭课上教师的说教会显得有些苍白无力,学生理解起来也比较困难;若组织学生做实验,有些学校的硬件设施又达不到要求。对于这种情况,如果我们有微视频的帮助,就容易多了,特别是有些微视频是用 Flash 动画或者几何画板做的,这样,学生可以参与到微视频中来,使学生在体验探究中学习,不但容易理解,而且记忆深刻。不论哪门学科,都会有重难点和疑点,对于这些知识点,学生仅凭课上的45分钟很难掌握,但是在课后复习时,教师又不一定在身边指导。在这种情况下,如果有微视频的帮助,就仿佛给学生配备了一位随身家教,学生就能及时巩固当天所学的重难点了。教师可以把课堂上的重难点、学生存在的一些疑点录制成微视频,这样学生在课下复习就轻松多了。

第二,微课可以开展个性化教育。目前,很多人质疑传统教育,觉得传统教育培养的学生相对缺乏创造力,中国的学生可以在国际竞赛中拿金牌,可是原创性研究成果却凤毛麟角。因此,我们需要不断尝试新的教学方法,探索新的教学理念,挖掘新的教育思路。数十年来,全国各地尝试了各种各样的教学改革,如杜郎口教学、半天授课、导学案教学以及翻转课堂等,在这场改革大潮中,有的成了教育界的弄潮儿,有的则被淹没在了浪花里。到底是哪里出了问题?是我们的初衷错了吗?不是。叶圣陶先生曾说过这样一句话:"教育是农业而不是工业。"一个学生就是一棵幼苗,而且是世界上独一无二的幼苗,我们不能让一批各具特色的幼苗都长出同一种果实,我们更不能在限定的时间内让他们结果,如果结不出果实,就认为他不是好苗子。我们应该尊重每一棵"幼苗",按照他的特点个性去培养他,让独一无二的他结出世界上独一无二的果实,这就是信息革命时代的教育理念——个性化教育。让学生自主选择教师和发展方向,让学生在兴趣引导下,在众多教师的在线指导下学习,让学生的个性得到充分发展,让学生的思维得到充分发散。学生在学习网络微课时,没有了课堂上的被动式学习,学生的创造力反而得到大幅度提高。学有余力的学生甚至可以和国外的教授专家在线交流,开阔自己的眼界。这样打造出来的人才一定是未来社会发展的必需人才。

第三,微课可以进行私人订制。"互联网+教育"时代已经开启,我们利用微课就可以实现课程的私人订制。这意味着,学生可以根据个人学习需求和发展需要,预先订制专门的课程。在班级授课制度下,学生的个体学习差异性无法受到教师更多的关注。比如,学有余力的学生不得不放慢自己的学习进度,来跟随班级的教学进度;而学力不足的学生又不得不加班加点,大步前进,追赶班级的教学进度。即使是学力相当的学生,在不同科目、不同内容的学习以及不同能力的发展上,其需要也各不相同。私人订制微课可以部分解决这些问题。

个性化教育、私人订制微课需要网络平台的帮助才可能实现,这也是现在众多教育网站需要考虑的一个尖锐问题。

第四,微课可用于在线教育。互联网技术为人们带来新的教育——开放教育,教育成为一个不受年龄、地域、时空甚至个人基础所限制的事业。任何人,只要他愿意,都可以在互联网上找到适合自己的课程。对于高等教育和基础教育领域,在线教育都是一个方兴未艾的事业。

微课可以最大限度地实现均衡优质教育。每个学校的优秀教师总是占少数,如果我们将优秀教师的教学视频录制下来,在平行班级或整个年级播放,再由年轻教师承担课堂辅导任务,这样就可以使每一个学生都能够享受到优质教育。如果更多的高中、初中或者小学教师将自己的课程制作成微课上传至网上,那么可以为学生进行个性化学习提供更多的机会。比如,偏远地区的学生可以进入名校的网站,学习名师讲授的课程,这样在不受距离、学籍和学费影响的情况下,便享受到名校的教育资源。可以把微课加入成人教育的课程中,还可以开展成人在线教育。通过在线教育,让更多的人完成他们曾经中断的学业。

二、微课的发展路线

从长远来看,微课的发展主要有两条路线:一是精品化路线,二是参与式教学与混合式学习路线。

第一,微课精品化。随着手机与视频录制软件的革新,录制一节微课已经不算什么难事了。使用手机、计算机、平板电脑等常用视频录制工具,十几分钟就可以录制一节微课。可是,我们要想让微课得到长远发展,就需要使微课精品化。

由微课的构成要素可知,微课的精品化体现在各个要素的精细化上。从宏观层面来说,微课的精品化需要精细化目标与管理、精细化内容与设计、精细化方法与形式、精细化评价与反馈、精细化技术与平台。从微观层面来说,录制具体的精品微课不一定要用高科技手段,却一定要充满创意、精心设计、内容精练,能经得住时间的考验。而且,精品微课也是学生乐学、易学的课程。

有人担心微课会昙花一现,慢慢地淡出人们的视线。可以肯定地说,微课不会死亡；微课也不会颠覆我们的传统教育，只是它的发展需要广大微课人的精心栽培。只要我们正确认识微课，合理使用微课，微课就会慢慢地融入我们的教学中。利用现代化信息技术，微课使我们的教育更发达、更灵活、更贴近学生，让知识传播的速度更快、范围更广。在某种意义上，它也确实促进了教育的公平化和人性化。

第二，参与式教学与混合式学习。伴随着新课程改革的实施和信息技术的广泛运用，教学理念的更新已经形成共识，运用信息化进行教学模式和学习方式的改革迫在眉睫。"翻转课堂"之所以获得成功，是因为相关教师一直采用探究性学习和基于项目的学习方式，让学生能够主动学习。学生可以通过互联网去使用优质的教育资源，不再单纯地依赖授课教师去教授知识。而课堂和教师的角色则发生了变化，教师更多的责任是理解学生的问题和引导学生运用知识。

现在很多学生之所以厌学，是因为他们在被动地接受知识，灌输式的教育只会让学生感觉学习压力越来越大，对知识的重要性产生怀疑，并产生"上学无用论"的错误想法。在新课程改革中，大家都在寻找一种探究式学习的教学方法，教师希望学生自主探究科学知识，在探究中培养乐趣，在探究中运用知识。可是，学生的知识基础参差不齐，合作探究能力有限，学生渴望挖掘知识，可是有时为了验证一个公理，可能需要付出大量的学习时间，有时还有可能会走很多弯路，甚至得出错误的结论。那么，这样的学习方式就应该摒弃吗？不是。从长远意义来说，这样的学习方式不但能够促进学生的合作探究能力，而且能够发散学生的思维，培养学生的创造力。

面对这样的实际情况，我们能做些什么呢？我们可以适当地改变教学方式，变"填鸭式"教学为"参与式"教学，把教师的部分任务分给学生去做，比如让学生帮助教师做教具、做实验、搜集素材等，或者教师与学生共同学习。教师与学生对某个问题可以展开讨论，《师说》中讲到："弟子不必不如师，师不必贤于弟子。"真理会越辩越明。参与式教学可以使学生在参与中学到知识，在辩论中明了道理。因此，微课也一样，我们可以在微课中设置一些小问题、小实验，让学生多体会、多思考、多练习，而不是简单地说教。我们如果能避免全面讲座式的微课，而制作成互动式、参与式的微课，让学生进行线上、线下混合式学习，那么，微课的发展空间将会越来越大。

微课发展到今天,已经成为我们教育工作者的另一种课程形式和教学辅助手段。教育工作者既不应该过分地吹捧它,也不应该像预防病菌一样将它拒之千里之外。我们要虚心地接受它、学习它,用最短的时间掌握它、利用它,让它更好地为我们的教学服务,为我们的教育服务。借力于信息技术,让传统教育也插上现代化的翅膀,让中国的教育早日腾飞。

未来已经到来,只是尚未流行。微课,必将大放异彩!

本章小结

本章介绍了微课的起源与发展、微课的内涵、微课的要素以及微课的发展前景,其中微课的要素包括目标与管理、内容与设计、方法与形式、评价与反馈、技术与平台。具体内容如下图所示。

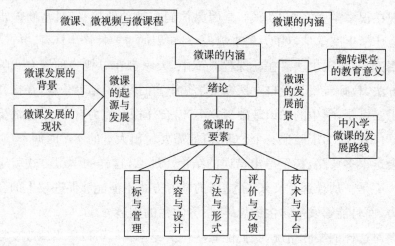

【思考】
1. 什么叫微课?简述微课、微视频与微课程之间的区别与联系。
2. 简述微课的要素有哪些?
3. 概述微课的发展前景如何。

第 1 章 微视频录制技术

你玩微信吗？你聊 QQ 吗？你上腾讯、优酷、百度等网站吗？你看电视吗？你看《非诚勿扰》吗？如果是，那你一定知道什么是微视频（或者短片、VCR）。无论你是打开手机、电脑还是电视，微视频就会马上跳到你的眼前，特别是在微信里，微视频就像雪花一样漫天飞舞，散布在世界的每一个角落。为什么微视频会如此盛行？其原因就是微视频不但能让人体会到拍摄者的所见所闻，而且其拍摄与传播几乎已经是零要求。但是，一段高质量的精品微视频，仅仅靠一个摄像头是不可能完成的。你想知道如何才能制作出一个精彩的微视频吗？你想让自己的微视频炫起来吗？那就请跟我一起走进第 1 章微视频录制技术。

1.1 微视频录制概述

与传统课堂不同，微课以微视频为载体，以互联网为传播手段，以教育网站为交流平台，利用现代化信息技术，打破了时间和空间的局限，让学生充分利用碎片时间，根据自身需要进行学习，真正实现个性化教育。

那么，微视频是如何录制的呢？有人说，很简单，打开手机就能录。没错，用手机拍摄微视频是最常见的，也是最实用的一种录制技术。但是，如果你想让自己的微视频炫起来，那就需要学习一些简单的微视频录制技术。

> 思考：你认为微课与传统课堂是对立关系还是互补关系？

1.1.1 微视频录制的原则

微课中的微视频不同于网络上的公开课，网络上的公开课一般是采用专业的录制设备将整堂课都记录下来，其内容比较多，针对性比较差，时间也比较长。而微视频时长一般不超过 10 分钟，有明确的教学目标，内容精练，能够集中说明一个问题。它一般短小精悍,针对性强,录制过程也比较简单,就像是将课堂中某个知识点进行重点说明一样。一个微视频不需要包含所有知识点,只需要包含某节课的重难点或者疑点就可以了。常见的微课有讲授课、习题课、实验课、总结课等多种课型,只要学生在学习过程中遇到不能自主解决的问题,我们就有录制微视频的必要。

微视频的录制可以说既有严格要求,又不拘泥于形式。微视频可以使用计算机、手机、数码相机、摄像机、平板电脑等多种设备进行拍摄,也可以使用录屏软件进行录制。常见的录屏软件有超级捕快、Camtasia Studio、Explain Everything、掌上课堂等。另外,还可以利用图片、视频、音频等后期合成微视频。

> 知识拓展:上网了解微课与慕课的区别和联系。

录制微视频有两个原则:一是实用性,我们录制的微视频一定要能够帮助学生解决学习中的困难,要有实用价值,而且要通俗易懂;二是新颖性,我们录制的微视频一定要形式新颖、内容丰富、语言幽默,如果微视频的内容千篇一律,那么学生就会慢慢失去兴趣,甚至产生厌倦感。我们要百花齐放,采用多种录制形式,并且不断创新,只有这样才能吸引住学生。

> 为什么大家喜欢看小品、听相声、看电视连续剧?这值得每一位"微课人"深思。

微视频只是学生自主学习的辅助工具,教师认为有必要录才去录,学生认为有必要看才去看,只有灵活运用微视频,才能实现"教师讲得少,学生学得通"的最终目的。

1.1.2 微视频录制的前期准备

要想录制一个让人耳目一新的微视频,那么,在录制之前,就需要做一些必要的前期准备工作。

一、选点与构思

微视频并不是想录什么就录什么,我们在录制微视频时一定要"想学生所想,急学生所急"。当我们发现学生对教学中的某部分内容难以理解,在课堂中无法及时掌握时,就可以使用微视频。我们要选取这部分内容为中心点来录制微视频,如果涉及的知识点不止一个,还可以将这部分内容分解成若干个小知识点,然后录制成两个或更多个微视频。这样,学生通过逐个击破小问题,最终就能解决大问题。确定了要录制的知识点后,我们还要整体构思这个微视频需采用什么样的录制方式,录制成什么样的课型。我们要根据这个知识点的特点,加入一些生动形象的元素,这样,才能引导学生从不同的角度去思考问题。

二、撰写脚本

当我们构思好微视频的整体结构后,接下来就要撰写微视频的脚本。所谓"脚本",就是将录制的内容列一个提纲,列提纲的时候要把每一句话、每一个字反复斟酌,尽量使语言既通俗又精练,必要时需要穿插一些幽默元素。另外,微视频中能用图讲清楚就不用文字,能用实验演示表达清楚绝不讲解。在录制微视频时,要灵活应用脚本,在脚本里注入感情,千万不能照本宣科。

三、制作PPT

有的课型需要PPT演示,PPT能够使微视频思路清晰,使课程简洁直观。制作PPT时切记,它只是一个提纲,不要将自己要说的话全部列到PPT上。

四、准备设备

开始录制微视频时,要选好时间及地点,环境尽量安静。还要把光线调试好,手机等可能干扰录制的一些外界因素,应提前排除掉。一切准备就绪,就可以开机录制了。

1.1.3 微视频的使用

微视频制作好以后,我们该如何使用呢?

为了预防学生对微视频产生依赖心理,我们一定要在学生对教师布置的任务进行深思熟虑之后再将微视频发送给学生。另外,要及时做好学生的反馈调查,教师对学生提出的问题要做针对性的处理,该当面解决的要当面解决,不要被微视频束缚住手脚,或者一味地依赖微视频。要知道,微视频只是一种教学手段,而不是教学的全部。

要想充分利用微视频,一定要注意以下三点:

1. 微视频与教案或导学案无缝对接,同步进行。微视频是建立在成熟的教案或导学案基础之上的,没有它们的铺垫,盲目地录制和使用微视频,只会成为教学的累赘。

2. 微视频要适时发送。孔子曾说过:"学而不思则罔,思而不学则殆。"微视频要在学生自主预习之后再发送给他们,这样学生才能在"思"和"学"之间不断进步。

3. 微视频要做好反馈录制。学生学完一节内容后,一定还会或多或少地遗留一些问题,这些问题有个性问题,也有共性问题,教师要根据实际情况作进一步解释。

1.2 摄像机拍摄微视频

说起录制微视频,不禁使人想起拍电影,感觉这是多么遥不可及的事情。其实,很多年前,人们就已经开始使用数码摄像机(Digital Video,DV)留住生活中的点点滴滴。但是由于当时经济条件的制约,摄像机或数码相机等电子产品还属于奢侈品,这些东西并非人人都能拥有。况且,当时科技并未如此发达,市场上的摄像机像素还很低,拍摄出的视频不是特别清晰。随着时代的发展,和许多电子产品一样,摄像机和数码相机慢慢地进入普通家庭,拍摄视频已经不算什么高深的技术,很多父母就用摄像机留住了宝宝的一个又一个精彩的成长过程。现在随着网络越来越发达和自媒体的兴起,每一个人都想把自己身边发生的奇闻趣事分享给所有人。随着国内外一些大型视频网站的涌现,更是让每一个人都想过一把当导演的瘾。但是,我们要拍摄一个精彩甚至经典的视频绝非易事。那么,用摄像机拍摄微视频有哪些基本要求呢?

1.2.1 设备要求

用摄像机拍摄微视频,一般的摄像机就可以达到要求,如果要拍摄高清微视频,就需要从以下几个方面考虑。

一、镜头

选择镜头一定要看它的光学指标,焦距一般选择 16～20 mm。

二、CCD

CCD(Charge-coupled Device)的中文名为电荷耦合元件,是一种半导体器件,能够把光学影像转化为数字信号,可以说是摄像机最重要的部件之一,也是决定摄像机图像质量的根本元素。目前流行的摄像机有 3CCD 与单 CCD 两种。如果需要独立制作视频,首先要看 CCD 的质量,它对于画面质量、后期处理效果的好坏起到决定性的作用;其次要看 CCD 的尺寸,一般这也决定了整机的价格和档次。

三、声音

在录制作品时,用摄像机自带的麦克风(MIC)录制的声音往往不能令人满意。要想录制高质量、声音效果好的视频,市场上一些针对摄像机的麦克风是不错的选择,相对来讲,可以用较低的价格获得接近于专业的声音。

四、LCD 监视器

LCD 的大小及像素是决定一台摄像机价格的因素之一,而实际拍摄时应该更多地依赖于寻像器或者外接标准监视器。

作者推荐几种品牌的摄像机,价格为 2000~5000 元,如图 1-1 和图 1-2 所示。另外,还有松下、三星、JVC 等品牌。

图 1-1　佳能高清摄像机

图 1-2　索尼高清摄像机

1.2.2　技术要求

刚开始学习摄像的人一般都喜欢手拿摄像机边走边拍摄,首先,就安全性来讲,这样做很危险,因为无暇顾及脚下,很容易摔跤。其次,边走边拍会使画面摇晃,让观众看完后头晕眼花。拍摄时,应该尽量使用定焦来进行拍摄。能用近景或者特写就不用远景,毕竟杂乱无章的背景很容易导致主次不明。因此,用摄像机录制微视频的关键就是一个"稳"字。为了使画面稳定,一般情况下,我们可以借助三脚架。

如果想要录制更高质量的微视频,除了要稳住镜头以外,还要做到四点,即"推、拉、摇、移"。

一、推镜头

推镜头就是将摄像机向前"推",给人的感觉是画面框架向前移动,也就是向被摄主体方向接近。通过推镜头,我们的视点逐渐向前移动,被摄主体由小到大,而周围环境则由大到小。不过,我们最好保证被摄主体始终处于画面的中央。画面的推动起到引导观众视线的作用,另外,还可以清楚地交代环境与主体的关系。

二、拉镜头

简单地说,拉镜头就是把推镜头的起幅当成落幅,把落幅当成起幅来拍摄。

三、摇镜头

摇镜头也是视频拍摄当中的一种基本手法。摇镜头就是将摄像机左右摇动,摇动摄像机光学镜头的光轴线进行拍摄的方法。摇镜头的视觉效果像摇头一样,画面构成了一个以摄像机为中心的扇面,给观众的感觉像是自己在"摇头"。拍摄的时候我们双脚分开,与肩同宽,拿稳摄像机,然后只转动上半身,下半身尽可能少移动。如果摇的速度和主体运动的速度不一样,运动的物体在画面上就会时左时右、忽快忽慢,很容易产生视觉疲劳和不稳定感。因此,在左右摇动时,最好能保持主体在画面中的某一个固定位置上。

四、移镜头

在使用摄像机进行视频拍摄的时候,移镜头是最能体现我们日常生活状态的拍摄手法。在观看移镜头拍摄的画面时,很容易让观众产生身临其境的感受,因为大部分的时候我们都在移动中观察这个世界,所以移镜头其实是我们生活的真实反映。

> **黄金构图法——三分之一原则**
> 根据将画面从上到下、从左到右各分成三份的四条直线而定。拍摄者可以利用这四条直线在画面中的四个交点进行构图。可以把地平线放在将画面从上到下分成三份的上面或者下面的一条直线上,然后把某个元素,比如一棵树或者一座大山,放在相应直线上的三分之一点处,就能产生极富视觉冲击力的效果。

另外,录制微视频还要考虑构图。摄像机的观察角度不能与场景中大件的主体成直角,否则给人的视觉效果就是一进门好像被什么东西给堵住似的,没有视觉的空间。在选择构图时,需要考虑内容的完整性和场景的层次性,选择的角度最好为 30°~45°,让人感觉空间大一些。

上面是对于动态主体的拍摄要求,如果是录制静态主体,我们还需要调整焦距、变换镜头、调整光线、调节声音、画面构图依照三分之一构图原则(如图 1-3 所示)等技术要求。

图 1-3 三分之一构图原则

1.2.3 环境要求

微视频质量的高低主要取决于图像和声音,因此,使用摄像机录制微视频时,对环境的要求主要包括地点、设备和光线。如电视台录制节目,就需要专业的摄像棚。选择摄像棚一般有如下几点要求。

1. 地点的选择。确定摄像棚的地点最重要的就是远离噪音,一般要远离闹市区,楼层选择底层或顶层,以没有暖气管、下水道管等(可能发出异响)的房间为佳。摄像棚的装修需要隔音棉和吸音棉。

2. 电子设备。摄像棚主要需要计算机、专业声卡、音台、电容麦克风、话筒放大器、人声效果器、专业监听音箱、耳机、耳机分配器等。因此,使用摄像棚录制微视频,其效果肯定比在外界环境中录制的好,但成本也会增加很多。

3. 灯光的选择。上面介绍的几种摄像方法,都要用到灯光的配合才能拍摄出清晰的图像。那么,我们在使用灯光的时候该注意些什么呢?下面从摄影棚摄影和一般摄影两方面作介绍。

对于给摄影棚添加灯光,可以结合我们的生活进行联想,我们可以将其看成在一个全黑的环境中添加灯光来实现某种效果。比如我们去照相馆进行工作照片的拍摄,会在一个全黑的屋子里面只开几盏灯来达到这个效果。在这个简单的场景中,首先会有一个带有灯罩的灯泡在我们的头上方,这是整个场景中的主光源,在成像后会让我们的眼球上有一个很亮的高光点。然后两侧的罩灯作为场景的辅助光源,在场景的主体上不产生任何的高光点。最后就是在我们身后的、作为阴影光源的一个小灯泡,其亮度最低,作用是让人物的主体与背景分开,给人的感觉不是人物与背景接合为一个整体。

在一般摄影时,我们就不需要那么好的灯光。如果在白天,我们甚至可以不用灯光,只要阳光充沛就可以了。如果在晚上,就需要日光灯减少阴影,没有日光灯可以用台灯代替。

1.2.4 后期处理

使用摄像机录制微视频时,后期处理也很复杂,要求有一定的技术才能完成,其中包括使用 3DMAX、MAYA、SOFTIMAGE 等工作站软件制作片头动画,用高级非编工作站进行画面剪辑,用音频电脑工作站进行录音、配音,再加上广播级字幕系统、特技系统,使制作出的影片达到预期效果。如果要求不是很高,那么只要裁剪和降噪就可以了。

1.2.5 团队合作

使用摄像机拍摄微视频时,需要的技术人员一般有摄影技术人员 3 名、非线性视频编辑技术人员 2 名、视频配音插入(编辑)技术人员 2 名、剧本创作讨论组成员至少 3 名,以及场记、剧务等工作人员数名。只有这些人员精诚合作、齐心协力,才能打造一个经典微视频。

1.2.6 使用范围

摄像技术更多地适用于动态画面,因此,一般来说,我们在拍摄教学实验、讲座、比赛、电视节目时,会使用数码相机或摄像机。平时上课时遇到的一些疑点、难点,就不太适合用摄像机拍摄微视频,一般使用录屏技术就能简单快捷地录制一个微视频。

> 快用摄像机拍摄一段微视频体验一下吧!

1.2.7 利用 Windows Movie Maker 合成微视频

利用照相机的照相功能也可以编辑微视频,我们提前把微视频的素材用相机拍成图片,然后通过电脑自带的 Windows Movie Maker 制作成微视频。下面简单介绍一下这款软件的使用技巧。

Windows Movie Maker 是 Windows 操作系统中 Windows XP 以及更高版本中的一款多媒体编辑软件。该软件可以通过简单的操作制作视频文件。

一、Windows Movie Maker 软件界面及基本操作

在 Windows XP 系统中打开"开始"菜单,依次选择"所有程序"→"附件"→"Windows Movie Maker"命令,系统将打开 Windows Movie Maker 主界面(如果电脑里没有 Windows Movie Maker,可以先下载此软件,下载网址是 http://windows.microsoft.com/en-us/windows/essentials)。

Windows Movie Maker 软件除了包括 Windows 标准窗口的一些组件外,主要还包括收藏栏、工作区、预览框和情节提要框等(如图1-4所示)。

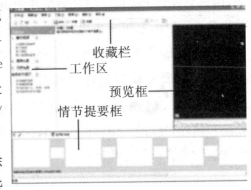

图 1-4　Windows Movie Maker **软件界面**

【收藏栏】它主要用于管理图片或电影文件,确定电影文件的生成位置。

【工作区】它主要用于对当前打开或导入的图像文件进行简单的调整。

【预览框】它可以对正在编辑的电影文件进行预览。

【情节提要框】它可以建立一些关键帧,以便用户从总体上对正在编辑的电影文件进行控制。

在情节提要框中单击"时间线"按钮,可以将情节提要框切换成时间线框。通过时间线框,用户可以对当前电影文件的播放时间、单位时间内包含的帧以及所添加的声音文件进行控制。

Windows Movie Maker 是通过各种命令、窗口和视图来完成电影文件创建和编辑的各项基本操作的。同 Windows 中其他应用程序的窗口操作一样,对 Windows Movie Maker 软件可以很方便地进行窗口最小化、最大化、

放大、缩小、移动和关闭等操作。

  Windows Movie Maker 的工具栏中设置有许多方便使用的按钮。当执行某项命令时，只需将鼠标指针移至相应的按钮上，然后单击鼠标左键即可。与使用菜单命令相同，单击不同的按钮后得到的效果是不同的，有时单击某个按钮会打开一个对话框，而有时则仅仅是执行这条命令。

  Windows Movie Maker 还为每个按钮提供了工具提示。把鼠标指针定位于某个按钮上方，稍停片刻就会在一旁显示出该按钮的工具提示，说明这个按钮的作用。

  快捷的工具栏按钮为用户创建和编辑电影文件提供了很大的方便。例如，用户想查看正在创建的视频文件的属性，可以在工具栏按钮中单击"切换剪辑属性"按钮，系统将弹出"属性"对话框，通过该对话框，用户可以查看该视频文件的标题、导演、创建的日期、类型及来源等信息。

  二、电影文件的创建和编辑

  Windows Movie Maker 允许用户对剪辑进行处理，添加背景音乐、声音效果和画外音叙述。用户也可以从扫描仪或数码相机中输入静止图像，以创作叙述性或音乐幻灯片动画。

  在动画制作过程中，一般可以分为 4 个步骤：获取源图像、编辑项目、预览和剪辑、发送作品。

  源视频文件和声音文件的获取。当创建一个新的电影文件时，获取源图像将是首要的工作，用户可以导入一些已经存在的 Windows 音频或视频的媒体文件，也可以通过数码相机或摄像机来录制所需的媒体文件。视频文件导入的操作步骤为：

  1. 单击"文件"菜单，选择"新建"→"项目"命令，新建一个电影项目。

  2. 选择"文件"→"导入"命令，在打开的"选择要导入的文件"对话框中选择相应的文件。

  3. 选定文件后单击"打开"按钮，系统将弹出"制作剪辑"对话框，提示当前导入的进度。

  4. 根据对话框提示，可以对视频编辑过渡效果、片头或片尾。编辑完成后，点击"保存到我的计算机"，设置视频名称和保存路径，就可以导出视频了。

三、Windows Movie Maker 妙用三则

◆压缩 MP3 格式文件成 WMA 格式文件

首先单击菜单"查看"→"时间线",使工作区切换到时间线视图。通过单击菜单"文件"→"导入",选择要转换的 MP3 格式文件,该文件出现在收藏区,接下来将其拖动到下方的工作区中。

单击"文件"→"保存电影",出现"保存电影"窗口。设置好音质等相关内容后,单击"确定",即可把生成的 WMA 格式文件保存在指定文件夹中。该方法同样可以把其他格式的音频文件转换成 WMA 格式文件。

◆合并音频文件成 WMA 格式文件

按照上述过程把要合并的音频文件(如 WAV、MP3、WMA 等格式文件)导入收藏区,按次序把这些文件拖放到工作区中,最后"保存电影",即可把多种音频文件合并成 WMA 格式文件。

◆录制声音为 WMA 格式文件

利用 Windows Movie Maker 可以直接将声音录制成 WMA 格式文件。单击"文件"→"录制",打开"录制"窗口,设置好录制内容、录制时限以及录音质量后,单击"录制"按钮,开始录制声音。单击"停止",录音完毕,并出现"保存 Windows 媒体文件"窗口,在此即可把录制的 WMA 格式文件保存在选定文件夹中。

1.2.8 Windows Live 影音制作

Windows Live 影音制作是教育工作者常用的一款微视频制作软件。它操作简单,使用方便,是微课人的得力助手之一。

一、下载安装

下载并运行 Windows Live 影音制作,下载完成后,单击屏幕左下角的"开始",在搜索程序和文件栏输入"影音制作",Windows Live 影音制作会出现在程序下面的列表顶部。单击以运行程序,并打开制作界面(如图 1-5 所示)。

下拉菜单:在左上角主页选项卡的左边。

功能区工具栏:横跨整个影音制作窗口。

预览窗口:黑色的大窗口。

故事板:预览窗口右边的大区域。

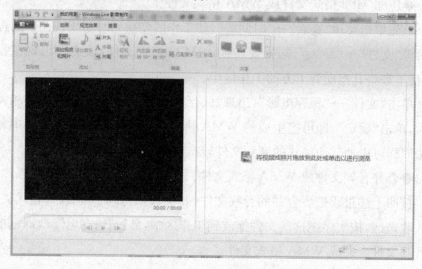

图 1-5　Windows Live **影音制作界面**

播放控制:在预览窗口下面。

放大时间标度:右下角的滑块控制。

二、基本操作

◆添加视频和照片

添加照片和视频到 Windows Live 影音制作时,有以下选项:

如果开始一个新项目,可以单击"故事板"图标添加内容,也可以单击功能区主页选项卡上的"添加视频和照片"(如图 1-6 所示)。

添加视频和照片时,可以通过按 Ctrl 或 Shift 键选择多个文件,然后单击"打开"按钮,可一次性添加多个文件。

◆保存作品

使用左边的下拉菜单,点击"保存",以保存电影。

◆播放电影

如要播放电影,可以单击播放按钮 ▶ 或按空格键(再次按空格键可停止播放)。

图 1-6　添加视频和照片

三、更多影音制作魔法

◆自动电影

自动电影是"自动生成电影"的简称。它是给内容增添震撼力的最简单方法,也是影音制作软件的一个重要功能。如果照片和视频已经加到项目中,单击主页选项卡上"轻松制片"后(如图 1-7 所示),软件就会自动添加交叉进出切换、自动平移和缩放效果、标题和制作者名单幻灯片,并询问是否要添加配音。若单击"是",软件便会自动使内容与音乐匹配。

> 当自动电影询问是否要添加配音时,即使您选择不,后期也随时可以添加。

图 1-7　"轻松制片"选项

即使是在实现自动电影的功能后,仍可以返回并微调、编辑该项目。自动电影功能可以帮您做所有的辛苦活,让您悠闲地做一个有创意的导演。

◆添加切换效果

若要添加切换效果到内容中,则单击功能区的动画选项卡,显示从一张照片或一个视频切换到下一个的选项。自动电影会自动添加交叉进出切换到每一个内容,如要更改切换,仅需选择照片或视频,转到动画选项卡,然后单击另一个切换,即可将其应用到该内容中(如图 1-8 所示)。

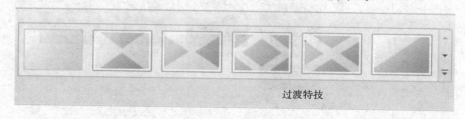

图 1-8　过渡特技

可以将鼠标移到选项,在预览窗口中查看照片或视频切换到下一个的实时预览效果。如要查看更多选项,单击右下角的向下箭头。

当找到喜欢的切换时,单击即可让它自动添加到视频中。如要添加此切换到多个项目,单击要开始的照片或视频,然后按住 Shift 键,并单击要结束的照片或视频,选择应用范围。然后单击要使用的切换,让它自动应用到选定的范围中。

◆添加照片效果

单击功能区的动画选项卡,查看对显示的单独照片进行平移和缩放的选项。如要查看更多选项,单击右下角的向下箭头。自动电影会自动添加各种平移和缩放效果到照片中。如要更改平移和缩放效果,只要转到动画选项卡,选定照片,单击一种平移和缩放效果,将其添加到照片(如图 1-9 所示)。

图 1-9　平移和缩放

单击功能区的"视觉效果"选项卡,显示可以应用到照片和视频的效果。添加效果到照片或视频之前,应将鼠标移到每个效果,查看它们的实际效果。当找到一个喜欢的效果时,单击让它自动添加。若要移除该效果,单击视觉效果菜单上(左边第一个)的无效果,它即会消失(如图1-10所示)。

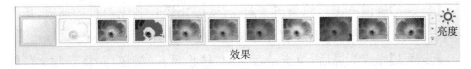

图1-10 视觉效果

◆添加电影配音

单击功能区首页选项卡上的"添加音乐"按钮。选择需要添加的歌曲,并单击"打开"按钮。在添加音乐后,音乐工具选项卡将变为可用(如图1-11所示)。

图1-11 音乐工具选项卡

如果要在故事板的某个点拆分歌曲,就在需要拆分点的前面单击照片或视频。在功能区的"音乐工具"—"选项"选项卡上单击"拆分",然后拖动音乐到故事板上想要放置的任意位置。

如果想在电影中添加一首以上的歌曲,就在您想要添加新歌曲的位置选择该处的照片或视频。然后单击主页选项卡上"添加音乐"按钮右下角的向下箭头(如图1-11所示),访问下拉菜单。单击"在当前点添加音乐",选择另一首歌曲即可。

注意事项:Windows Live 影音制作一次仅允许播放一段配音,这表示其无法让电影中的音频、配音和解说同时播放。若要在背景中添加解说并在电影的音频以外添加配音,有一些小窍门可以完成这个任务。

◆添加解说(假设影音制作项目的内容顺序正常)

【步骤1】单击 Windows Vista 或 Windows 7 的"开始"按钮,并打开附件文件夹中的录音机。

【步骤2】当 Windows Live 影音制作项目在背景中打开时,单击录音机的"开始录音"按钮,并立即在影音制作项目中单击"播放控制"。

【步骤3】解说电影。如果出了差错,就停止影音制作项目的播放,单击录音机的"停止录音"按钮(不要保存文件),并重新开始。

【步骤4】完成解说后,单击录音机的"停止录音"按钮,并将音频文件保存在计算机上容易找到的位置。

【步骤5】返回 Windows Live 影音制作,在故事板时间线找到要添加解说的点(从头或在当前点),并单击主页选项卡上的音符下面的"添加音乐"。对音频文件进行解说并将其添加到您的项目中。

可以单击功能区的"音乐工具"选项卡,编辑您的解说轨道。将音频轨道对齐到您希望解说的电影中开始的位置,然后开始播放电影。录制解说时,如果没有注意到视频,音频和视频就可能不同步,在解说中找出您希望音频开始的点并单击"设置起始点"。这样可以调整音频,让起始点在您最初放置音频轨道的位置,从而有效地让音频与电影同步。

◆添加配音和解说

用您想要的方式制作电影(使用自动电影功能或手工方式)并添加配音。导出电影(取决于分辨率,我们推荐 1080 p),电影导出并保存后,在 Windows Live 影音制作中打开一个新项目。

单击"添加视频和照片"按钮,添加最新导出的电影。

单击"添加音乐"按钮,按照以上步骤添加解说轨道。

如果需要调整音频级别,就单击主页选项卡上的"混音"按钮,将滑块左右移动,使电影或音频轨道(在此情况下为解说)比另一个的声音更大。

◆添加标题、字幕和制作者名单

选择想要看到标题屏幕的照片或视频,单击功能区主页选项卡上的"标题"按钮,在注明"在此输入文本"的区域输入电影标题。

可以使用功能区的"文本工具"—"格式"选项卡更改您的标题字体、字号、颜色、效果等,也可以使用文本时长更改希望标题出现的秒数(如图 1-12 所示)。

图 1-12　文本工具

可以在电影的任意部分添加字幕。若要在想要的点播放电影，单击功能区主页选项卡上的"字幕"按钮。可以使用"文本工具"—"格式"选项卡，编辑字幕如何出现或进入屏幕等。

在电影的结尾，可以添加制作者名单，让制作者产生荣誉感。单击故事板上最后一张照片或最后一个视频，单击功能区主页选项卡上的"制作者名单"按钮。可以使用"文本工具"—"格式"选项卡，编辑制作者名单如何出现或进入屏幕等。

1.3　计算机录制微视频

1.3.1　引言

用摄像机拍摄微视频，一般适用于教学实验或演示教学，比如理化实验或者音乐、舞蹈、体操的教学，但对于一般的知识点教学，这种录制方法就不太合适了。

有的教师上课喜欢用 PPT 演示文稿，但是使用 PPT 有一定的缺点，如演示过后不会留下任何痕迹，当学生想回顾课堂内容时，却已经忘记了一大半。怎样才能留住教师的 PPT 演示过程呢？教师平时遇到一个在线视频素材却无法下载，怎么办？技术人员想做在线指导课程，可是文字却表达不清楚，怎么办？用计算机的录屏技术就可以快速地解决上述问题。

微视频录屏技术，又叫微视频屏幕录制技术，是指通过录屏软件对电脑屏幕上的一切操作过程（动作、声音及图像）进行记录的一种技术手段。它广泛应用于各种电视录影、游戏录制、技术教程、拍摄等领域。与摄像机录制微视频相比，微视频录屏技术的特点在于：

第一，对录制人员的技术素养要求较高。它要求录制人员掌握一些基本的计算机操作和后期处理基本常识。

第二，对录制工具和录制环境要求较高。除计算机以外，还要有外置声卡、麦克风、监听耳麦等录音设备以及安静的录音环境等（如图1-13所示）。

第三，适合录制精品教学微视频。

图1-13　电脑录屏设备

一、计算机配置

使用计算机录制微视频时，对计算机配置有一个最低要求。如果计算机配置太低，运行速度就会太慢，结果不但影响录制效果，有时还无法安装某些软件。因此，建议使用如下配置或更高配置的计算机。

CPU：英特尔酷睿i3及以上系列。

内存容量：4 G。

硬盘容量：500 G。

显卡：1 G独立显卡。

一台运行速度较快的计算机，不仅可以用于录制质量较高的微视频，还可以用于对微视频进行后期处理，让您录制的微视频与众不同。

二、外置声卡

安装外置声卡。我们在录制微视频的过程中，无论使用什么工具录制，声音都是必不可少的，同时，对于一个好的微视频，声音的质量一定要高。但是，一般的计算机或手机自带的麦克风和声卡很难达到理想的效果，因此，我们有必要使用外置声卡以及电容麦克风。

下面以"金麦克KX-2A"为例，说明外置声卡的设置及使用技巧。

【步骤1】连接声卡与计算机（如图1-14所示）。金麦克KX-2A无需安装驱动，直接连接即可使用。

注意事项：录制前要关闭计算机中的其他所有程序，不然，在录制时容易弹出一些窗口，影响录制效果。

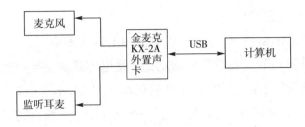

图1-14 外置声卡连接示意图

【步骤2】调节外置声卡工作模式。通常按动声卡上的工作模式按钮,选择"主持"模式。如果所录的微视频需要背景音乐,如诗朗诵、体育讲解、美术讲解等,就可以选择"听湿录干"或"唱歌"模式。

【步骤3】调节音量。在录制微视频的时候,通过旋转话筒音量按钮调节录音音量,最好将音量调大一些,这样我们在后期处理的时候,比较容易降噪。另外,立体声混音开关应尽量处于关闭状态,这样就能尽可能避免回音干扰。

外置声卡的安装

三、麦克风

与外置声卡配套使用的是麦克风和监听耳麦,而麦克风也是影响视频声音质量的关键因素。下面简单介绍两种麦克风及其调节方法。

1.动圈式麦克风。动圈式麦克风比较大,其形状有圆形、网格形、球形等。所有的麦克风中动圈式麦克风是比较好的,因为它的性价比较高,从70元的低端动圈式麦克风到350元的高端动圈式麦克风不等。动圈式麦克风并不需要外部电源,它们有多种可供选择,还有很多乐器在演奏时可以应用到麦克风,如架子鼓、电吉他或贝司吉他等。个人公开演讲时,观众听到的效果也都不错。但动圈式麦克风在高频率范围内的效果不是很好,不太适合女生主唱或高频谐波仪器使用。

2.电容式麦克风。电容式麦克风也称为电容麦克风,电容式麦克风有不同的类型,可以适合各种应用的场景。电容式麦克风与动圈麦克风的设计有着显著的区别,最显明的区别在于,电容式麦克风需要电源,而动圈式麦克风不需要电源。在声音设置中,电容式麦克风的幻象电源被发送到调音台的麦克风或PA系统。若不使用音效卡与内置的幻象电源,则需要一个单独的麦克风前置放大器提供电源。

电容式麦克风非常灵敏,适合做高精度音频,对于应用程序或精致的乐器录音,它是最理想的选择。

根据作者录制微视频的经验,建议使用电容式麦克风。

3.麦克风的调节。我们使用的麦克风是电容式麦克风,它的拾音范围很广。首先,我们必须在一个绝对安静的环境下录制,不然会产生很多环境噪音,在条件允许的情况下,最好能搭建一个录音棚。其次,话筒与人的距离要适中,一般在 10 cm 左右。最后,话筒一定要加上防喷罩,这样能大大降低噪音,手机或其他电磁设备要处于关机状态,避免电磁干扰。

适用于计算机的录屏软件主要有超级捕快、Camtasia Studio、Screen2SWF、屏幕录像专家等。下面将详细介绍几款软件的功能及使用技巧。

1.3.2 超级捕快录屏

超级捕快是梦幻科技继超级转换秀软件后的再一优秀力作。超级捕快具有革命性的全新功能,它是国内首个拥有捕捉家庭摄像机(DV)、数码相机(DC)、摄像头、电视卡、电脑屏幕画面、聊天视频、游戏视频或播放器视频画面并保存为 AVI、WMV、MPEG、SWF、FLV 等视频格式的优秀录像软件。

超级捕快的使用步骤如下。

【步骤1】启动超级捕快。双击桌面上的快捷方式或按照"开始"→"所有程序"→"超级捕快"流程,打开界面(如图 1-15 所示)。

【步骤2】选择录屏选项。其方法很简单,切换到超级捕快主界面顶部的"电脑屏幕录像"选项卡,该选项卡的功能就是专门录制电脑屏幕动作(如图 1-16 所示)。

【步骤3】设置导出格式。在"录像导出格式"处选择符合自己要求的视频导出格式,比如 AVI 可以用于二次编辑;WMV 既节省空间,又能保证质量,可以自己保存,也可以网上传送;FLV 则可以直接上传到土豆网、优酷等视频网站进行分享。一般情况下,选择 WMV 格式。然后,在"导出帧速率"处选择 25 帧/秒。一切就绪,点击"开始录像"按钮就可以开始录制了。想要暂停录制,按快捷键"Ctrl+P",继续录制按"Ctrl+K",停止录制则按"Ctrl+Q"。以上这些快捷键可以在软件中自行定义(如图 1-17 所示)。

图 1-15　超级捕快开启界面

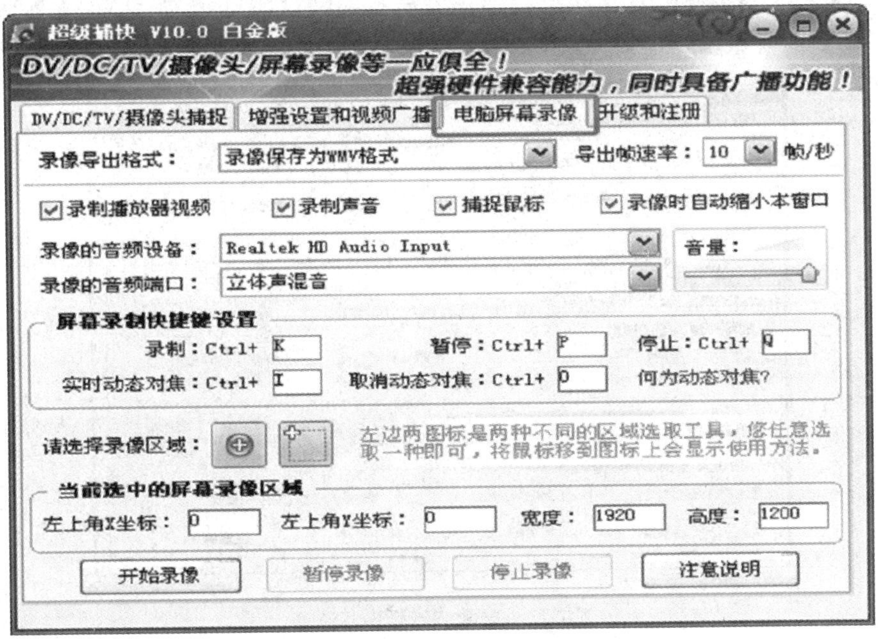

图 1-16　电脑屏幕录像选项

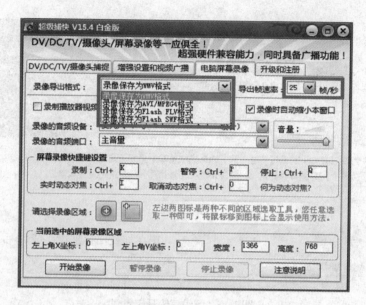

图 1-17　设置导出格式

【步骤 4】录像的音频设备选项。选择录像的音频设备为"线路(2-KMIC KX2A)",音量调到最大,点击"开始录像"(如图 1-18 所示)。

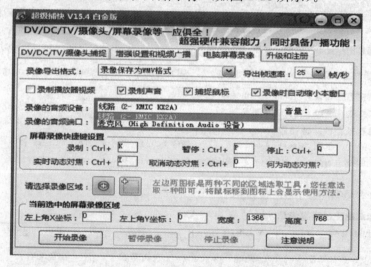

图 1-18　录像的音频设备选项

【步骤 5】设置导出的 WMV 质量参数。点击"选择需要设置的质量参数方案"右侧的下拉按钮,选择"自定义质量参数设置",然后点击"自定义质量参数选择"右侧"浏览"按钮,选择"1280×720-l. prx",并点击"下一步"(如图

1-19所示)。

图 1-19 设置导出的 WMV 质量参数

【步骤 6】设置保存路径。点击"浏览"按钮,选择保存位置和文件名称,点击"立即录制"或"延迟录制"(如图 1-20 所示)。允许人性化的延迟录制,不但支持秒级别的延迟录制,还支持小时级别的超长延迟录制(如图 1-21 所示)。

超级捕快的使用

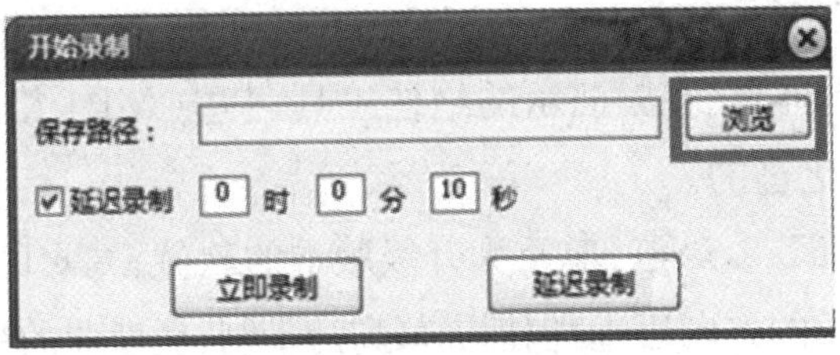

图 20 设置保存路径

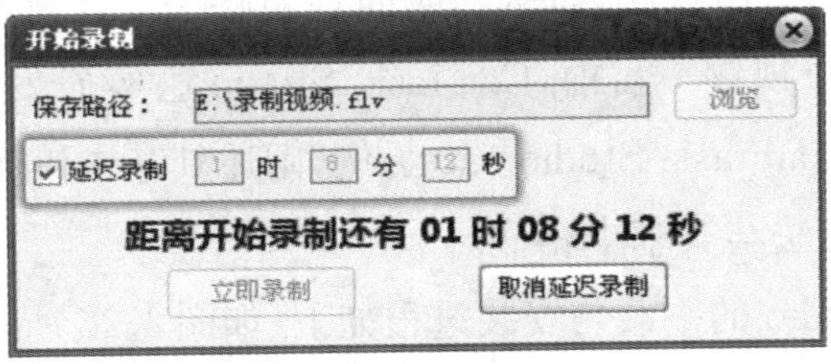

图 1-21 延迟录制

1.3.3 Camtasia Studio 录屏

Camtasia Studio 是一款功能强大的屏幕动作录制工具，能够在任何颜色模式下轻松地记录屏幕动作（屏幕和摄像头），包括影像、音效、鼠标移动轨迹、解说声音等。它可以将多种格式的图像、视频剪辑连接成电影，输出格式可以是 GIF、AVI、RM 等，并可将电影文件打包成 EXE 文件。它在没有播放器的机器上也可以进行播放，同时附带一个功能强大的屏幕动画抓取工具，内置一个简单的媒体播放器。

Camtasia Studio 中内置的录制工具 Camtasia Recorder 可以灵活地录制屏幕，如录制全屏区域或自定义屏幕区域，支持声音和摄像头同步，录制后的视频可直接输出为常规视频文件或导入 Camtasia Studio 中剪辑输出。

Camtasia Studio 具有强大的视频播放和视频编辑功能，有强大的后期处理能力。可在录制屏幕后，基于时间轴对视频片段进行各类剪辑操作，如添加各类标注、媒体库、Zoom-n-Pan、画中画、字幕特效、转场效果、旁白、标题剪辑等，当然也可以导入现有视频进行编辑操作，如 AVI、MP4、MPG、MPEG、WMV、MOV、SWF 等格式文件。

编辑完成后，可将录制的视频输出为最终视频文件。它支持的输出格式也很全面，包括 MP4、WMV、AVI、M4V、MP3、GIF 等，并能灵活自定义输出配置，是制作录制屏幕、视频演示的绝佳工具，其中 MP4 格式是为 Flash 和 HTML5 播放优化过的。

Camtasia Studio 8.x 是一款重大升级版本的软件。8.x 的升级使 Camtasia Studio 朝着高品质的方向迈进，包括屏幕高清录制、更专业的视频编辑、更准确的视频输出等，尤其是 TSCC 编解码器升级为 TechSmith Screen Codec 2，它能够录制高质量的平滑视频，重构的时间轴能够添加任意多的多媒体轨道，有助于更快地剪辑视频。目前，Camtasia Studio 已经研发出 Camtasia 9 系列。本书主要以 Camtasia Studio 8.0 为例，阐述其基本使用方法。Camtasia Studio 9 的使用方法与其基本相似。

Camtasia Studio 的下载与安装过程如下（如图 1-22 所示）。

【步骤 1】登录官方网站 https://www.techsmith.com/，选择合适的版本下载，在这里选择 Camtasia Studio 8.0。由于 Camtasia Studio 8.0 没有汉

语版本,因此,需要下载对应的正版汉化包。

【步骤 2】双击 Camtasia Studio 8.0 安装程序,在弹出的语言选择界面选择 U. S. English,确定后点击"OK",进入软件的安装界面。

【步骤 3】出现安装界面后,点击"Next",点击"I accept the license agreement"后,继续点击"Next"。

【步骤 4】在下一步弹出的界面里,根据自己的需要进行选择,选择后,点击"Next"。

【步骤 5】在许可界面输入软件许可秘钥,若没有软件许可秘钥,则可以点击"Free Trial"(试用版本)。

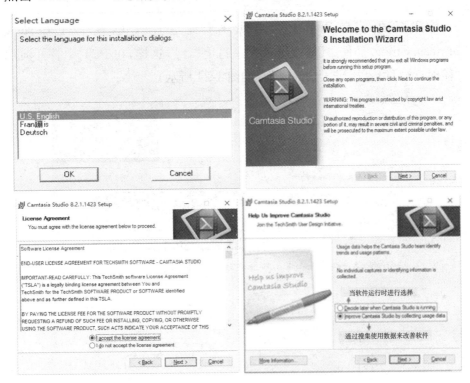

图 1-22　Camtasia Studio 8.0 **安装过程**

【步骤 6】选择安装文件夹,默认安装至 C 盘,可以点击"Browse"更改安装目录。确定后,点击"Next",直至软件安装结束,点击"Finish"(如图 1-23 所示)。安装大概等待 1~2 分钟。安装完成后,桌面会出现"Camtasia Studio 8.0"的图标。

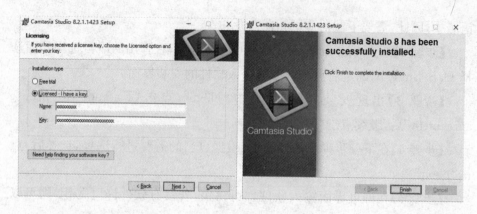

图 1-23　Camtasia Studio 8.0 安装界面

注意事项：安装环节中会出现一个提示——是否在 PPT 中加入 Camtasia Studio 插件，此时在选项框中打上"√"，这样，在 PPT 中打开演示文稿时，就可以直接进入录屏界面（如图 1-24 所示）。

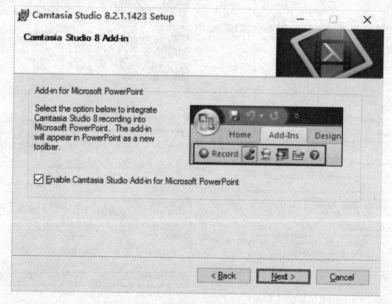

图 1-24　在 PPT 中加入 Camtasia Studio 插件

【步骤 7】安装正版的汉化补丁。点击"安装"，弹出汉化选择提示框，选择"下一步"（如图 1-25 所示）；弹出"设置完毕"提示框，点击"完成"，结束汉化补丁的安装过程（如图 1-26 所示）。

图 1-25　汉化提示框　　　　　图 1-26　设置完毕提示框

【步骤 8】安装完成后,第一次打开时出现的界面如图 1-27(a)所示。以后打开时会出现一个欢迎界面[如图 1-27(b)所示]。图 1-27(b)的左上方有两个图标,点击带有红色按钮的图标,便可直接进入录制模式;点击带有文件夹按钮的图标,便可导入已有的录制文件进行编辑。

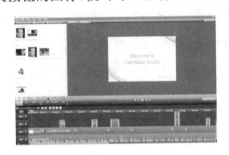

(a)　　　　　　　　　　　　(b)

图 1-27　主界面工具栏

【步骤 9】点击欢迎界面的"录制屏幕"按钮或者在编辑窗口工具栏点击"Record the screen",开始对电脑屏幕进行录制(如图 1-28 图示)。

图 1-28　主界面工具栏

【步骤 10】弹出"Camtasia Recorder"控制开关界面,它包括录制屏幕的范围(默认为全屏)、画中画摄像头开关、声音音量控制键,以及录制开始键"rec"。一切准备就绪后,点击"rec"开始录制电脑屏幕的活动,包括电脑屏幕上的所有演示动作和教师同步讲解的声音(如图1-29所示)。

图1-29 Camtasia Recorder 控制开关

【步骤11】录制结束后,点击"Camtasia Recorder"上的"stop"即可停止录制。

Camtasia Studio 8.0会自动生成视频文件,并可对其进行后期加工处理(后期处理技术见本书其他章节)。

注意事项:录制幻灯片时,我们可以选择编辑窗口工具栏"Record the screen"下拉选项中的"Record powerpoint"进行录制,或者在打开的演示文稿中选择选项卡"加载项",点击"Record"按钮,对PPT进行快速录制。

总之,Camtasia Studio 8.0是一款集录屏和编辑于一体的强大录屏软件,对于其他很多功能,读者可以一边使用一边发现。

1.3.4 Screen2SWF 录屏

Screen2SWF是一款操作快速并且使用简易的屏幕录制器,通过高压缩率将您在桌面上的一切操作过程录制成视频(EXE、SWF和AVI格式),以创建实时演示、教程和表演。Screen2SWF可以完成以下任务。

1. 录制。

(1)在桌面上录制屏幕的活动。

(2)录制鼠标的动向和点击。

(3)通过麦克风录制语音。

(4)高速屏幕录制。在"最快"模式下录制高达每秒30帧。

2. 编辑。

(1)添加文本、图像、批注和马赛克至所录制的影像中。

(2)添加缩进、聚焦、淡入、淡出效果。

Screen2SWF 的使用步骤如下。

【步骤 1】运行 SCREEN2EXE 并确定选区,点击"开始录制"(如图 1-30 所示)。

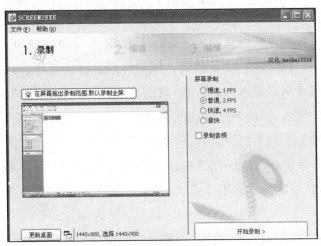

图 1-30　SCREEN2EXE 启动界面

【步骤 2】录制期间按"F9"暂停或继续,按"F10"完成。

【步骤 3】点击"继续/编辑"进入删减编辑界面,无需此步骤则点击"立即保存"(如图 1-31 所示)。

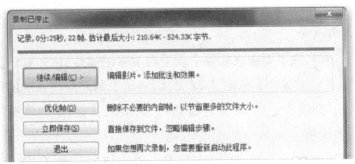

图 1-31　保存提示

【步骤 4】点击"立即保存"来到此步。如果点击了"继续/编辑",在编辑完成之后,同样来到此步。

选择输出质量,建议选择"最佳"。

文本和描述按需求填写。

点击文件旁边的"…",选择输出文件名。再点击"立即保存"就大功告成了。

1.3.5 屏幕录像专家录屏

屏幕录像专家是一款专业的屏幕录像制作工具。使用它可以轻松地将屏幕上的软件操作过程等录制成 FLASH 动画、AVI 动画、ASF（微软流媒体格式）动画或者自播放的 EXE 动画。该软件采用直接录制方式或者先录制再生成的方式录制屏幕录像，使用户对制作过程更加容易控制；支持后期配音和声音文件导入，使录制过程和配音分离。

屏幕录像专家最大的特点就是"先录制，再生成"。当然，使用它录制屏幕时需分两步来进行（详见下文"三、先录制再生成方式"）。屏幕录像专家有两种录制模式：录制模式和生成模式。下面介绍两种模式的使用方法及注意事项。

小提示：直接录制生成方式占用硬盘空间比较小，可直接生成 EXE 或者 AVI 文件。先录制再生成方式是指先生成一个临时录像文件，其占用空间比较大，但后期生成时比较灵活，可以选择生成 EXE 文件，也可以选择生成 AVI 文件，还可以生成各种压缩的 AVI 文件。两种方式各有优点，可以视情况进行选择。

一、录制准备

开始录制时，除了要在该软件中设置有关录制属性外，还要设置显示的颜色值。如果要生成 256 色的 AVI 文件，建议录制之前将系统的颜色值设置为 256 色。如果要生成 16 位色的 AVI 或 EXE 文件，建议将系统的颜色值设置为 16 位色。

设置方法如下：在电脑桌面上的空白处点击鼠标右键，在弹出的菜单中点击"属性"，到"设置"页面进行设置即可。屏幕区域也建议设置成"800×600"或者"640×480"。

如果需要同期录音，还应注意将话筒连好，并用 Windows 附带的"录音机"程序调试至正常。

二、直接录制生成方式

该方式可直接录制生成 EXE 动画或 AVI 动画，由于生成这两种动画方式的操作方法相似,因此,下面就以直接录制生成 AVI 动画方式进行说明。

软件运行后,直接进入录制模式的基本设置界面(如图 1-32 所示)。

图 1-32　录制模式的基本设置界面

选中"直接录制生成",选中"AVI",软件会弹出压缩算法选择窗体(如图 1-33 所示),在弹出的压缩算法选择中选"Microsoft Video 1"(或者其他压缩算法)。如果想改变压缩算法,点击"AVI 压缩设置"按钮。按"F2"开始录制,录制完成后按"F2"停止。然后在左下角的列表中找到录制的 AVI 文件,双击该文件就可以播放。

图 1-33　视频压缩

在"生成模式"下,可以"自设信息",即可以设置在录制的录像文件中要显示的文字。只要选中"自设信息",这时信息会显示在帧浏览框中,可以直接在帧浏览框中拖动文字来设置显示的位置。

三、先录制再生成方式

先录制再生成方式不直接生成动画文件,录制后会形成一个录像文件,该文件在"录像文件列表框"中显示出来,然后利用这个录像文件就可以生成动画文件,此时生成的中间文件格式为.lx。

在录制模式的基本设置界面中,去掉"直接录制生成"的选中标记,这样就是先录制再生成方式。一般情况下,若不做其他设置,只要按"F2"就开始录制,录制结束后按"F2"停止,这时录像文件列表框中会增加一个处于被选中状态的临时录像文件(后缀名为.lx),同时,软件切换到"生成模式"(如图1-34所示)。

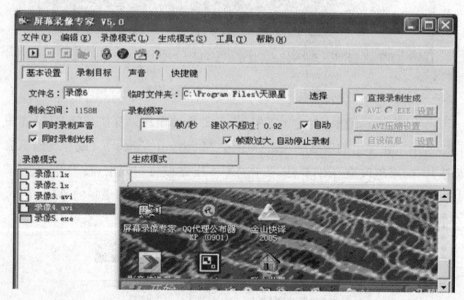

图1-34 录制与生成选择框

如果不想马上制作,可以先回到"录像模式"。想要制作时,只要在录像文件列表框中点击此文件即可到"生成模式"。生成时可以设置显示自设信息,只要选中"显示自设信息",这时信息就会显示在帧浏览框中,可以在帧浏览框中拖动文字设置位置,按"设置"按钮设置显示的文字信息。

四、后期配音

在"生成模式"下,还可以进行后期配音。例如,现在要给 AVI 文件配音,只要在录像文件列表框中选择要配音的 AVI 文件,然后点击菜单"编辑"→"AVI 后期配音"选项,弹出"AVI 配音"窗口(如图 1-35 所示)。

点击"现在配音"按钮后,AVI 文件即开始以无声方式播放并马上开始录音,当 AVI 文件播放结束时,配音会自动停止。这时就可以点击"试放配音后文件"按钮来试放配音效果。如果对效果不满意,可以重新点击"现在配音";如果对效果满意,可以点击"确认配音",使新的配音生效。

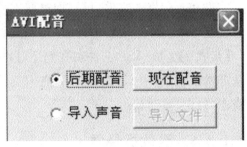

图 1-35　AVI 配音

如果要输出 AVI 文件,就选中"输出 AVI"。一般来说,要对 AVI 文件进行压缩,否则文件会很大。选中"压缩 AVI",点击"输出"按钮,软件会弹出"另存为"窗口,选择要保存的位置,然后软件会弹出"压缩算法选择"窗口,选择好压缩算法后就可以进行输出了。

如果要输出 EXE 文件,只需在图 1-34 的"生成模式"界面下,选中"输出高度压缩的 EXE 文件",然后点击"输出"按钮就可以了。

如果要使用以前录制的录像文件,就在"录像文件列表框"选取此文件,软件会自动切换到生成模式。

五、其他视频格式输出

【步骤 1】制作 FLASH 录像。本软件可以将 EXE 录像文件转换成 FLASH 录像文件。先录制得到 EXE 文件,然后在文件列表框中选中该文件,然后点击"编辑"→"EXE 转成 FLASH"命令,软件会弹出"生成 FLASH"窗口(如图 1-36所示)。

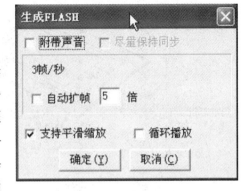

图 1-36　"生成 FLASH"窗口

在此窗口中可以设置附带声音和扩帧。建议原每秒帧数乘自动扩帧倍数不要超过 3,并要选中"尽量保持声音同步"选项。这样在生成 FLASH 文件过程中,软件会使用自动去噪音等方法尽量保持声音的同步。

点击"确定"后就可以输出 FLASH 动画了,输出后得到两个文件:.htm 格式文件和.swf 格式文件,可以通过双击.htm 格式文件来播放该动画,也可以直接在 FLASH 播放器中播放.swf 格式文件。

【步骤 2】生成 ASF 文件。我们还可将 EXE 视频文件转换为 ASF 文件。方法非常简单:选中 EXE 文件后,点击菜单"编辑"→"EXE 转成 ASF"选项,再点击"确定"按钮就可以了。

1.3.6 数位板录屏

一、数位板简介

数位板主要由绘图面板(如图 1-37 所示)和压感笔(如图 1-38 所示)组成。下面分别对它的各个组件进行介绍。

1. USB 连接线。先插入数位板安装光盘,应按照提示进行安装。然后,把 USB 连接线插到计算机上即可。

2. 状态指示灯。连接 USB 线到计算机上,数位板状态指示灯将亮起,表明数位板处于工作状态。

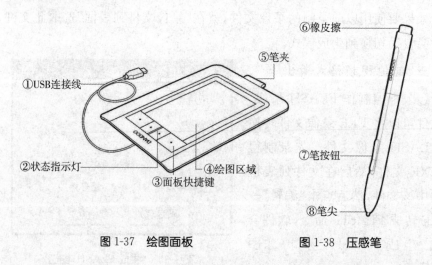

图 1-37　绘图面板　　　　图 1-38　压感笔

3. 面板快捷键。大部分数位板具有可自定义的面板快捷键。按下单个按键可执行常用的功能,也可与另外一个按键一起操作使用。例如,如果自定义一个按键为模拟"Ctrl"键,另外一个按键为模拟"Alt"键,那么同时按下两个按键可以模拟"Ctrl+Alt"组合键。自定义面板快捷键如图 1-39 所示。

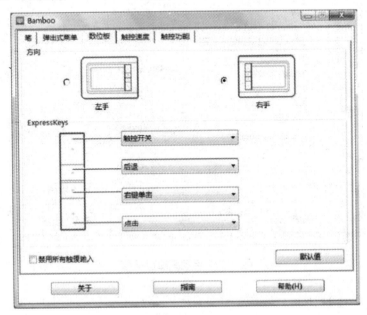

图 1-39 自定义面板快捷键

4. 绘图区域。绘图区域也称触控传感器。可以使用单指或双指输入,也可以使用手写笔输入。

5. 笔夹。当不使用压感笔时,可将压感笔放到笔夹内。

6. 橡皮擦。压感笔上端的橡皮擦的工作方式就像铅笔上的橡皮擦一样。在支持橡皮擦的图形应用程序中,程序会自动切换到橡皮擦工具,这样可以很直观和自然地进行擦除。

7. 笔按钮。压感笔配备有两个按钮,每个按钮都具有可自定义的功能,在按下按钮时可进行选择。只要笔尖位于数位板活动区域 7 毫米(0.28 英寸)距离内,就可使用笔按钮,而不必让笔尖碰触数位板。默认按钮上端为"右键单击",下端为"平移"。

8. 笔尖。用压感方式书写及绘画,笔尖可以对手的运动作出反应,这使得创建笔触看起来像是比较自然的笔刷线条。若要调节笔尖感应,可以自定义感应参数(如图 1-40 所示)。

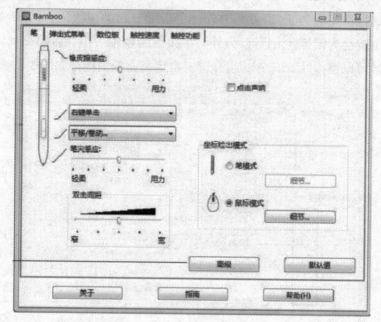

图 1-40　自定义感应参数

二、数位板使用

1.坐姿。端坐在电脑前,保持舒适的姿势。尽量避免可导致不适和重复性的动作,在完成一项任务后稍作休息,以伸展和放松肌肉(如图 1-41 所示)。

图 1-41　正确的坐姿　　　　图 1-42　正确的握笔方式

2.握笔。使用压感笔时,手要轻握,就像握普通的钢笔或铅笔一样。确保笔按钮处在一个非常方便的位置,这样可以使用拇指或食指对其进行操作,而不会在用笔绘画时意外地按下按钮。使笔向最舒适的任何方向倾斜(如图 1-42 所示)。

3.定位。压感笔可以定位屏幕上的光标。当拿起压感笔并将笔尖放在数位板的绘画区域时,光标就会立刻跳到新的位置。在数位板表面(及距离数位板表面7毫米以内)移动笔,即可移动屏幕光标。如果要选择一个图标或文件夹,就用笔将屏幕光标定位在对象上,按下即可选中(如图1-43所示)。

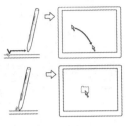

图1-43 定 位

三、数位板录屏

数位板只是一款书写绘画工具,因此,使用数位板录屏时,需要录屏软件及麦克风的辅助,才能把声音和图像录制进去(如图1-44所示)。

图1-44 数位板录屏工具

数位板适用于录制有手写过程的视频,如习题课、总结课等。刚开始使用数位板的时候可能有些不适应,建议进行"盲写练习",即眼睛看着屏幕进行书写练习。下面简单介绍一下数位板的使用步骤。

数位板的使用

数位板的基本使用步骤

【步骤1】连接设备(如图1-45所示)。

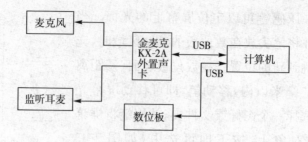

图 1-45　数位板录屏连接示意图

【步骤 2】打开录屏软件"超级捕快",按照使用步骤依次设置,最后选择延迟录制。

【步骤 3】打开数位板开始录制视频,数位板的功能介绍如图 1-46 所示。

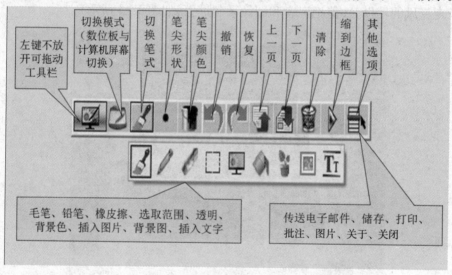

图 1-46　数位板功能介绍

1.3.7　可汗学院录课模式

福布斯发表过一篇名为《One Man,One Computer,10 Million Students:How Khan Academy Is Reinventing Education》(《一个人,一台电脑,一千万个学生,可汗学院如何重塑了教育》)的文章,这篇文章说的就是可汗学院的"翻转课堂"。由此可见,以互联网为载体的在线教育给我们的教育事业插上了腾飞的翅膀。

可汗的录课方式就是在一块触控面板上点选不同颜色的彩笔，一边画，一边录音，电脑软件会帮他将所画的东西全部录下来，最后再将录下的影片上传到网上即可。

可汗学院录课模式可以概括为：录屏软件＋手写板＋画图工具（如图1-47所示）。

图1-47　可汗学院创始人萨尔曼·可汗及其录课模式

1.3.8　计算机摄像头录制

计算机摄像头也是我们摄像的好工具。它价格便宜，除了用于录制视频外，还有其他用途，比如聊天或者师生之间在线交流等外。

【工具】计算机、摄像头及麦克风（如图1-48所示）。

【原理】与手机录制原理类似，适用于手写录制。

【步骤】首先，连接设备（如图1-48所示）。然后，打开"我的电脑"，找到"摄像头"，单击它，接着在打开的窗口中选择"捕捉"工具下的"开始录影"，就可以录制摄像头捕捉到的画面了。录制结束后，点击左上角的"停止录影"按钮，视频会自动保存到"我的视频"文件夹里。

这是计算机自带的摄像头录影功能，也可以使用软件录制，效果会更好一些。

图1-48　摄像头录屏及视频设备界面

摄像头录制常用正版的汉化版摄像头录像机(视频助手)。这是一款很小巧的摄像头视频录像免费软件。该软件录制的文件品质好、体积小、画面清晰,易于保存,不仅可以录像,还可以录音,也可以录像与录音同步进行。其操作简单,一学就会。

摄像头还可以用于一边录制一边在线同步交流,彻底打破时间和空间的限制。

1.4 智能手机录制微视频

真正的首款智能手机是由摩托罗拉在 2000 年生产的天拓 A6188 手机,它是全球第一部具有触摸屏的 PDA(Personal Digital Assistant,个人数字助理,用于辅助个人工作的数字工具)手机,它同时也是第一部中文手写识别输入的手机。2007 年 1 月 9 日,苹果公司(Apple, Inc.)首席执行官史蒂夫·乔布斯在 Macworld 上宣布推出 iPhone,宣告一个时代的开始。从此,智能手机就像潮水般涌向市场,科技发展到今天,智能手机拥有量已经超过 6 亿,这使得微课人不得不思考一个问题:智能手机能不能用于录制微视频?

1.4.1 手机摄像头拍摄微视频

照相功能是智能手机的一个标志性配置,因此,大家首先会想到用摄像头拍摄微视频。使用智能手机拍摄微视频,主要是利用手机的摄像功能和内置麦克风,这种录制方式适用于书写类课程,如数学、美术等。下面简单介绍一下这种录制方式。

【工具】一部大屏智能手机,一个手机支架,另外还有笔和纸(如图 1-49 所示)。工具非常常见,操作又非常简单,因此,这种录制方法深受微课人喜爱,特别是对于不喜欢操作计算机的教师。

手机录制微视频

【原理】利用手机摄像功能,可以一边在纸上书写,一边录像。手机支架一定要牢固固定,千万不能晃动,以免影响图像质量。

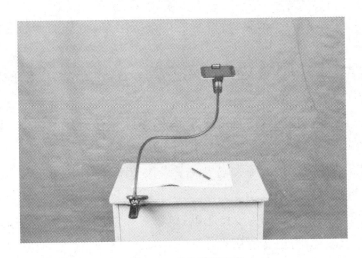

图1-49 手机摄像工具

注意事项:首先,摄像角度要调整好,手机要稍微倾斜一些,最好站在学生的角度去录制,让学生能够观看到教师讲解的全过程。其次,光线角度要调整好,最好是顺光线录制,这样图像会更清晰。如果是晚上录制,就要打开多个日光灯或者台灯,这样能减少阴影。再次,教师在写字的时候稍微慢一些,字写得大一些,让学生能够看清楚,并能够有思考的时间。最后,要随时查看拍摄范围,检查纸张是不是已经超出了拍摄范围。

拍摄完成后,要进行后期处理,推荐大家使用"格式工厂",这款软件的功能强大,容易上手,是处理视频的好帮手。

1.4.2 拍大师手机录屏

拍大师是一款简单实用、功能强大的视频创作软件。它整合了屏幕录像、游戏、摄像头录像、视频剪辑、配音配乐、特效处理等多种高级功能。其特点主要有:

1.快速剪辑。傻瓜式的素材剪辑、快速的素材合并,让您的创意轻松实现。

2.视频特效。专业级的视频滤镜,简单实用的文字特效、场景特效、边框特效,瞬间使您的作品与众不同。

3.动态文字特效。丰富动感的文字特效、对话特效,让您的视频更华丽生动。

4.高级字幕。文字精美、特效华丽的高级字幕,令您的作品更酷炫、更飘逸。

5.配音配乐。功能强大的麦克风配音与多音轨混音,多段音乐的自由插入令您的作品有声有色。

6.自由变速。视频片段自由变速播放,从太空步到风驰电掣,快放慢放随心所欲。

7.超高清录像。拍大师大幅提高了录像清晰度,在原有标清、高清录像的基础上增加超高清录像功能。

8.拍我秀秀。拍我秀秀支持唱歌、跳舞等表演的实时录制,还可消除原唱、同步显示歌词,秀出您的精彩。

9.极限性能。拍大师具有全新专利技术,拥有秒杀级录像性能,CPU消耗少,磁盘占用低,在不知不觉中使精彩永留存。

10.兼容所有游戏。全球首个无缝融合截屏以及D3D录像双保险模式,告别闪屏年代,兼容所有游戏录像。

11.多格式导出。导出各种视频格式,iPhone、PSP专有格式随身看,更支持导出为GIF动画,炫酷签名轻松拥有。

12.动感相册。多张图片的连贯播放辅以精美的文字特效和好听的音乐,只要有创意,图片也精彩。

13.手绘涂鸦。新增连环画涂鸦功能,支持多种画笔、喷图、荧光笔等,自由手绘,自由畅享。

接下来介绍安卓版拍大师的安装与使用。

一、界面和功能介绍

拍大师的录像功能分为摄像头录像和屏幕录像(录制游戏)。启动后首先进入的是摄像头录像界面,界面中主要包括麦克风、闪光灯、摄像头切换、变焦、屏幕录像、拍摄键等(如图1-50所示)。点击"屏幕录像"按钮后,进入屏幕录像界面,它主要包括录屏时间、录屏键和麦克风开关(如图1-51所示),点击红色录屏键即可开始录屏。

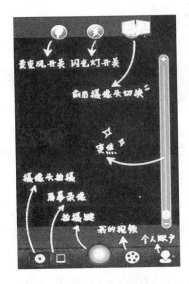 

图 1-50　摄像头录像界面　　图 1-51　屏幕录像界面

二、摄像头录像和屏幕录像的操作方法

【摄像头录像】点击"拍摄键"即可开始录像，录制结束后点击"保存"按钮。

【屏幕录像】点击"屏幕录像"，进入启动助手界面（如图 1-52 所示）。

图 1-52　屏幕录像启动助手界面　　图 1-53　我的视频界面

点击"启动助手",首次使用会要求进行授权,应根据页面提示进行授权,授权成功后点击"已完成授权"即可。

启动助手后,点击"录屏键"就可以开始录制了,录制结束后点击"保存"按钮,然后点击"返回拍大师",查看录制的视频。

三、查看录制的视频

录制的视频都保存在"我的视频"中(如图 1-53 所示),可以对视频进行发布和删除。

四、发布作品

点击"发布"按钮进入剪辑界面,选择您需要的部分,没选择的不会发布,黄颜色部分就是所选择发布的内容,最多可选择 10 分钟(如图 1-54 所示)。

下一步填写作品标题和选择相关分类,然后点击"发布到爱拍"按钮。

图 1-54　选择发布范围

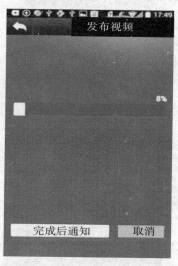
图 1-55　视频发布中界面

没有登录账号的会弹出登录框,首次使用的用户需先注册账号,然后登录。

发布中界面如图 1-55 所示,发布完成界面如图 1-56 所示。

五、将作品分享给好友

点击"分享",然后选择喜欢的分享方式(如图 1-57 所示)。可以用短信、蓝牙、文件管理、邮件签名识别等四种方式分享。

图 1-56　视频发布完成界面　　　图 1-57　视频分享方式

注意事项：如果使用拍大师录制 PPT 课件，需要先在手机上安装 WPS 软件。使用 WPS 打开课件，然后用拍大师录屏。

1.4.3　小影手机录屏

小影是全球首款在移动端打造的用于微电影、微视频拍摄的美化应用软件。它模拟电影创作全流程，将前期拍摄、后期制作、分享传播等整合为一体，为用户提供一站式的应用服务，在移动应用摄影美化类别中前所未有。小影独特的滤镜、转场、字幕、配乐以及一键应用的主题特效包，可以让您轻松打造个性十足的生活微电影（如图 1-58 所示）。

图 1-58　小影软件　　　图 1-59　小影软件界面

小影的使用技巧如下：

打开小影后，会发现如图 1-59 所示的几个区域，包括浏览区、拍摄视频、制作视频、活动和我的工作室，基本上所有功能都可以在"制作视频"中的"高级剪辑"中完成。

打开"制作视频"（如图 1-60 所示），如果要拍摄视频，可用拍摄镜头，如果要用手机里已有的 MP4 格式文件或者图片，则点击"添加镜头"（添加镜头时可以截取镜头，也可以全部导入）。

图 1-60　制作视频　　　图 1-61　编辑视频　　　图 1-62　分享账号设置

当有了镜头（视频素材）以后，就可以见到如图 1-61 所示的界面，下面一排图标是具体编辑视频的项目。

添加镜头：可以在当前的草稿中添加新的镜头，也可以拍摄和导入镜头。

镜头编辑：在这里可以修改镜头位置，更改镜头长度、速度等。

主题：为微视频添加一个主题，这个主题会显示在微视频的前面（有些也在末尾），主题上的文字可以自行编辑。需要注意的是，有些主题会自动添加转场，可以手动清除。

特效：为镜头添加特效，比如爆炸之类。

转场：为两个镜头之间提供一个转换特效。需要注意的是，视频镜头会出现转场过程中不能播放的情况，另外，转场会占用时间。

字幕:为微视频添加字幕,支持气泡等。

配乐:为微视频添加背景音乐(支持从本地导入,而且可以控制背景音乐覆盖的范围以及音量,还提供关闭视频原音的功能)。

配音:为微视频添加配音。

分享账号设置界面如图 1-62 所示。

1.5　平板电脑录制微视频

随着科技的不断进步,平板电脑的功能也越来越强大,它在学习、娱乐、购物等诸多方面可能比计算机更具有优越性。它小巧灵活,携带方便,触屏功能使操作更具多样化。对于微课人来说,不但可以用它随时随地观看微视频,还可以用它录制微视频。目前,市面上出现的平板电脑品牌众多,比如苹果、三星、联想、华硕、小米等,价格从几百元到几千元不等(如图 1-63 所示)。下面就以苹果 iPad 为例,介绍一些用平板电脑录制微视频的软件及其使用方法。

由于 iPad 自带摄像头、手写输入法,同时兼容众多办公软件,因此可以用 iPad 摄像功能录制微视频,也可以用录屏软件录制微视频(如图 1-64 所示)。

图 1-63　品牌众多的平板电脑

图 1-64　手写+触屏

1.5.1　iPad 摄像功能拍摄微视频

iPad 的摄像功能与摄像机类似。虽然它比摄像机的功能少、像素低、稳定性差,但是它操作更简单,只要打开照相中的摄像功能就可以进行拍摄。

对于平时的教学微视频而言，它基本可以满足我们的要求。拍摄时应注意光线调节及环境噪音的控制，还有就是拍摄过程中要防止抖动。因此，我们应尽量选在白天光线充足的时间拍摄。为了达到画面稳定的视觉效果，我们可以用固定支架来固定平板电脑，这样就能获得一段声音和图像都非常清晰的微视频（如图 1-65 所示）。

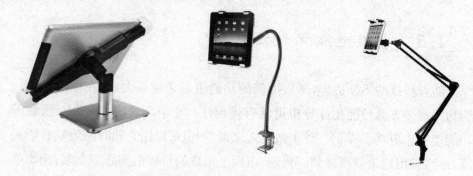

图 1-65　各种平板电脑支架

平板电脑是学生学习的好帮手，它不仅可以用来观看微视频，还可以用来录制微视频，用摄像头录制微视频就是学生最容易上手的一种录制方法。

这样拍摄的微视频如果需要在计算机中进行后期处理，就要用数据线或网络传输的方法将微视频导入计算机。如果不需要后期处理，就可以使用平板电脑直接上传至学习平台。

1.5.2　Explain Everything 录制微视频

不管是什么品牌的平板电脑，都可以使用很多录屏软件。用录屏软件录制的微视频不用担心光线问题，它不但可以快速地记录教师在屏幕上的所有教学过程，还可以兼容很多办公软件，让录制的微视频质量高、花样多，更吸引学生。教师应该掌握这种录制方法。

Explain Everything 是一款应用于 iPad 的手写录屏软件，它简单易用，能够在演示文档上做注释和旁白。运用 Explain Everything 灵活多样的设计工具，可以创造出动态交互式的课程、活动内容、评价和教程。用 Explain Everything 可以把 iPad 变成交互式的电子演示白板。

Explain Everything 能记录屏幕上的绘画、注释和笔尖移动的轨迹，通过 iPad 的麦克风可以捕捉到音频文件，能够从 E-mail、iPad 相册及 iPad 相机中导入图片、PDF 文件和 PPT 文件，导出 MP4 格式的视频文件、PNG 格式图片及 PDF 格式文件，导出的文件还可以分享到网络上。

一、Explain Everything 的安装

在 App Store 下载并安装 Explain Everything（收费软件），安装完成之后，就可以使用该软件录制视频。

二、Explain Everything 的使用方法

【步骤 1】双击 Explain Everything 图标，打开主界面（如图 1-66 所示）。

图 1-66　Explain Everything 主界面

【步骤 2】点击左上角的"＋"号，选择背景颜色，有白、黑、绿、乳白四种颜色可选，每种颜色的背景配备三种颜色的笔，可以选择任意一种。下面以白色背景为例介绍使用方法（如图 1-67 所示）。

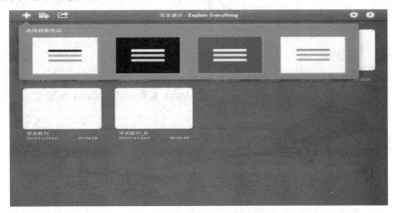

图 1-67　背景颜色选择

【步骤 3】长按左上角的铅笔图标,选择笔迹粗细。如果要书写文字,建议选择细一些的笔迹;如果要绘制一些彩色油画,可以选择粗一些的笔迹。书写过程中可以任意切换字迹颜色,点击左下角的三个颜色框可进行字迹颜色切换(如图 1-68 和图 1-69 所示)。

图 1-68　笔迹粗细选择　　　　　图 1-69　书写文字

【步骤 4】插入文字(如图 1-70 所示)。有时,手写的字迹有些潦草,我们可以选择键盘输入文字。点击左侧"A",即可弹出一个文本框,随之弹出键盘。文本框的大小可以任意调整,我们可以在文本框内输入文字,对文字的大小、字体等进行设计,还可以对文本框的位置进行自由拖拽。

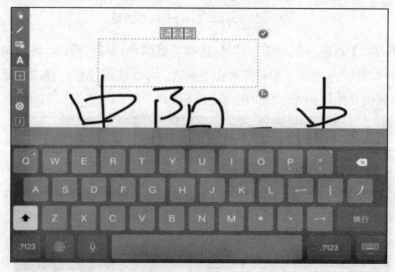

图 1-70　插入文字

【步骤 5】插入图片等文件(如图 1-71 所示)。有时,为了教学需要,我们要在微视频中插入一些图片、视频、音频或电子书等,这时,点击左侧的"＋"

即可弹出"插入对象"对话框,在这里可以插入所需要的素材。

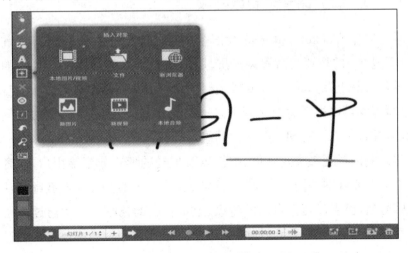

图 1-71　插入文件

【步骤 6】输出微视频。微视频制作结束后,可以导出或者上传文件,点击下侧"导出影片"按钮(倒数第三个按钮),选择导出格式和路径,软件即可生成微视频(如图 1-72 所示)。

另外,Explain Everything 还有一些其他功能,比如增加幻灯片、擦除、撤销、删除等,需要读者不断地尝试使用。

Explain Everything的使用

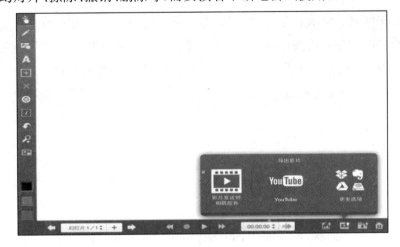

图 1-72　输出微视频

1.5.3 掌上课堂录制微视频

掌上课堂(Pocket Tutor)是我国企业自主研发的适用于 iPad(目前已有 Android 版本)的教育类微视频录屏软件,也是 360 教师网平台自带的一款录屏软件。掌上课堂将 iPad 变成随时随地可以录制微视频的白板,点击、说话、书写等均可以被实时地录制下来。它还具有插入图片、添加白板等强大的功能,并且可以一键同步到云端网络,在网络上给用户播放。

将录制的微视频通过邮件、链接以及推送的形式分享给用户,或者将其公布在 360 教师网的网站上,将知识与众人分享。教师在 360 教师网注册自己的账号后,就可以建立自己的班级,上传自己的视频。学生通过注册加入班级后,就能随时随地看到教师发布的视频或者作业。教师还可以通过网站随时了解学生的学习进度以及问题反馈。

下面介绍掌上课堂的安装及使用方法。

一、掌上课堂的安装

在 App Store 找到掌上课堂安装包,点击"安装"后,iPad 会自动免费安装。

二、掌上课堂的使用方法

【步骤1】双击"掌上课堂"图标,打开掌上课堂的界面(如图 1-73 所示)。界面正中间是已经录制好的视频,双击视频文件就可以打开观看。左上角像云一样的图标是上传按钮,像垃圾箱一样的图标是删除按钮。先选择要进行操作的视频,再点击"上传"和"删除"按钮就可以对视频进行操作。

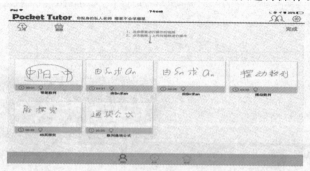

图 1-73 掌上课堂主界面

【步骤2】点击主界面下方的"录制"按钮,弹出录制视频的界面,点击中间的红色按钮(软件界面的按钮为红色)开始录制(如图1-74所示)。

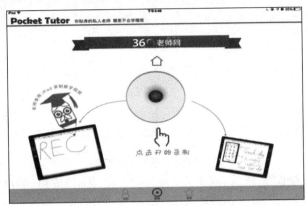

图1-74 录制界面

【步骤3】点击"开始录制"按钮后,出现录制工具介绍界面,这里详细介绍各个工具的功能(如图1-75所示)。

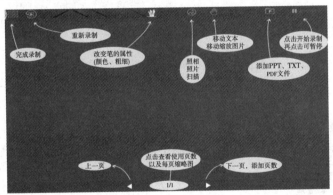

图1-75 录制工具的功能介绍

录制工具主要包括开始录制、改变笔的属性、移动文本、上下翻页等。各种工具操作简单,方便实用。

【步骤4】点击右上角的"开始"按钮,出现手写板界面,点击右上角的"点击开始"就可以开始录制视频,包括录制教师的书写笔迹和声音等。掌上课堂新添加了插入图片及PPT、TXT、PDF文件的功能,让大家在使用中更方便快捷(如图1-76所示)。

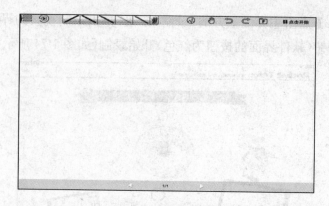

图 1-76　手写板界面

【步骤 5】录制完成后,点击左上角的"完成录制"按钮,结束录制,然后对视频进行分类编辑,选择相应的学科(如图 1-77 所示),比如数学。

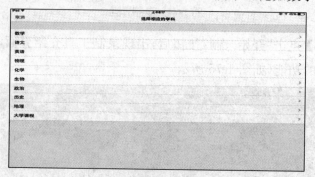

图 1-77　选择相应的学科

【步骤 6】选择相应的年级,比如高中一年级数学(如图 1-78 所示)。

图 1-78　选择相应的年级

【步骤 7】给录制好的微视频命名并输入关键词（如图 1-79 所示），设置微视频名称和关键词，以备用户搜索使用。设置完成后，点击右上角的"完成"按钮，视频将被保存到"我的视频"中，接着就可以对微视频进行上传和删除等操作。

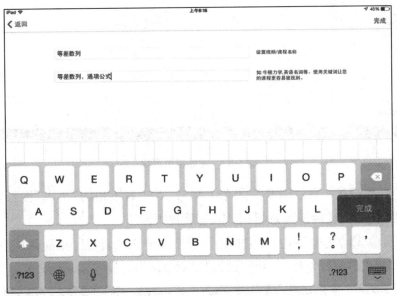

图 1-79　微视频名称及关键词的设置

掌上课堂是 360 教师网自主研发的一款手写版的录制视频软件，因此，用它录制的视频会直接上传到 360 教师网上，并同步链接到指定的邮箱里，若要把视频下载下来，需要用数据线从 iPad 中输出。

掌上课堂的使用方法

1.6　其他方式录制微视频

1.6.1　优酷录屏

优酷不但可以用于观看视频，还可以用于录制和上传视频。

【步骤 1】首先下载并安装优酷软件，安装结束后，打开软件，主页界面如图 1-80 所示。

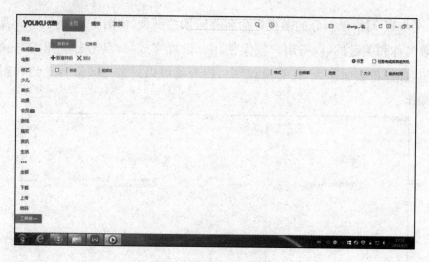

图 1-80　优酷主页界面

【步骤 2】首次登录需要注册个人账号,点击右上角的"小人"图标,用邮箱注册,注册完成后即可录制、上传、下载视频。

【步骤 3】点击左下角的"工具箱",弹出录屏选项,包括"桌面录屏""游戏录屏"和"IDO 视频制作"。我们选择"桌面录屏"(如图 1-81 所示)。

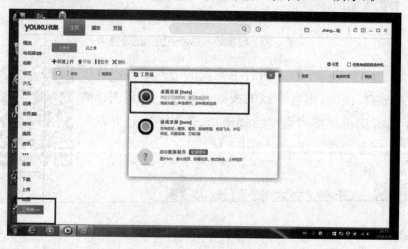

图 1-81　录屏选项

【步骤 4】打开"桌面录屏",弹出"桌面录屏"选项框(如图 1-82 所示)。设置保存位置和声音、画质、输出格式等选项。

第 1 章　微视频录制技术　89

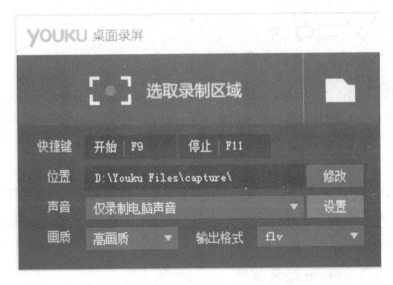

图 1-82　"桌面录屏"选项框

【步骤 5】点击上方"选取录制区域"（默认全屏）即可弹出录制开关，点击上方的红点即可开始录制，点击"×"可取消录制（如图 1-83 所示）。桌面录屏支持全屏录制、自定义区域录制、窗口智能选择等。

图 1-83　开始录制界面

【步骤6】录制结束后可以预览、上传或删除视频。

1.6.2 用录音机录制音频

懒人听书已经不是什么新鲜事了,我们的微课也可以录成音频,学生可以利用业余时间听微课。那么用什么工具录制呢?

录音机是我们首先想到的,但是录音机需要磁带,而且播放也不方便。还有没有其他录制音频的方法呢?

我们可以用计算机自带的录音机来录音。点击"开始"→"所有程序"→"附件"→"录音机"即可录音,录制格式为 WMA。

我们还可以用手机里的录音机(一般智能手机都有录音功能)录制音频。

1.6.3 Flash 动画制作

Flash 是一种交互式动画设计工具,它可以将音乐、声效、动画以及富有新意的界面融合在一起,以制作出高品质的网页动态效果。Flash 简单易学,容易上手。不经过专业训练,通过自学也能制作出很不错的 Flash 动画作品。

1.7 商业定制微视频

微课的发展方向之一是走向市场。如果将微课市场化、商业化,微课就有可能创造出更多的价值。

如何将微课与市场完美结合呢?如何让微课在市场中受到学生的欢迎呢?

下面就以隶属于北京绩优堂教育科技有限公司的在线平台——"天天象上"为例,简要阐述一下微课是如何在市场中运作的。

1.7.1 平台简介

图 1-84　天天象上平台首页

天天象上(如图 1-84 所示)是由来自百度、腾讯、阿里巴巴、360、搜狐等互联网行业的一线从业者和在传统教育领域历练多年、了解师生的实干家,跨界组成的一支精英团队创建的(如图 1-85 和图 1-86 所示)。

图 1-85　天天象上九科名师云集

图 1-86　名校及名师工

2015年6月,产品功能更完善、使用体验更流畅的天天象上经全新改版后正式上线。天天象上以独特的"C+2C"在线教育模式服务于广大一线教师与莘莘学子。平台专注于K12在线教育领域,深入理解教师、学生的需求,以"教、问、练"的基本教学法,结合互联网优势,达到助教、助学、助考的目的。通过专业的名师服务团队,整合全国数万名师的优质微课资源,天天象上帮助教师搭建个性化的线上教学大纲,给学生提供可靠优质的线上教学内容,形成教学相长的良性互动平台,同时还致力于打造一套更加公平、更加权威、更加健康的教育生态体系。

天天象上与其他在线教育平台相比,具有以下优势。

天天象上除了有由一流名师团队打造的语文、数学、外语等九门初高中课程的整套微视频课程外,还设置了高考志愿填报模拟系统,让参加高考的学生能够模拟选择自己理想的大学(如图1-87所示)。

图1-87　高考志愿填报模拟系统

另外,天天象上还开发出手机APP,让学生随时随地都能跟着教师学习(如图1-88所示)。

图1-88　天天象上手机APP

1.7.2 微课录制与上传

天天象上公司为每一位注册教师免费提供一套慕课设备套装（如图1-89所示），设备包括硬件和软件。硬件有声卡、话筒、支架、手写板、U盘等，软件有PPT模板、教案模板、天天录课软件、名师云平台、声卡驱动和手写板驱动等。

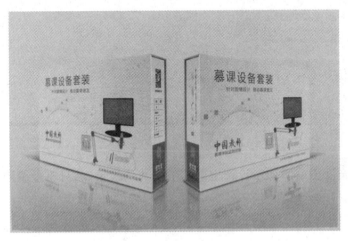

图1-89　录课设备套装

根据公司提供的硬件和软件，我们该采取什么样的录课方式呢？

很明显，我们可以采用"录屏＋课件＋手写板"的录制方式，这种录制方式的步骤如下。

【步骤1】制作课件。采用公司提供的PPT模板制作相关课件。

【步骤2】录制微视频。打开天天录课录屏软件，设置相关参数，打开课件，开始录制（如图1-90所示）。录制结束后可以对微视频进行简单的后期处理。

图1-90　天天录课启动界面

【步骤3】上传微视频。首先登录名师云平台,输入教师账号和密码(如图1-91所示),打开个人页面,上传录制好的微视频至平台相对应的目录中(如图1-92所示)。

图 1-91　登录界面

图 1-92　名师后台界面

这种录课方式类似于计算机录屏中的数位板录制,只不过按照公司要求将课件和微视频的格式做了统一要求。

天天象上公司为教师提供了多个录课模板、PPT 模板,可免费下载(如图 1-93 所示)。

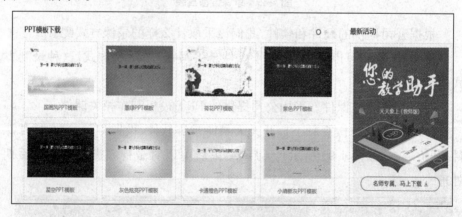

图 1-93　PPT 模板

平台还为教师提供了诸多素材(如图 1-94 所示)、精品微视频(如图 1-95 所示)以及设备使用指南,可以说解决了教师的后顾之忧,让教师能够充分发挥自己的学科特长,录制出更多更好的微视频。

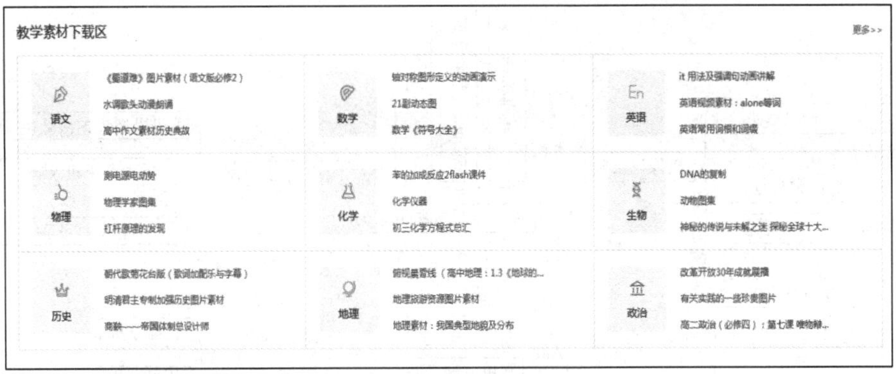

图 1-94　精品素材

图 1-95　精品微视频

本章小结

本章主要介绍了摄像机拍摄微视频、计算机录制微视频、智能手机录制微视频、平板电脑录制微视频以及其他方式录制微视频,具体内容如下图所示。

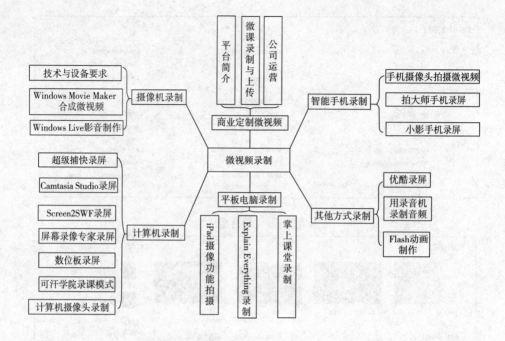

本章介绍的以上录制方法均为简单的基本操作,对于软件的更多使用技巧,有待读者进一步探索。

【思考】

1. 什么叫微视频?
2. 计算机录制微视频的优点和缺点有哪些?
3. 手机录制微视频的优点和缺点有哪些?
4. 总结归纳不同的录制方式各适合什么样的课型。

第 2 章　微课 PPT 制作

自多媒体技术问世以来，越来越多的中小学校鼓励教师将多媒体技术运用到教学中。利用电脑和多媒体展示设备，教师可以将课前准备的大量教学材料，如文字、图表、动画、录像等投射在屏幕上。这既节省了教师书写板书的时间，又在短暂的课堂教学时间里，让学生领略到直观、形象、生动的知识，大大提高了教育教学的效率。尤其使用 Office 常用组件 PowerPoint 软件制作的多媒体演示课件——教学 PPT，让课堂教学变得生动有色，而且教学节奏也比较容易掌握，受到很多教师，特别是年轻教师的喜爱，甚至发展到了无课件不上课的地步。

但是，由于教师的信息素养和学科素养参差不齐，导致在一些课堂上，教师用多媒体技术"成功"地捍卫了自己的"一言堂"，而且"满堂灌"由过去单纯的"口灌"变成了现在的"电灌"，由过去的"照本宣科"变成了当前的"照片宣科"和"照屏宣科"。究其原因，主要还是在于教师的教学设计能力不足，教学专业能力有欠缺。教学 PPT 是教师根据教学设计制作的服务于课堂教学的演示文稿，其制作质量一方面取决于教师的教学设计能力，另一方面取决于教师的艺术设计能力。

通常情况下，教学 PPT 中的层级标题显示了教学内容的逻辑框架。不同层级标题对应着不同教学主题。例如，大标题对应着教学课题，一级标题对应着教学主题，二级标题对应着教学主题之下的教学问题或概念。逻辑框架建构以后，就需要在制作幻灯片上下一番工夫。此时，就格外考验教师的艺术审美能力，如主题的选择与内容是否匹配，字体的颜色或字号是否恰当，图片的排列顺序是否美观，幻灯片的转场是否流畅等。这些基本常识决定了一个 PPT 是否合格。大部分的微课都离不开 PPT，因此，只有掌握 PPT 制作的基本要求，克服实践中的一些常见问题，才能做出一个精品的课件。

2.1 教学 PPT 中的常见问题

用 PowerPoint 或者 WPS 演示做出来的文件,后缀名为.ppt,称为演示文稿。PPT 通过投影仪和计算机放映演示,广泛地应用于工作汇报、企业宣传、产品推介、婚礼庆典、项目竞标、教育培训等领域,成为人们生活工作的重要组成部分。作为教育工作者,我们会经常用到 PPT,这样既避免了粉笔灰带来的烦恼,还能吸引学生的注意力。更重要的是,这类软件非常容易上手,操作简单,就算不会做,也可以参考网上的课件。

殊不知在多媒体、自媒体如此发达的今天,学生对教师做出来的 PPT 并不全都感兴趣。有学生反映教师在用 PPT 上课的时候,版面上内容太多,笔记做不过来;口述的内容和 PPT 演示的不一致;字看不清;看起来不美观;颜色搭配刺眼、不舒服等。我们在很多 PPT 论坛上发现,PPT 演示应用最广泛、水平最高的领域是商业领域,很多 PPT 的教程也是以商业活动为案例的。而制作精美的 PPT 中很少有中小学教学内容,在很多课件网站下载的教学 PPT 与"精美"二字相差甚远。

我们在录制翻转课堂微视频,尤其是新知识点讲授的微视频时,不可避免地要用到 PPT,因此,提高 PPT 的制作水平显得尤为必要。首先,我们来看一下 PPT 制作时经常出现的一些问题。

2.1.1 不注意内容的层级关系,乱用字体、字号和颜色

教学 PPT 是用来辅助课堂教学的多媒体课件。当使用文字来演示教学内容时,应注意字体、颜色和内容的统一。

PPT 中的标题体系体现了教学内容的逻辑框架,一般用较大的字号显示较高层级的标题。在同一层级的标题中,一般使用同样的颜色,不同标题可使用不同的颜色。对重点内容、难点内容,应适当地配以图片、动画或影像视频资料,以突出重点,降低难度。

在实践中,许多教师没有意识到这一点,不注意教学内容的层级关系,造成乱用字体、字号和颜色。例如,标题的层次混乱(如图 2-1 所示);正文内容的字号和标题的字号一样,甚至比标题的字号还大(如图 2-2 所示)。

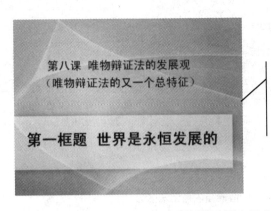

图 2-1　标题的层次混乱

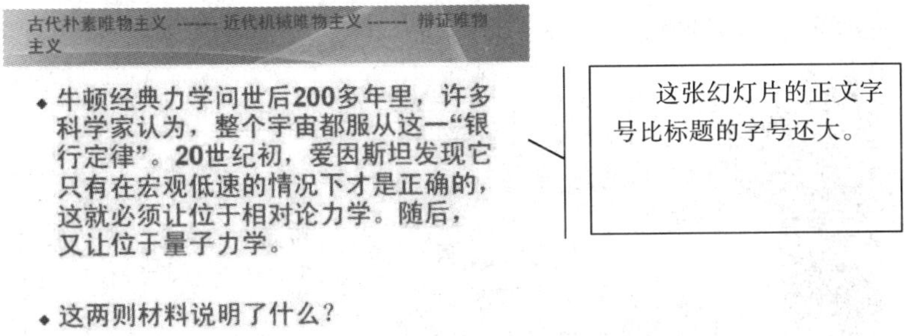

图 2-2　标题的字号小于正文的字号

一页内容中的文字使用多种颜色或字体(如图 2-3 和图 2-4 所示),既失条理,又缺审美愉悦。

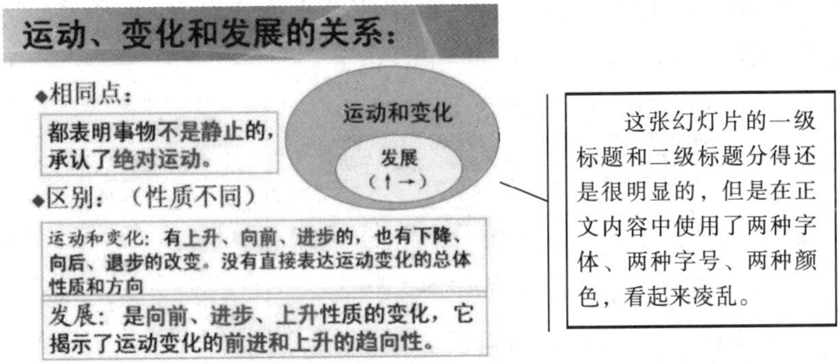

图 2-3　字体、字号和颜色凌乱

图 2-4　背景与内容无法区分

正文与背景图片不搭配，文字的标题与内容同时显示，显得画面臃肿（如图 2-5 所示），且不方便阅览。

图 2-5　画面臃肿

还有的幻灯片不注意排版，整个版面堆满了文字（如图 2-6 所示），毫无艺术美感。

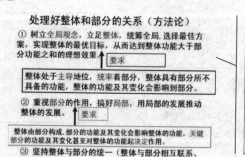

图 2-6　文字堆积

很多时候,我们觉得在电脑上显示的楷体、隶书、魏碑是很好看的,但是在教室投影的时候,这些书法字体并不利于学生阅读。

2.1.2 滥用模板和素材

传统教学中,教师只能依赖黑板日复一日、年复一年地开展教学。在使用PPT进行教学时,幻灯片起到了电子黑板的作用。教师可以根据教学内容不断地调整幻灯片的展示背景。这些展示背景一般由专业的PPT设计公司设计,称之为模板。模板是PPT的骨架,传统的PPT模板包括封面和内页两张背景,以供用户添加PPT内容。近年来,设计公司将动画引入模板的片头和片尾,中间插入封面、目录、过渡页、内页、封底等页面,使演示文稿更加美观、引人注目,具有较高的可观赏性。

好的模板不仅可以提升演示文稿的艺术欣赏水平,还可以帮助用户厘清思路,更便于处理图表、文字、图片等内容。模板之于PPT,如同衣服之于人一样。日常生活中,人们经常会根据天气、季节、心情、场合等,不断地变换衣服的颜色、款式、配件等。PPT模板也是如此,在制作教学PPT时,需要教师根据教学内容、授课对象精心地选择模板,不能不动脑筋,而凭自己一时的爱好、心情或冲动任意选用模板(如图2-7所示)。

图 2-7 模板与内容不相匹配

PPT设计公司推出的模板,原本是为了提高制作演示文稿的效率。但是,如果不动脑筋而任意选择模板,不注重可读性与视觉效果,那么不仅不能准确表达教学内容,反而因形式与内容的冲突,而造成学生在阅读和学习方面的困难(如图2-8所示),着实不可取。

图 2-8 模板的可读性与视觉效果不相匹配

如果说模板是 PPT 的骨架,那么素材则是 PPT 的肌肉。缺乏肌肉的骨骼无法运动,同样,没有素材的 PPT 也无法实现其演示、交流的目的。多媒体素材是课件中用于表达其演示内容和思想的各种元素,包括文字、图像、声音、影像等原始素材。在制作教学 PPT 时,一般需要先收集制作课件所需的素材。多数情况下,需要根据教学和展示的要求,对素材进行一定的处理和编辑。处理和编辑素材时,要以服务教学为目的,切莫喧宾夺主或滥用素材(如图 2-9 所示)。

图 2-9 图片与内容不相匹配

2.1.3 不注重细节

俗话说,细节决定成败。中小学教学 PPT 的常见问题之一就是不注重细节。PPT 制作中需要注意哪些细节呢?这就涉及 PPT 的排版以及其他一些设计问题。例如,文字、图片过大,过于靠边,不整齐,图片模糊,logo 变形(如图 2-10、图 2-11、图 2-12、图 2-13 所示)等。

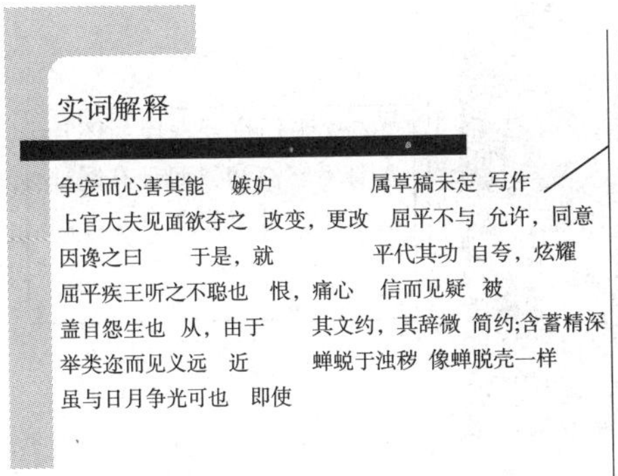

这张幻灯片的背景已经对排版作出了一定的要求，正文的范围就在蓝色横杠下方的白色部分。为了让所有的内容都能在一张版面上显示，正文内容太靠边，排列也不整齐，相同的解释内容使用了两种字号，有的加粗，有的不加粗，看起来很乱。其实完全可以将本页的内容拆分为两张幻灯片，这样排版的字体、字号都可以统一起来。

图 2-10　**文字过多**

这张幻灯片选用的图片太过模糊，不利于学生直观清晰地认知图片内容。

图 2-11　**图片模糊**

这张幻灯片左下方的图片变形严重，且整个版面排列没有一定的章法，看起来不够整洁。

图 2-12　**图片版面混乱**

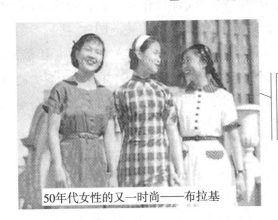

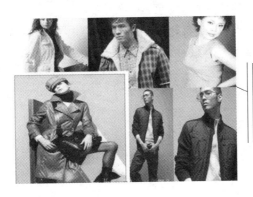

图 2-13 图片有水印

注:以上图片均选自某校课件大赛中的参赛作品。

不管是 WPS 还是 PowerPoint,这类软件操作起来都比较简单,容易上手。大部分教师没有专门学过设计,只是找一些相关的图片,把重要的文字录入上去,稍微对字体、字号作一定的修饰,就算基本完成了一个演示文稿。所以,我们做出来的 PPT 才出现这样或那样的问题,吸引学生注意力的效果就很不理想。那我们是不是要去专门学习设计呢?其实,只要掌握一定的方法和规律,也一样可以做出精美的 PPT。

在这里,给大家推荐一下 PPT 设计中的 4×6 原则。

1. 每页最多六行字,即每张幻灯片展示的文字最多不要超过六行。

2. 每行最多六个字,即每行不要超过六个字。

3. 距屏幕六步远可以看清文字,即字号大小以离开屏幕六步远能够看清为最佳。

4. 最多六秒可以理解 PPT 内容,即每张幻灯片尽量突出一个主题,只写出内容的要点,尽量提炼出关键词,能够使受众在六秒钟内明白 PPT 上的内容。

2.2 快速找到 PPT 所需材料

2.2.1 PPT 的素材

好的 PPT 既能反映设计者的逻辑思维,又能体现设计者的艺术修养。当然,好的 PPT 需要好的素材才能吸引受众的眼光。这些用来美化 PPT 的原材料就是 PPT 的素材。

不少教育工作者在制作 PPT 时更多地注重 PPT 的背景、图片或者文字含义，而忽略了 PPT 中的字体、配色、版式等众多的细节。PPT 需要经过设计再向受众展示，因此，很多能够增强沟通效果的设计手段需要特别关注，比如动画、视频、音频等。

通过对教师进行调查后发现，在制作 PPT 的时候，最大的烦恼并不是如何使用素材美化 PPT，而是根本就没有素材去美化，也不知道素材在哪里，有了素材也不知道如何取舍。

这里给大家总结了一些经验，希望能够帮助大家快速地找到素材并学会系统考虑素材。

2.2.2　PPT 中的字体

使用恰当的字体和字号，搭配醒目的文字颜色，能够抓住受众的眼球，让 PPT 显得更专业。

西方国家字母体系分为两类：serif 以及 sans serif。serif 是衬线字体，意思是在字的笔画开始、结束的地方有额外的装饰，而且笔画的粗细会有所不同；相反，sans serif 就没有这些额外的装饰，而且笔画的粗细差不多。serif 字体容易识别，它强调了每个字母笔画的开始和结束，易读性比较高；sans serif 字体则比较醒目。在正文阅读的情况下，适合用 serif 字体进行排版，它易于换行阅读时的识别，避免发生行间的阅读错误。sans serif 字体强调每一个字母，serif 字体更强调一个单词。

中文字体中的宋体也是一种标准的 serif 字体（如图 2-14 所示），其衬线的特征非常明显，字形结构和手写的楷书一致。因此，宋体一直被称为最适合的正文字体之一。不过，由于宋体强调横竖笔画的对比，因此，在远处观看的时候横线会被弱化，导致识别性下降。

宋体　　华文中宋	黑体　　微软雅黑
衬线字体	无衬线字体

图 2-14　serif 字体与 sans serif 字体比较

在传统的正文印刷中,普遍认为衬线体能带来更佳的可读性(相比无衬线体),尤其是在大段落的文章中,衬线体增加了阅读时对字母的视觉参照。而无衬线体往往被用在标题、较短的文字段落或者一些通俗读物中。相比严肃的衬线体,无衬线体给人一种休闲轻松的感觉。随着现代生活和流行趋势的变化,如今的人们越来越喜欢用无衬线体,因为它们看上去"更干净"。

一、中文字体的使用

PPT 中的中文字体使用需要注意场合。一般而言,普通字体,如宋体、黑体等,中规中矩;书法字体,如魏碑、隶书、草书等,使 PPT 看起来更有文化感;POP 字体,①使 PPT 页面更具有视觉的冲击;微软雅黑,美观又清晰,易读性很强(如图 2-15 所示)。

图 2-15 不同字体的视觉效果

二、英文字体的使用

PPT 中不可避免地使用到英文字母,尤其是外语教师在做课件的时候。很多教师总是习惯套用中文字体来表示英文字母,实际上,中文字体对英文

---

① POP 是英文 Point of Purchase 的缩写,中文意为"卖点广告"。POP 字体是指采取彩色打印或手绘方式,形成的一种用于商业广告的艺术字体。

字母的支持效果并不好,看起来很不美观。

如果要表达大段的英文,字号也比较小,那么使用 Times New Roman 和 Arial 字体,看起来更容易识别。正文中需要强调重点的时候,我们可以使用 Arial Black 字体。使用 Arial 和 Arial Black 两种字体可以形成鲜明的对比,看起来不冲突。如果要表达大标题,使用 Stencil 字体和 Impact 字体,效果也非常好(如表 2-1 所示)。

表 2-1　使用中英文字体显示英文效果

用宋体显示英文,加粗与不加粗都不好看	Take a chance　**Take a chance**
用黑体显示英文,一样不好看	Take a chance　**Take a chance**
用微软雅黑显示中文和英文都比较好看	Take a chance　**Take a chance**
Times New Roman 适合小字号大段英文	What's your plan for the summer?
Arial 适合大段英文	What's your plan for the summer?
Arial Black 适合强调重点	What's your **plan** for the summer?
Stencil 适合大标题	TAKE A CHANCE
Impact 适合大标题	**Take a chance**

三、数字字体的使用

PPT 的正文、表格或图表中会不可避免地用到数字,这些数字在页面中看起来容易显小,因此,我们必须注意数字的易读性。一般情况下,数字优先选用 Arial 字体,因为它既美观又清晰,还有就是大多数的系统都安装这种字体。当然,如果没有特殊的要求,微软雅黑也是非常不错的选择(如图 2-16 所示)。

图 2-16　数字字体

在PPT中,数字经常作为被强调的对象,因此,对数字进行美化是必需的。美化的手段无外乎有放大字号、加粗、加内外阴影等(如图2-17所示)。

图 2-17　数字的美化

四、字体的保存

由于播放PPT与制作PPT的电脑往往不是同一台,因此,我们经常会遇到系统提示不支持某种字体的情况。因此,我们需要在保存PPT的时候,将字体设置为嵌入文件。

有时,电脑中的字体并不多,因为Windows操作系统自带的字体是比较有限的,要想让字体更加丰富,就需要主动安装各种字体。在这里推荐使用方正字库和叶根友字库。这两种字库均含有上百款字体,足够满足我们日常的办公需求。

特别提示:在安装字体时,一定要注意安装的字体是否属于商用字体,商用字体是需要付费的。

2.2.3　PPT中的图片

制作PPT的另一种重要素材就是图片。大家常说,文不如字,字不如表,表不如图,可是到了制作PPT的时候,很多人依然会因为缺少好的图片,或者不知道如何更好地使用图片而发愁。

一、PPT支持的图片格式

可以嵌入或插入PPT中的图片格式非常多,其优点和缺点如表2-2所示。教师可以根据自己的需要，从中选择图片格式。

表 2-2 PPT 支持的图片格式优点和缺点一览表

常用格式	优点	缺点
.bmp	Windows 位图，兼容性高	文件比较大，播放时容易出现卡顿现象
.jpg .jpeg	最常用的压缩图片格式，文件很小，并且网络资源很丰富	拉伸图片会造成清晰度降低，出现栅格
.wmf .emf	该格式文件即"剪贴画"，它是矢量图，文件很小，可以任意拉伸且不影响清晰度，还可组合/取消组合、局部编辑、填充等	容易被滥用，关键是这类图有美感的很少，要风格一致更困难
.gif	播放时可以表现出动画效果	一般情况下，清晰度不够，使用过多易导致喧宾夺主
.png	无损高压缩比图片，适合展示高清图像	文件过大，兼容性相对较差

二、图片的分辨率

除了矢量图以外，其余的图片都存在分辨率的问题。如果使用低分辨率的图片，会导致出现栅格方块、投影模糊不清，从而影响使用。

最简单的方法就是将要使用的图片进行全屏播放，只要与显示器分辨率保持一致或相差不大就可以了。不过图片分辨率不是越大越好，过高的分辨率会导致 PPT 文件过大而占据过多的磁盘空间。

三、高质量的图片

互联网如此发达，要想得到高质量的图片可以上网查找。不过互联网信息繁多，怎么找啊？这里给大家推荐几个常用的图片素材网站（如表 2-3 所示）。

表 2-3 常用图片素材网站

名称	网址	说明
昵图网	http://www.nipic.com/	它是最常用的网站之一，图片多，分辨率也高，质量参差不齐并且有水印。有付费项目
千图网	http://www.58pic.com/	与昵图网类似
天堂图片网	http://www.ivsky.com/	免费图片
素材中国	http://www.sccnn.com/	免费图片，有矢量图

特别提醒,网站上的任何图片都是有版权的。一般而言,如果你的 PPT 用于个人欣赏和学习,就属于合理使用。如果用于商业场合并盈利,是需要付版权费的。

除了专业的图片网站,我们还有一种非常实用的工具——搜索引擎。许多人习惯用百度,其实搜索引擎有多种,各种搜索引擎各有特色。如果搜索英文,必应搜索效果较好;如果搜索中文,百度、搜搜和搜狗都不错。搜索时注意关键词的使用,因为搜索都是模糊搜索,不同的关键词搜出的结果差别很大。注意使用搜索网站提供的色彩检索、类型检索、相似图片、更多尺寸等辅助功能。

四、图片的修饰

很多时候,我们找到的图片往往因为大小不妥、内容多余、带有水印等而不能够直接使用。这时 PPT 软件自带的图片工具可以进行一些操作,如裁剪、变色、调节亮度等。但是 PPT 软件并不是专业的图像处理软件,处理图片的能力有限。问题又来了,Photoshop 等软件的操作比 PPT 还要难,怎么办?现在互联网上有很多免费的图片处理软件,这些软件容易操作,效果多样,非常适合我们使用(如表 2-4 所示)。

表 2-4 常用图片处理软件

名称	网址	图片处理特色
美图秀秀	http://xiuxiu.web.meitu.com/	这几款软件的功能类似,都有裁剪、旋转、修改尺寸、背景虚化、调整参数、添加边框文字素材、拼图等功能
光影魔术手	http://www.neoimaging.cn/	
可牛影像	http://yx.keniu.com/	

五、精美的图标文件

在 PPT 设计中,我们经常要用到一些小图标。这些图标可以简明扼要地传递大量的信息。一些设计素材网站上会有图标的文件供大家下载(如表 2-5 所示)。

除了通常所使用的百度和搜狗等搜索引擎以外,还有一些专门的图标搜索引擎,都很有特色。这些搜索引擎大多都有系列图标、分类图标等功能,有的还有图标色系检索、图标转换等特殊功能。

表 2-5 常用图标网站

名称	网址
爱看图标网	http://www.iconpng.com/
Easyicon	http://www.easyicon.net/
FindIcons	http://findicons.com/

注意：以上网站内容都是免费的，希望大家常去看看，多下载一些东西储备起来。

2.2.4 PPT 图示素材

PPT 可以向受众快速传递信息，其中一个最主要的原因就是 PPT 拥有大量的图示素材。在 PPT 设计的过程中，遇到页面内容有并列、递进、总分等关系时，利用图示来表示会非常的醒目和易于理解。

选择 PPT 图示的时候，一定要找到符合逻辑关系的图示（如图 2-18 所示），而且一个文件中尽量选取同一系列风格的模板，这样有助于统一风格。

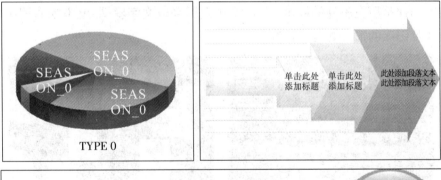

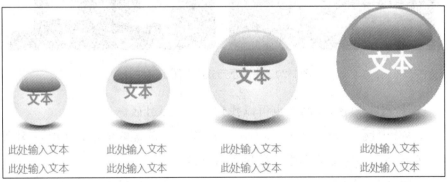

图 2-18 风格统一的图示

这类素材在 PPT 论坛上都有，大家可以去免费下载，也可以根据需要自己制作。科学网于 2010 年公布了沈栋的一篇题名为《PPT：形象化的 PPT 设计》的文章，文中介绍了如何对表达内容进行形象化的处理。这里仅列举表格和历史事件形象化的两个例子。

图 2-19 中左图表格可以处理成右图的图示，处理后的图示非常直观而又令人印象深刻。

图 2-19　用图示方法美化表格

同样是历史事件的展示，图 2-20 中左图采取文字罗列，就不如右图采用微照片图示的形式观赏价值高。

图 2-20　用图示方式展示历史事件

关于 PPT 模板，在网上也可以找到以下分享社区。

1. WPS(网址：http://www.wps.cn)作为一款优秀的国产 Office 软件，其官方网站提供大量的模板资源供大家下载。

2. 第一 PPT(网址：http://www.1ppt.com)是 PPT 爱好者论坛，网站里不仅有丰富的 PPT 素材，还有很多教程。

3. 锐普 PPT(网址:http://www.rapidbbs.cn)是国内最大的 PPT 资源分享网站之一,各种素材都很齐全。

注意:在使用搜索引擎进行素材搜索时,有如下一些小技巧。

1. 搜某种关系。输入您所需要的关系,如"递进关系 PPT""递进关系图"等,就会出现大量的递进关系图,选择您喜欢的图示,一般都会链接到原始网站。

2. 搜组合词组。多个关键词的使用,可以增加搜索的准确性,如"流程、体系、图示"等。

3. 搜特定词组。用搜索功能查找特定的词组,如"天体系统"等。

2.2.5 PPT 中的音乐

教学过程中,我们经常需要在导入课程及欣赏课程中配一些合适的音乐。最直接的方法就是利用搜索引擎搜索音乐,另外,也可以利用专门的音乐播放软件,比如酷狗、酷我音乐盒等都有搜索功能,也能整理出多种类型的音乐合集,并且可以下载。

选择合适的配乐历来是 PPT 设计的难题,它不仅仅是选择一首好听的音乐。配乐与 PPT 演示内容需要做到思维的可视化和可听化,需要全面了解音乐的内涵,结合自己 PPT 演示的情境进行订制与选择。

以上所说,音乐都是配角。如果我们的创意足够,完全可以用音乐节奏作为主线来构思我们的 PPT。有创意才会有好设计!

2.2.6 搜集 PPT 动画教程

在 PPT 播放过程中,利用动画效果可以增加教师授课的条理性,有步骤地刺激学生的感官,帮助学生理解内容。PPT 软件自身携带有多种动画效果,但都是针对某一元素或内容来实现的。如果想实现一些较为复杂的动画,就需要我们去独立设计,这恰恰是大家的软肋。我们可以利用搜索引擎搜集 PPT 动画,比如,我们想要做"倒计时 PPT 动画"或"火焰跳动 PPT 动画",只要在搜索引擎中输入该关键词进行搜索,则不但有模板可供下载,还有教程攻略。还有一种方法就是下载别人的 PPT 动画,打开文件,进入自定义动画—选择窗格(如图 2-21 所示),逐个分析别人的动画组合顺序,还可逐个查看其中的变化,从而了解别人的创意。

图 2-21　自定义动画

如图 2-21 所示,以 WPS 软件为例,打开一个倒计时动画,进入自定义动画—选择窗格,出现图示情况,可逐一分析动画方案。

2.3　保持 PPT 风格统一

2.3.1　选好用好 PPT 主题

一、什么是主题

主题是由颜色、字体和效果三个要素构成的(如图 2-22 所示)。主题既可以应用于单张的幻灯片,也可以应用于所有的幻灯片。我们通过使用主题,可以快速地将幻灯片中的颜色、字体、效果及背景进行批量修改,从而形成风格统一的幻灯片。

主题三要素:颜色,用来设置 PPT 中文字和背景的颜色;字体,用来设置标题和正文文字的字体,包括中英文;效果,即字体的阴影、发光、棱台等不同的效果。

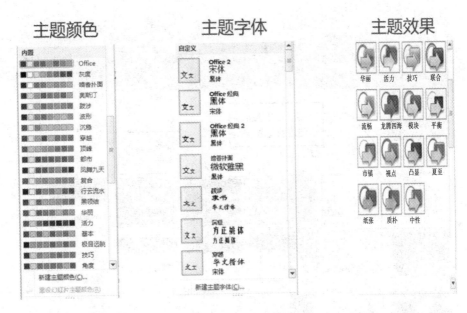

图 2-22　主题内容

二、主题的选择和使用

在软件的工具栏中选择"设计",出现多个主题,单击某个主题即可使用(如图 2-23 所示)。

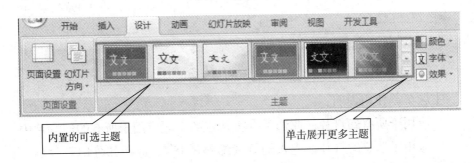

图 2-23　设计—主题设置

可以通过选择"设计",看到当前文档的主题。也可以选择其他主题,单击右键,在菜单中选择该主题应用的范围(如图 2-24 所示)。

116　微课其实不简单（技术篇）

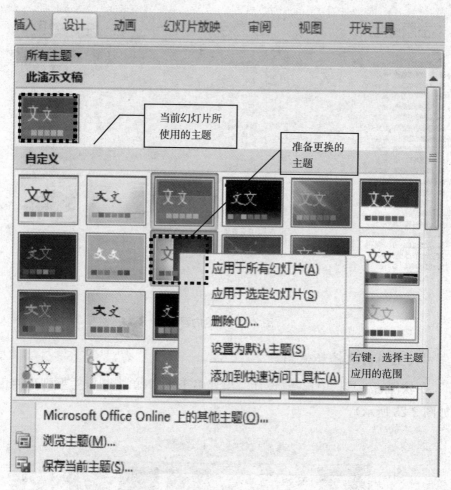

图 2-24　幻灯片主题

主题菜单使用说明：

1. 应用于所有幻灯片。此选项会将选定的主题应用于所有的幻灯片中。

2. 应用于选定幻灯片。进入幻灯片缩略图状态，选择部分幻灯片后，再使用本选项，仅将选定的主题应用于选定的幻灯片上。

3. 应用于相应的幻灯片。如果 PPT 文档中使用了多个主题，此选项会将选定的主题应用到所有与当前幻灯片使用相同主题的幻灯片上。

PowerPoint 2007[①]软件里内置了24个主题以及部分的自定义主题。一般来说，从事教学工作所使用的 PPT 并不要求特别有创意，因此，这些 PPT 主题基本上可以满足很多人的需求。但如果要做一些比较特殊或者更精致的课件时，内置的主题可能就无法满足大家的需求了。这时，可以在内置主题的基础之上，更改某些元素，添加自己的 logo 或者二维码，使用自己的配色方案，从而设计出适合自身教学风格的自定义主题。

新建自定义主题。在"设计"工具栏中，除了可以选择内置主题外，还可以选择创建新的自定义主题。

可以在内置的主题上进行颜色、字体、效果以及背景样式的组合搭配，也可以创建新的主题颜色、字体方案和背景样式，由这些元素组成新的自定义方案（如图 2-25 所示）。

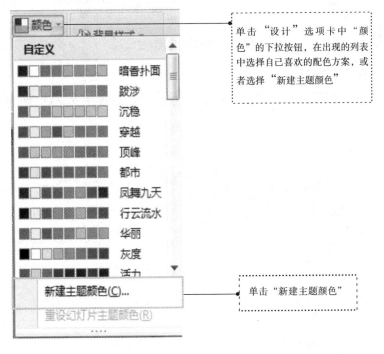

图 2-25　新建主题颜色(1)

---

①　自 Office 2007 发布之后，微软陆续推出了 Office 2010、Office 2013 和 Office 2015 等三个版本。版本越新，界面越美观，联网获取的主题及素材越丰富。但在主要功能方面，变化不大，故本节仍以介绍 PowerPoint 2007 为主。

◆新建主题颜色(如图 2-26 所示)

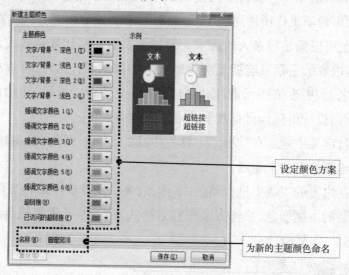

图 2-26　新建主题颜色(2)

◆新建主题字体

创建新的主题字体时,可以设定 PPT 默认的标题或正文字体(如图 2-27 所示)。

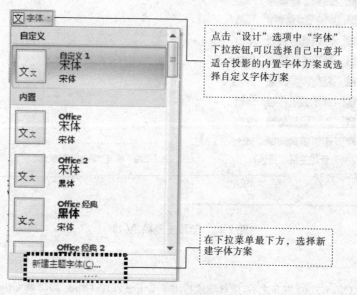

图 2-27　新建主题字体(1)

新建好的主题颜色和字体都会出现在"颜色"和"字体"的列表中(如图 2-28 所示)。

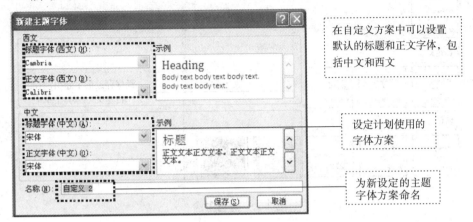

图 2-28 新建主题字体(2)

新建自定义的颜色和字体方案可以让以后的工作更加轻松。

三、保存常用的 PPT 主题

在信息化的今天,很多学校都有自己相对固定的主题方案,就像名片一样。我们可以把这个主题保存在自己的计算机中(如图 2-29、图 2-30 所示),方便以后随时调用。

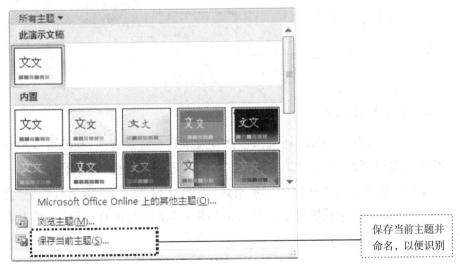

图 2-29 保存主题

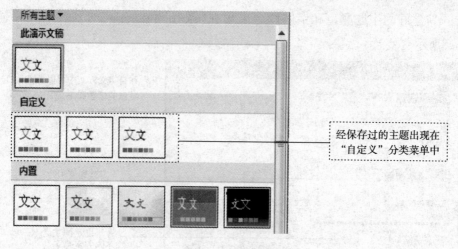

图 2-30　查看主题

四、设置默认主题

如果经常使用某个主题,可以直接将其设置为默认主题,这样以后新建的空白演示文稿都将自动套用这个默认主题(如图 2-31 所示)。

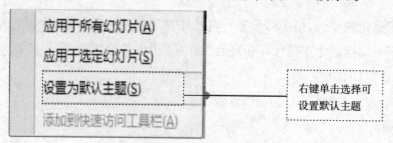

图 2-31　设置默认主题

五、设置背景格式

对于 PowerPoint 来说,还应该包括背景格式。背景格式,我们可以理解为 PPT 的背景图案,可以以填充颜色、图片、纹理、渐变色等为背景。

每个主题都提供了相应的背景格式(如图 2-32、图 2-33 所示),单击"背景格式",在弹出的背景格式中选择合适的格式,单击左键直接使用,单击右键选择应用范围(如图 2-32 所示)。

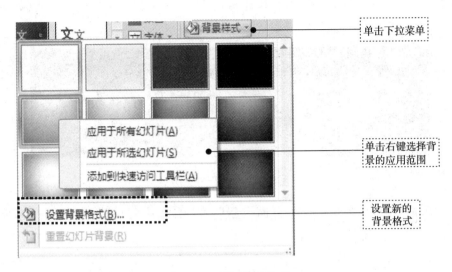

图 2-32 设置背景格式

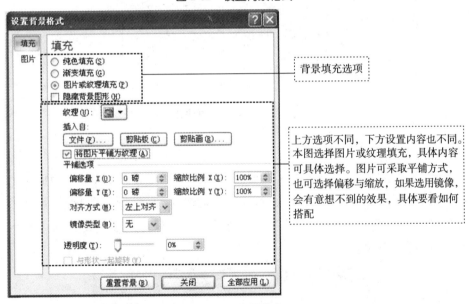

图 2-33 背景填充

2.3.2 快速调整页面

一、页面的设置

PPT 软件默认的幻灯片长宽比均为 4∶3,这是传统的页面。在宽屏越来越流行的今天,播放 4∶3 的幻灯片时两侧有两条黑边,比较难看。其实我们的软件都有多种页面尺寸比例，应尽量使用 16:9 或 16:10 的宽屏模式（如图 2-34 所示）。

图 2-34　页面尺寸比例

单击"设计"菜单，选择"页面设置"，在"幻灯片大小"下拉菜单中选择 16:10 或 16:9（如图 2-35 所示）。

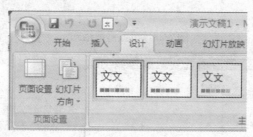

图 2-35　设计—页面设置

二、页面其他版式的设置

PPT 除了用于教学展示外，还可能有其他一些用途，比如要打印输出纸质文档，就可以把页面调整为 A4 纸大小。此外，还有信纸、横幅等特殊的形式（如图 2-36 所示），这些与教学相关性不强，就不赘述了。大家如果有兴趣，可以自己尝试一下。

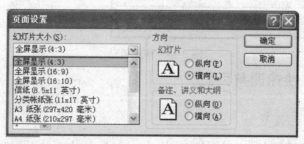

图 2-36　幻灯片页面设置

2.3.3 快速调整字体

由于很多教师习惯于从网上下载课件，或从 Word 中复制和粘贴文字，因此，PPT 文件中使用的字体容易混乱，美观性比较差。我们需要使用统一的字体方案。

一、简单更改字体

最简单的更改字体方式是，选中要改变的文字，在"开始"菜单下的"字体"选项中进行设置，也可以单击右键选择"字体"选项进行设置。但是，如果有大批量的文字字体需要更改，这种方式就不适用了。

我们可以通过"大纲视图"来统一设置（如图 2-37 所示），采用这种方式的前提是使用占位符进行了内容和文字的编辑。

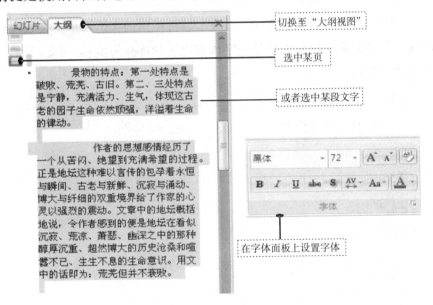

图 2-37 选中文字设置字体

使用大纲视图不仅可以设置字体类型，还可以设置字体颜色和字号等。

二、统一替换字体

更改字体的第二种方案是统一替换字体（如图 2-38 所示）。

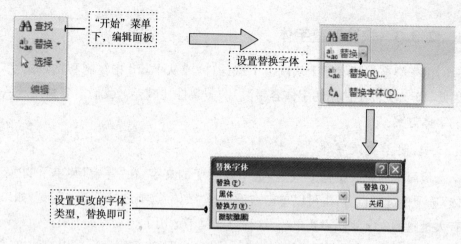

图 2-38 替换字体

三、新字体的安装

安装新字体(如图 2-39 所示)。PPT 软件使用的字体都是安装在操作系统中的,但是很多时候系统自带的字体难以表达特殊的美感,因此,我们需要安装新的字体。

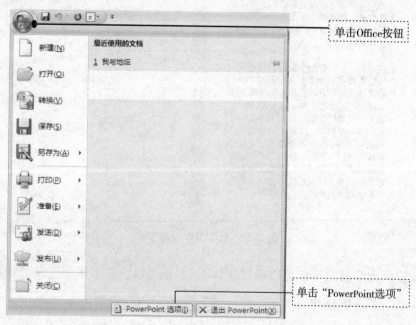

图 2-39 PowerPoint 选项

最常用的字体文件格式为 True Type。文件下载好之后,直接将其复制到 Windows 安装目录下的 Fonts 文件夹下即可。还可以通过点击"控制面板"—"字体"访问文件夹进行安装。

保存字体(如图 2-40 所示)。如果在制作幻灯片时使用了系统字体以外的特殊字体,则在别的电脑上播放幻灯片时,就可能出现无法显示而用系统字体代替的情况。遇到这种情况时,只需在保存时勾选"将字体嵌入文件"即可。也可以在保存时使用"另存为"命令,在弹出对话框左下方选择"工具"—"保存"选项进行操作。

图 2-40　PowerPoint 选项—保存设置

2.3.4　快速调整颜色方案

配好颜色是制作精美 PPT 的重要因素之一。好的配色可以带来好的视觉体验,其实这一点对教学是有益的。问题是,大部分教师对颜色没有深层次的认识,也缺乏相关的训练。针对这一点,PPT 软件大都会预置数十种配色方案,在"主题颜色"中提供,可省去配色的烦恼(参考本节前面关于新建主题颜色的介绍)。不过在教学中,建议教师尽量选择简洁素雅、对比明显且不刺眼的颜色方案。

2.3.5 使用主题效果和样式

幻灯片中使用的表格、图片、图表、形状、SmartArt 图形等都可以通过样式库来设定不同的样式(如图 2-41 至图 2-45 所示),这样可以使幻灯片更具时代气息,更加美观。

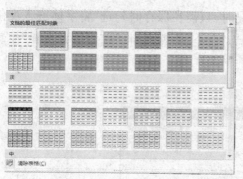 

图 2-41　表格样式库　　　　　图 2-42　图片样式库

图 2-43　图表样式库

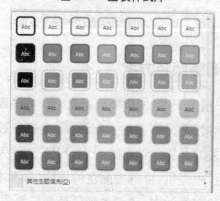

图 2-44　形状样式库

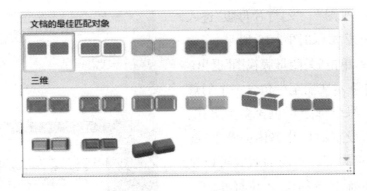

图 2-45　SmartArt 图形

通过主题效果的更换,可以变换样式库中的不同样式效果。每个主题效果都对应着一组不同的样式效果。在一个效果中,形状、图表、SmartArt 图形等都具有一致的效果风格。如果选择的主题效果发生改变,那么上述对象的外观也会发生相应的变化,但风格仍是一致的。

2.3.6　使用快捷 PPT 版式

幻灯片母版是用来存储有关幻灯片主题和版式信息的,包括幻灯片背景、颜色、字体、效果、占位符大小和位置等内容。使用母版最大的好处就是可以对演示文稿中的幻灯片进行统一的样式设置。

一、幻灯片母版简介

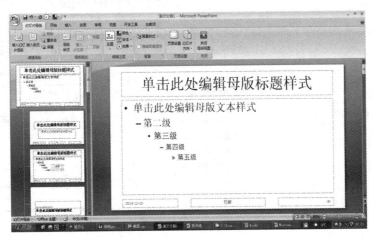

图 2-46　幻灯片母版

单击"视图"—"幻灯片母版"进入母版编辑模式(如图 2-46 所示)。编辑完成后,单击"关闭母版视图"退出。

每个演示文稿至少包含一个幻灯片母版。每个母版可包含多个版式。母版中可设定幻灯片整体的背景、配色方案、页脚等。不同的版式可以设置页面布局、内容结构、占位符等。

每个版式可以有不同的命名和使用对象(如图 2-47 所示),通常内置的版式包括"标题幻灯片""标题和内容""图片和标题""标题和竖排文字"等。

新建空白幻灯片(如图 2-48 所示)。在占位符以外的空白处单击右键,选择"版式",可以在右侧展开的面板中选择所需的版式应用于当前幻灯片。版式要依据幻灯片的布局以及准备展示的内容进行选择。

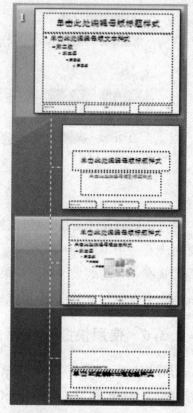

图 2-47 同一母版下的多个版式

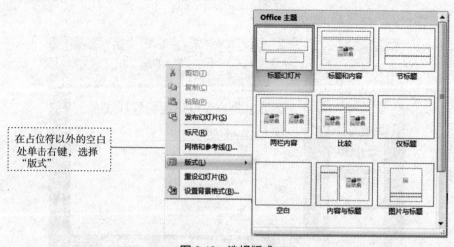

图 2-48 选择版式

什么是占位符?顾名思义,占位符就是先占住一个固定的位置,然后再往里面添加内容的符号,可以容纳文本、表格、图表、SmartArt图形、影片、图片、剪贴画等。占位符用于幻灯片上,表现为一个虚框,虚框内部往往有"单击此处添加标题"之类的提示语,一旦鼠标点击之后,提示语就会自动消失。当我们要创建自己的模板时,占位符就显得非常重要,它能起到规划幻灯片结构的作用。占位符用于文档排版方面的案例之一就是,当你决定要在版面的某个地方放一张图片或其他内容而你有多种选择一时决定不了的时候(如图2-49所示),就可以先放一个图像占位符,并设置好宽度和高度,待决定好了再来放入需要的图片。

图2-49 在母版中设置占位符

占位符在幻灯片中保持固定的位置和面积,而且相关的内容会默认填入占位符。如果觉得默认的占位符不符合需求,也可以进行手动调整。

我们在做课件的时候,有时喜欢把占位符删掉,然后根据所需内容来插入文本框。占位符是我们规范和统一幻灯片版式和字体的重要工具。选择合适的版式并利用好占位符功能,可以快速地统一字体、字号等,从而提高效率。

二、利用母版快速设置字体

进入幻灯片母版视图,在幻灯片母版菜单下,编辑主题功能区,选择字体搭配,也可新建主题字体,保存后,在各种占位符中输入的文本均为设置好的字体(如图2-50所示)。

除了可以设置字体外,还可以调整文本占位符的位置大小、段落间隔、缩进距离,以及添加其他图形元素作为背景进行修饰。

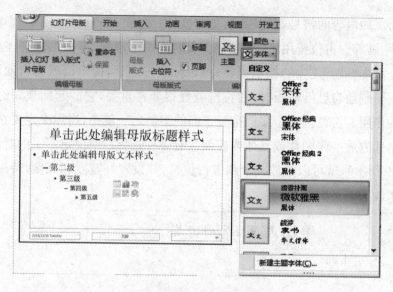

图 2-50　利用母版设置字体

使用页脚占位符,可以在幻灯片中生成统一样式的页脚信息,并随着页数自动变化。在幻灯片母版视图中,选中当前幻灯片的母版,在页脚位置显示日期、页脚信息和代表页码的"♯"符号,选中对象可以设定它们的位置、内容及样式(如图 2-51 所示)。

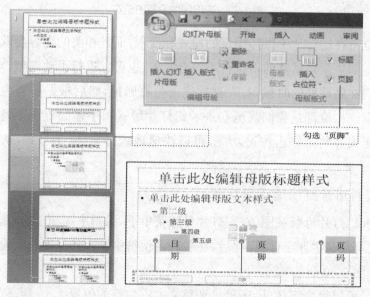

图 2-51　利用母版设置页脚

页脚在幻灯片母版中设置完成后,关闭母版视图,在功能区单击"插入",选择"页眉和页脚"(如图 2-52 所示)。

图 2-52　插入—页眉和页脚设置

在弹出的"页眉和页脚"对话框中,勾选需要显示的选项并设置相关的格式(如图 2-53 所示)。

图 2-53　页眉和页脚设置

三、利用母版快速设置段落

利用 PPT 默认的占位符输入文本,尤其是输入正文内容时,常常会感觉行间距和缩进很难控制。其实,可以利用"段落"选项来设置。如果是对某一页幻灯片进行设置,只需点击该文本占位符,在功能区点击"开始"—"段落"功能区右下方按钮,弹出"段落"对话框后进行操作。如果想统一整个演示文稿,可以在幻灯片母版视图下进行设置(如图2-54所示)。

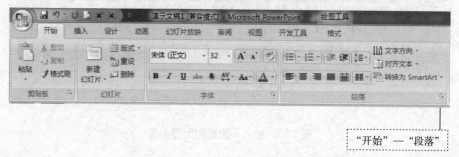

图 2-54　开始—段落设置

　　文字的对齐方式有常规的左对齐、右对齐、居中对齐、两端对齐和分散对齐(如图2-55所示)。

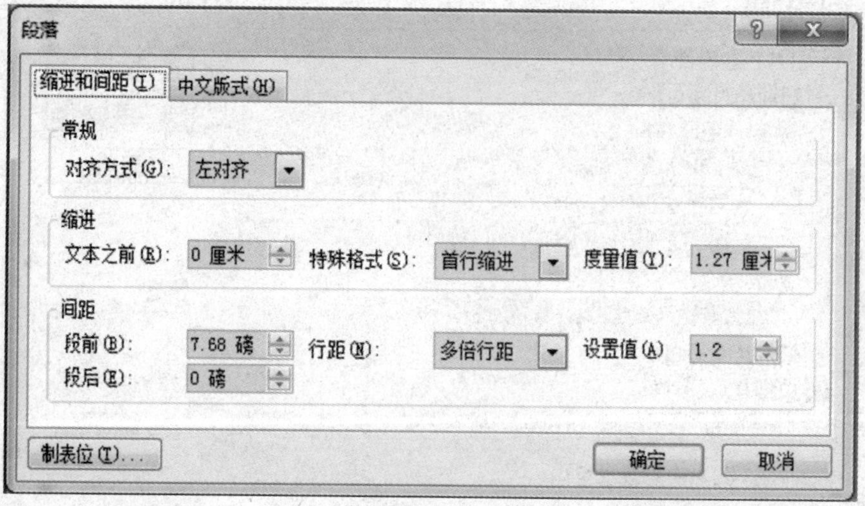

图 2-55　段落设置

　　在不设置缩进的情况下,左对齐时文字紧贴文本框左侧,右对齐时文字紧贴文本框右侧。设置缩进可让文字与文本框保持一定间距。缩进有两种特殊格式:首行缩进和悬挂缩进。首行缩进只是让同一段文字中的第一行缩进。悬挂缩进则通常用于有"项目符号"或"编号"的段落中,使段落中各行文字对齐。

段落间距就是同一个文本框中多段文字之间的间距,如果文本框中使用了"项目符号"或"编号",那么每一项文字就是一个段落。设置段落间距可以强化段落的划分,让受众在阅读浏览的过程中停顿。

行距是指在同一段落中每一行文字之间的间距。行距太小,文字就过于拥挤,不利于阅读。一般推荐使用 1.2 倍到 1.5 倍的行距。

很多教师在使用课件时习惯去网上找现成的资料,这个情况不能说绝对错误,也不能说绝对正确。一方面,随着百度文库、豆丁、道客巴巴等网站的兴起,免费的文档课件节省了教师的精力;另一方面,不顾内容是否适合学生的实际情况,盲目下载并使用课件,会导致课堂质量下降。

2.4 快速导入与排版

2.4.1 快速导入材料

一、新建演示文稿

PowerPoint 历经多次版本升级,已经越来越人性化,尤其是内置了很多内容,方便我们直接调用。下面让我们来学习一下。

新建 PPT 演示文稿。你是否还习惯于"新建"空白演示文稿?"文件"—"新建"的下级菜单给了我们更多的选择,如空白文档和最近使用的文档、已安装的模板、已安装的主题、我的模板、根据现有内容新建等,还可以在 Microsoft Office Online 上搜索模板。

二、将文档导入 PPT

这里说的导入文档不是复制粘贴,而是在 Word 中打开文档,利用"视图"选项中的"大纲视图"进入大纲模式。文档会给每个段落前增加一个段落符号。选中该段文字(可以多选),在大纲的下拉列表中设置相应的大纲级别。级别数字越小,代表层次级别越高。

将 Word 文档的大纲设置好后,就可以直接创建 PPT 文档。在 PPT 菜单点击"开始"—"新建幻灯片"—"幻灯片(从大纲)",选择设置过大纲的 Word 文档,单击"插入"就能够自动生成 PPT。使用这种方式导入的文档会自动进入 PPT 母版中设置好的占位符中。如果文档中有自行插入的文本框或图表,这些内容是不会被导入 PPT 文档中的。利用 Word 大纲导入的文字在 PPT 中会套用相应的 PPT 大纲级别。

大纲视图使用小窍门:

1. 利用大纲调整字体。在大纲视图窗口中,选中相关的文字后就可以用"开始"选项卡的"字体"菜单进行字体的设置,也可以使用全选(按 Ctrl+A)一次性修改全部文字的字体等。

2. 改变文档位置。在大纲视图窗口可以选中部分文字,剪切后粘贴到其他页面的幻灯片,也可以采用鼠标拖拽的方式。如果要调整幻灯片的页面顺序,只需单击大纲视图中左侧的矩形图形,选中该页幻灯片,利用鼠标拖拽即可调整。

3. 幻灯片分页。我们有时会因某页幻灯片中内容过多或其他原因而将一页幻灯片拆分为两页。在大纲视图中,找到要拆分的位置,按回车键插入新的段落,同时输入新的标题,选中该标题文字,单击右键,在右键菜单中选择"升级",这样就可拆分出新的一页。

三、将表格导入 PPT

我们通常在 Excel 中复制单元格,然后粘贴到幻灯片中。在粘贴时,单击右键菜单的"粘贴"选项,有五种粘贴方式可供选择。这五种方式包括:

1. 套用幻灯片主题格式。这种粘贴方式会把原始表格转换成 PPT 当中所使用的表格,并且自动套用幻灯片主题中的字体和颜色设置。这种方式是默认的粘贴模式。

2. 保留原格式。这种方式会把原始表格转换成 PPT 当中所使用的表格,但同时会保留原来在 Excel 中所设置的字体、颜色、线条等格式。

3. 嵌入。与保留原格式的粘贴方式基本一样,区别在于双击表格会进入内置的 Excel 编辑环境中,能够对表格进行像在 Excel 中一样的操作。

4. 粘贴成图片。这种方式会将表格内容生成一张图片,图片显示的内容和样式与源文件表格的相同,但无法对图片中的文字内容进行修改。如果不希望内容被别人修改,可以用这种方式。

5. 仅保留文字。这种方式会将原有表格转换成 PPT 中的段落文本框,不同列之间由占位符间隔,其中文字格式会套用幻灯片所使用的主题字体。

四、将图片导入 PPT

通常,在 PPT 中可以直接粘贴图片或者插入图片。当需要大批量导入图片,且每张图片分别显示在独立的幻灯片页面上时,可以用"相册"功能实现(如图2-56和图 2-57 所示)。

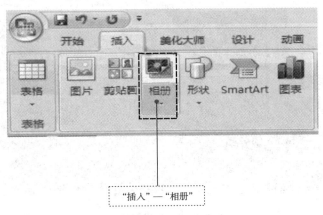

图 2-56　插入—相册设置

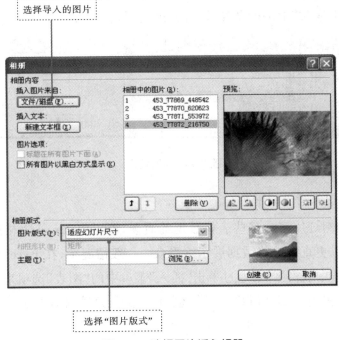

图 2-57　选择图片插入相册

在"相册"对话框单击"文件/磁盘"按钮,选择需要导入的图片文件,右侧列表框中就会显示出已选择的图片并显示预览。在对话框的下方可以选择图片的版式,默认为"适应幻灯片尺寸"。最后,单击"创建"按钮,就可以生成相册式的文档。生成的效果如图 2-58 所示。

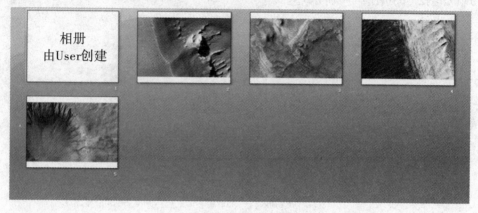

图 2-58　生成效果

在"相册版式"里,除了这种版式外,还有其他版式可供选择,在"相册"对话框的"相册版式"中进行设置(如图 2-59 所示)。

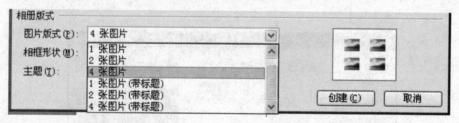

图 2-59　相册版式

五、将图表导入 PPT

在使用幻灯片演示某些表格数据的时候,可以将 Excel 表格绘制成图表,这样可以更直观地将数据展示给受众。一般情况下,在 Excel 中将表格数据做好,选中表格区域,通过单击"插入"菜单中的"图表"选项来创建图表(如图 2-60 和图 2-61 所示)。我们也可以多多尝试其他样式(如图 2-62 所示)。

第 2 章 微课 PPT 制作 137

图 2-60 插入—图表设置

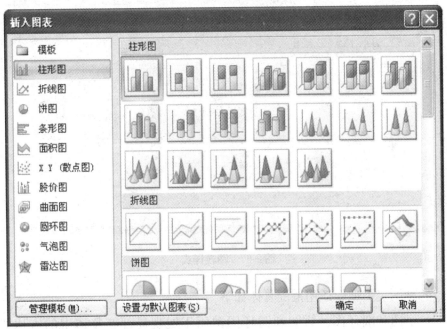

图 2-61 "插入图表"窗口

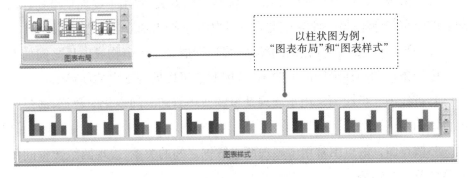

以柱状图为例,
"图表布局"和"图表样式"

图 2-62 图表布局和图表样式

在 Excel 中得到图表后,就可以复制图表并粘贴至幻灯片中。除了这种方式以外,还可以在 PPT 中直接点击"插入"—"图表",操作方式和上面的做法一样(如图 2-63 所示)。

注意:在插入之前,要确保 Excel 软件为打开状态。

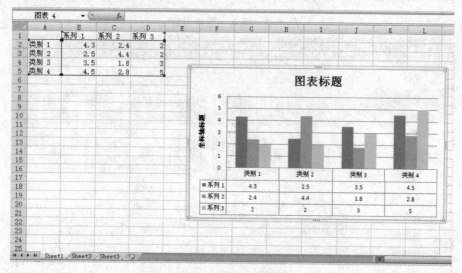

图 2-63　图表样式

各种图表类型的适用范围具体如下。

1. 饼图和圆环图。饼图和圆环图常用于展现局部在整体中的占比或份额。

2. 柱形图。柱形图有两种类型,一种与时间有关,常用于展现某事物在时间上的分布或趋势;另一种与时间无关,常用于多个事物或项目之间的对比。

3. 条形图。条形图与柱形图类似,多用于展现多个事物或项目之间的对比。由于条形图与柱形图的方向不同,因此它可以展现更多的项目。

4. 折线图。折线图常用于展现某事物或项目随时间变化的数据,能反映出数据的变化趋势。

5. 散点图。散点图常用于展现两组数据之间的关系,表现两组数据间的相关性及分布特征。

6. 气泡图。气泡图类似于散点图,气泡的位置分布与散点分布的意义是一样的,只是气泡的大小表示数据的大小。它比散点图多一个维度的展现。

六、将视频、音频导入 PPT

如果在演示过程中需要插入音频或视频,则不需要切换到其他播放软件,直接插入即可(如图 2-64 所示)。这里要提醒的是,低版本的 PowerPoint 在这个方面表现并不佳。

图 2-64　插入选项卡

在菜单功能区依次点击"插入"—"视频"按钮,在本地文件中选择视频文件插入当前幻灯片。PowerPoint 2010 及更高版本支持大多数视频格式,如果某文件的格式不被支持,可以用格式工厂等格式转换软件把所需的视频文件转换为通用的格式。

插入视频后,页面上会显示一个类似于图片的对象,系统默认显示视频的第一帧画面。可以选中视频对象,对它进行尺寸大小的调整和角度的旋转。选中对象后,在对象的下方会有一个播放控制条,单击"播放"可以进行视频的播放预览。

在菜单功能区依次点击"插入"—"音频"按钮,在本地文件中选择音频文件插入当前幻灯片。PowerPoint 2010 及更高版本支持大多数音频格式,如果某文件的格式不被支持,可以用格式转换软件把所需的音频文件转换为通用的格式。

插入音频后,在幻灯片的页面上会出现一个小喇叭图标。默认情况下,音频文件只会在播放插入页时播放,若切换至其他幻灯片时,音频播放就会终止。可以将音频播放设置为"跨幻灯片播放",如果有必要,还可以同时勾选"循环播放"。

这里给大家推荐一款插入音频的小插件。MP3 addin 插件可以完美地解决将 MP3 文件嵌入 PPT 的问题。安装了这个插件以后,就可以直接将

MP3 文件嵌入 PPT 中,而无需再借助其他工具将 MP3 格式转换成 WAV 格式了。

工作原理:MP3 addin 在内部给 MP3 文件增加一个文件头并更改其文件名,使 PPT 把插入的 MP3 文件当作 WAV 文件来处理。该插件只重写 MP3 文件的文件头,最大的好处就是文件大小变化不大。插件处理过的"新"的"WAV"文件比原始 MP3 文件仅仅大了两个字节,而真正的文件格式转换则会使文件体积急剧增加。MP3 addin 插件可以保持 MP3 文件体积小巧的优势,从而使幻灯片文件更小、更简洁。在将演示 PPT 发送给客户或者朋友时,也不用附加单独的 MP3 文件。

2.4.2 简单快速排版

作为教学 PPT,一定要让学生能从演示中迅速地找到最关键的信息。良好的排版可以很好地突出重点信息,而差的排版会导致视觉混乱,增加学生获取信息的难度,甚至会产生干扰。就教学 PPT 而言,排版要求并不高,只要做到距离合适、整齐、对称、适当留白四点即可。

距离主要强调行距、段距、边距的设置。很多人不注重这些,从而导致大量的文字堆积在页面,没有重点,造成阅读困难。

整齐和对称主要强调页面元素的布局方式。整齐和对称的页面元素阅读起来方便快捷。

留白就是要让页面留一点空白,让整个页面有重点突出的地方。

下面介绍几种简单的排版工具。

◆ 网格

在"视图"选项卡下勾选"网格线",或者在页面的空白处单击右键,在菜单中选择"网格和参考线",勾选"屏幕上显示网格"(如图 2-65 和图 2-66 所示)。在"网格和参考线"对话框中可以设置网格间距,它决定我们用键盘移动对象的最小距离值。在屏幕中显示网格线后,对某几个元素是否对齐就看得很清楚。勾选"对象与

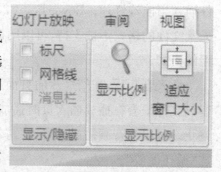

图 2-65 在"视图"选项卡勾选"网格线"

网格对齐",使用鼠标拖拽对象对齐将更简单。利用屏幕中的网格线,在裁剪图片时会更加精准,结合适当的拉伸会使图片排版更整洁明快。

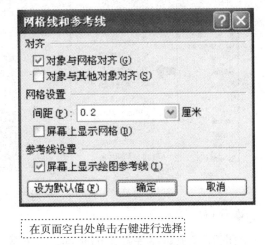

在页面空白处单击右键进行选择

图 2-66　网格和参考线

◆参考线

如果大家经常使用版式功能,就可以很好地去确定各对象的位置。若有些页面由很多元素组成,则可以利用参考线进行排版,它能够快速对齐图像、图形、文字等,使版面整洁好看。

打开参考线的方式和网格线是一样的。勾选"标尺",可发现"参考线"的初始状态是横纵两条位于刻度"0"位置的虚线。将鼠标移至参考线上时可以随意拖动,还可以添加和删除,它是排版过程中的重要工具。参考线具有一个很重要的特性,就是能够将靠近参考线的各种元素自动吸附对齐到参考线上。

◆对齐

有不少教师在做 PPT 的时候,喜欢用鼠标一个一个地拖拽元素,使之对齐,这样操作的工作强度大,效率低,精度差。PPT 提供了非常强大的"对齐"工具,熟练使用该工具会让我们的效率得到极大的提升。

在"开始"选项卡或"格式"选项卡中都可以找到"对齐"工具。"格式"选项卡需要在选定对象之后才会出现(如图 2-67 所示)。

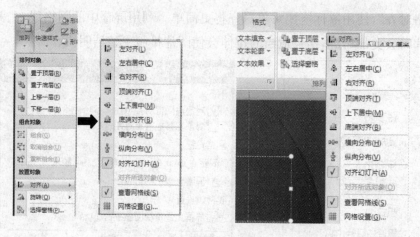

图 2-67 "对齐"工具

◆分布

有时在排版时需要等距离布局多个对象,如果还是通过目测用鼠标来排版,就会很麻烦。除了有"对齐"工具外,还有"分布"工具。"分布"工具位于"对齐"菜单的下方,有"横向分布"和"纵向分布"。PPT 中有三种分布类型,分别为"横向分布""纵向分布""横向分布+纵向分布"(如图 2-68 所示)。

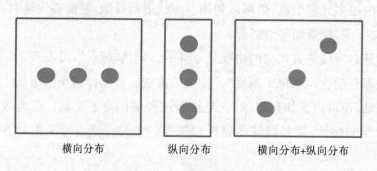

横向分布　　　纵向分布　　　横向分布+纵向分布

图 2-68　三种分布类型

在对齐和分布工具的使用中,要注意设置中的"对齐幻灯片"和"对齐所选对象"的区别。"对齐幻灯片"是指和幻灯片的边对齐;"对齐所选对象"是指先将横纵两端位置确定好,预留足够的分布空间。

◆旋转

在制作 PPT 过程中,很多人对旋转功能直接忽视,其实利用好旋转功能可以让我们的 PPT 玩出更多新花样。旋转功能分为两种:镜像对称(垂直翻转、水平翻转)和角度旋转(向左旋转 90°、向右旋转 90°)。除了这两种以外，还能进行手动旋转(如图 2-69 所示)。

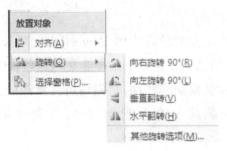

图 2-69　旋转对象

◆组合

利用组合功能,可以方便整体的移动、复制和粘贴,并且对已组合的多个对象的样式进行批量更改。利用组合功能,还能将一些简单形状组合成特定形状。

◆整体浏览

一般情况下,幻灯片在制作过程中都是普通视图或大纲视图模式,如果我们制作完多页幻灯片后,想整体浏览,可以在"视图"选项卡下选择"幻灯片浏览"(如图 2-70 所示)。

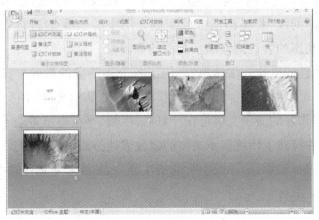

图 2-70　整体浏览 PPT

通过使用一些简单的工具,遵循一定的原则,我们可以把 PPT 制作得整洁美观,在课堂上、在翻转学习中起到锦上添花的作用。

2.5 使用其他软件快速制作 PPT

微软公司的 Office 系列软件中的 PowerPoint、苹果公司的 Keynote、金山办公软件中的 WPS 演示均是优秀的专业文档处理软件，与此同时，也有一些优秀的第三方演示文稿制作软件，它们均可使微课的制作变得省时省力。下面为大家介绍两款演示文稿制作软件，即斧子演示以及 Articulate Storyline 2。

2.5.1 使用斧子演示软件快速制作 PPT

斧子演示是北京华熙动博网络科技有限公司设计并运营的一款演示文稿制作软件。该软件区别于传统的幻灯片制作软件的特点有：

第一，主界面设计为可延展的画布，教师可将制作幻灯片所需的所有素材，包括图片、视频、文字等一次性地添加至画布上，从而有利于教师更清晰地表达思路。同时，软件提供大量的矢量图素材，可以进一步美化幻灯片，也可将素材通过矢量图系统地联系在一起，具体参见本节第三部分"实例——《细胞器的结构》"。

第二，在设计过程中，通过无限缩放和平移效果将内容呈现出来，并将演示内容通过时间线（参见第三部分实例介绍中的步骤 5）进行安排。通过内容转换之间动态的表达增强演示文稿的可读性。

第三，软件的操作非常简单，适用于各个年龄段的教师。该软件还提供海量的模板，可以帮助教师快速制作简洁美观的演示文稿。

第四，制作好的演示文稿可在计算机、手机、平板电脑等电子设备上进行展示。该软件打破了传统演示文稿的线性表达方式，采用结构性与系统性一体化的方式进行演示，能够吸引听众的注意力，使课堂更加生动有趣。

一、下载安装

斧子软件的下载地址是 http://www.axeslide.com/download。下载完成后，双击安装包进行安装，出现安装程序向导后，点击"下一步"。阅读用户许可协议后，勾选"我接受许可协议中的条款"，点击"下一步"，选择程序安装位置，默认位置为 C:\Program Files\AxeSlide\，若要更改，点击"更改"按钮进行更改。确认无误后,点击"下一步",继续操作后面的步骤。

安装完成后,会出现完成提示窗口,点击"完成",软件就顺利安装成功。安装过程如图 2-71 所示。

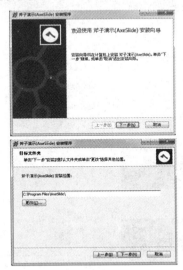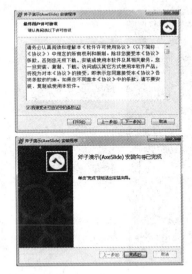

图 2-71　斧子软件的安装

二、操作步骤

【步骤1】双击桌面图标，或者左键单击"开始"菜单,选择"所有程序"—AxeSlide(斧子演示),打开应用程序。

【步骤2】在联网状态下,初次打开后,会弹出登录页面(如图 2-72 所示),可以选择免费注册或者使用第三方账号进行登录。

图 2-72　登录和注册界面

【步骤 3】点击免费注册,界面会转至网页注册端。您可以根据提示内容进行注册,这里不再做介绍。

【步骤 4】通过用户名和密码登录之后,会出现如图 2-73 所示窗口。

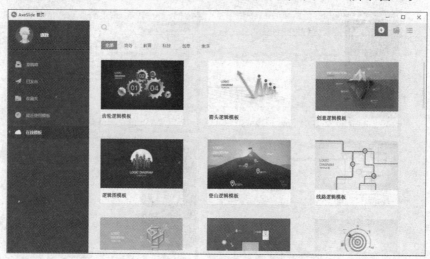

图 2-73　主界面

【步骤 5】在主界面,可以点击菜单栏上的"帮助"按钮,页面会自动跳转至帮助网页端(如图 2-74 所示),可以根据自己的需要学习软件的基本操作。

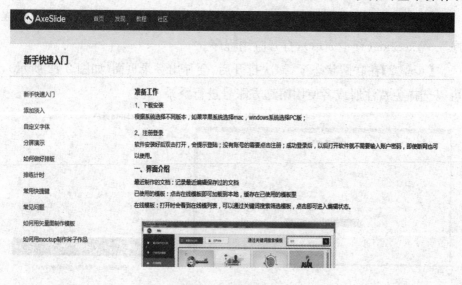

图 2-74　帮助页面

三、实例——《细胞器的结构》

关于生物细胞的结构,学生已经在初中阶段学习了细胞在光学显微镜下的显微结构;高中阶段,在生物必修1《分子与细胞》中,学生需要认识并了解生物细胞的亚显微结构,以及细胞器的结构和功能。对于高中学生来说,此节内容过于抽象。我们可以使用斧子演示软件,结合图像、音频、视频资料,帮助学生更好地认识细胞的亚显微结构。下面,我们以"动植物细胞器结构"为例,演示一下设计过程。

【步骤1】创建新文档。点击软件首页的"新建空白文档"(如图 2-75 所示)。注意,打开的新文档与传统 PPT 不同的是,界面显示的是一个可以无限延展的画布,而不是传统 PPT 的幻灯片界面。可以直接将图像、文字等素材添加至画布,然后进行调整。

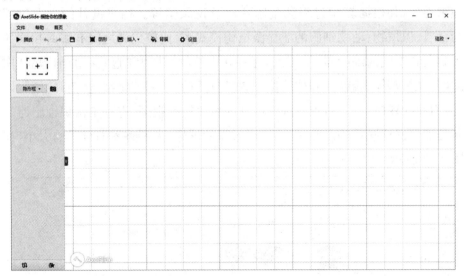

图 2-75 新文档编辑页面

【步骤2】选取素材。可以事先通过网络下载相关的图文影像资料,如细胞的亚显微结构模式图、内质网模式图、高尔基体模式图、线粒体模式图、叶绿体模式图、核糖体模式图、液泡模式图以及细胞介绍视频等,存放在名为"cell"的文件夹里。然后,打开"cell"文件夹,根据内容需要,选择适当的图片(如图 2-76 所示)。

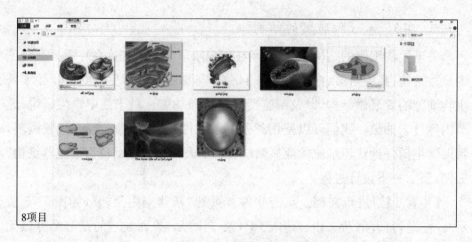

图 2-76 资料存储文件

【步骤3】导入素材。将文件中选择好的图片以及视频素材导入新文档编辑界面,并根据教学过程调整图片以及视频位置。初步设计的学习过程为:先认识植物、动物细胞的亚显微结构模式图,比较二者之间有哪些相同的细胞器和不同的细胞器;接下来,逐一认识植物、动物细胞共有的细胞器(内质网、高尔基体、线粒体和核糖体)的结构;然后,学习植物细胞特有的细胞器(液泡和叶绿体);最后,观看细胞内部的生命活动视频,进一步认识细胞器之间是如何密切联系的。此时,可以通过滑动鼠标,来调整界面显示的大小(如图 2-77 所示)。

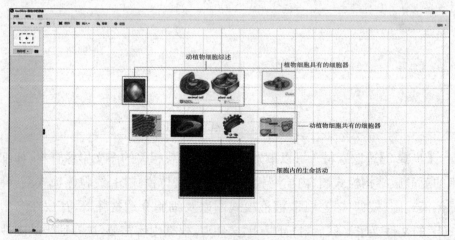

图 2-77 新文档界面

【步骤4】修改素材。可以对每一个图片进行放大、拉伸、翻转、矩形裁切和添加超链接。以细胞模式图为例,首先点选细胞模式图,在图片上端会出现浮动工具条 ,当我们将鼠标移动至每一个按钮后,会显示汉字提示。此时,选择矩形裁切,将图片下端的文字裁去,然后滚动鼠标完成裁切。这样可以对导入的素材进行进一步的修饰(如图2-78所示)。

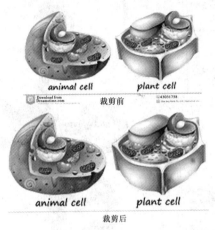

图 2-78　对图片进行修改

【步骤5】添加步序。在传统幻灯片设计中,都是先新建空白页面,然后在幻灯片页面中导入素材。如果一个素材占据一张幻灯片,那么多个素材就需要多张幻灯片。斧子演示文稿软件则提供全新的设计方式——添加步序,通过添加步序,将一张画布上已添加进来的素材,根据教学过程转化为一张张独立的幻灯片页面。

添加步序是指按照素材展示先后的时间顺序(时间线)和步骤布局幻灯片。斧子演示文稿软件提供了两种时间线设计方法,一种为单击"隐形框",画布会出现一个由虚线构成的框体,对图片文字进行缩放、布局和调整,并放置于虚线框内,使其设计成为幻灯片页面。另一种为点击画布中的图片,会显示浮动工具条,点击第一个按钮"添加步序",将画布分割成为单独、连续的一个个幻灯片页面。设计完成后,在主界面左侧栏中会出现如图 2-79 所示的幻灯片。

【步骤6】添加可缩放矢量图(Scalable Vector Graphics, SVG)。斧子演示文稿软件提供了70万张SVG。点击工具栏上"插入"选项卡,在下拉菜单中选择"SVG 矢量图",在打开的右侧搜索框中选择需要的矢量图,或者通过关键词搜索适合内容的矢量图。然后,将排好次序的幻灯片依次拖拽到 SVG 中(如图 2-80 所示)。

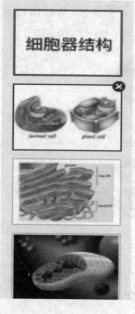

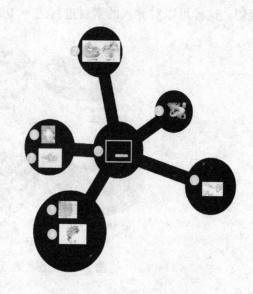

图 2-79 幻灯片次序　　　　图 2-80 完成设计的演示文稿

传统 PPT 中,幻灯片之间只能通过前后顺序显示彼此的联系以及播放顺序。斧子演示文稿中,幻灯片之间可以借助 SVG 彼此联系起来,并借助矢量图的放大、缩小和旋转进行播放。其中,视频在播放过程中还可以随时停止,随意放大和缩小。一方面,SVG 展示了幻灯片之间的结构关系;另一方面,SVG 也起到了演示播放背景和控制播放进度的作用。

【步骤 7】预览并调整幻灯片的播放次序。点击工具栏上的"播放"按钮,可以对设计好的文稿进行预览。如果想对幻灯片的次序进行调整,可以直接拖动幻灯片,或者点击幻灯片下方的"调整步序"按钮,在弹出的页面中,调整需要展示的幻灯片的次序(如图 2-81)。同时,可以点击幻灯片下方的"添加动画"按钮,给每张幻灯片中的元素添加动画效果。

【步骤 8】保存与导出。点击菜单栏上的"文件"按钮,选择"保存",对源文件进行保存。为方便后期的修改与编辑,将保存格式确定为 .dbk。然后,在下拉菜单中根据自己的需求,选择导出 PDF、视频、便携文档等进行演示。

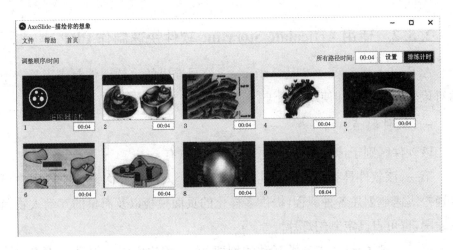

图 2-81　调整幻灯片次序窗口

相比较 PowerPoint 软件,斧子演示文稿软件可以将设计好的幻灯片打包并使用自带的播放器进行播放。导出便携文档(如图 2-82 所示)时,该软件会弹出对话框提示,用户可根据操作系统来选择,方便在不同的系统下运行文稿。

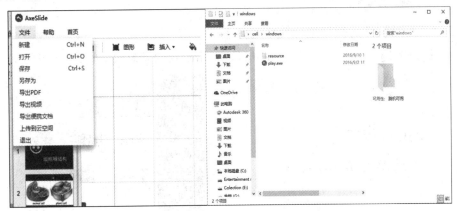

图 2-82　菜单以及导出的便携文档

斧子演示文稿软件可以根据教师课程设计的要求,打破传统的逐页设计幻灯片的方式,通过大画布平铺素材,对演示内容进行结构化、一体化和系统化设计。在教学过程中,通过动态的演示、图文并茂和音频的插入,使演示富有吸引力。无论是对于初学计算机的教师,还是对于乐于尝试新方法创建演示文稿的教师,斧子演示文稿无疑是一款快捷方便的软件。

2.5.2 使用 Articulate Storyline 软件快速制作 PPT

Articulate Storyline 2 是 Articulate 公司推出的一款课件制作工具。下面对该软件的特点和使用方法进行简单介绍。

一、软件特点

该软件区别于传统幻灯片制作软件的特点有：

第一，该软件具有强大的功能，操作简便。人性化界面设计使得用户可以轻松快速地创建各种课程，提供多样化的页面模板以及海量的互动人物角色插图，也可自己定制幻灯片。

第二，通过幻灯片中各类互动的创建，实现用户实时反馈学习成果。该软件可以创建屏幕录像并导入任意格式类型的视频，同时可以创建评估试题，对学生的学习成果进行检测。

第三，创建好的课程可以在计算机端、手机端、平板电脑端浏览，并且可以应用在很多教师培训、商业培训、网络在线学习中。

二、基本操作

下面对软件的操作进行简单的介绍。

【步骤1】下载并安装 Articulate Storyline 2（收费软件，如图 2-83 所示）。

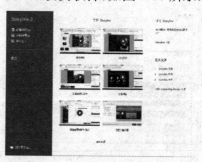

图 2-83　欢迎界面

【步骤2】点击"新建项目"，进入编辑界面。可以选择文件菜单下的导入 PowerPoint，将已制作好的幻灯片选择性导入，导入后会创建一个新的场景（如图 2-84 所示）。

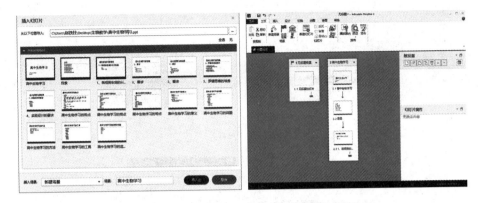

图 2-84　导入幻灯片创建场景

【步骤3】双击新场景中的幻灯片进入场景编辑,选择"插入"选项卡(如图2-85所示),通过选项卡中的各个功能按键,对幻灯片内容进行修改,可以添加按钮、互动控件、事先录制好的音频等。

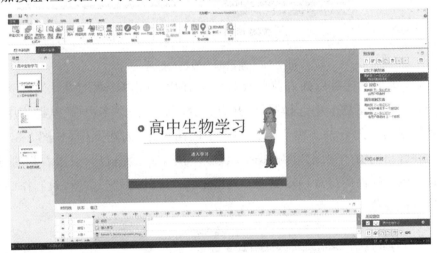

图 2-85　对幻灯片进行修改

【步骤4】点击工具栏的"新建幻灯片",在弹出的"选项"窗口中选择自己需要的页面类型,包括软件提供的模板、基本版式、测验、屏幕录制和导入五个选项卡。点击"屏幕录制",点击"录制您的屏幕",软件会最小化,同时在计算机屏幕上出现图 2-86 中第二张图所示的录制界面。点击红色按钮开始录制,点击"完成"按键或者按空格键结束录制,录制好的视频会自动导入并出现视频预览窗口,点击"插入",创建屏幕录制幻灯片页面(如图 2-86 所示)。

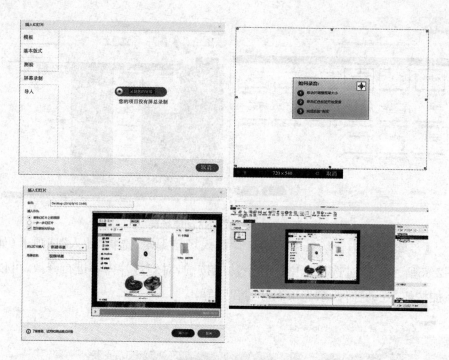

图 2-86　新建屏幕录制幻灯片

【步骤 5】同样可以插入测验类型的幻灯片,点击"新建幻灯片",在弹出的"新建页面"选项卡中选择测验,共有打分、调查、任意多边形、从题库中抽取和结果幻灯片五种类型。点击调查中的简单题,创建问题(如图 2-87 所示),在弹出的窗体视图界面根据提示输入问题,输入完成后,点击右侧的"幻灯片视图",返回幻灯片编辑界面。点击工具栏上的"预览"按钮,对制作好的课件进行预览。

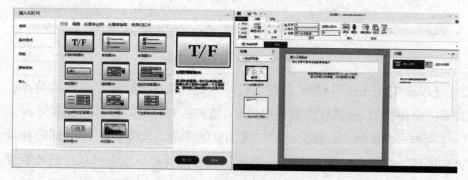

图 2-87　测验页面的制作

【步骤6】幻灯片编辑完成后，在课件发布之前，可以对播放器界面进行自定义的设计。点击工具栏上的"播放器"按钮（如图 2-88 所示），在弹出的播放器属性窗口中，通过各项参数的选择设计自己需要的课件播放器界面。

图 2-88　播放器自定义

【步骤7】完成各项设置后，点击工具栏上的"发布"按钮，弹出的选项卡中有 Web、Articulate Online、LMS、CD 和 Word 五个选项（如图 2-89 所示）。进入打包选项，有多项选择，建议选择"打包项目 CD 或其他"选项。在导出文件夹中点击 Launch_Story.exe，即可运行课件。

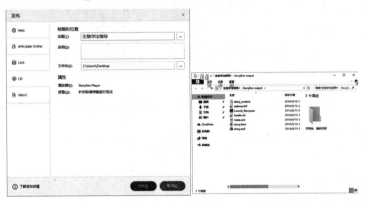

图 2-89　导出界面以及 CD 导出文件夹

Articulate Storyline 2 通过强大的功能支持，在已有传统幻灯片的基础上，可添加互动人物插画、互动试题、屏幕录制等，能够提升幻灯片使用中的交互性。制作好的课件可以发布在网络平台，支持各种设备端的观看，提升了幻灯片使用的系统兼容性。Articulate Storyline 2 为互动课件制作提供了很好的平台。本节简要介绍软件的操作流程，具体操作可以通过官方教程以及论坛进行学习。

本章小结

本章在分析教学 PPT 中常见问题的基础上,结合实例讨论了如何快速找到 PPT 所需材料、如何保持 PPT 风格统一、如何快速导入与排版,以及如何使用其他软件快速制作 PPT 等。具体内容如下:

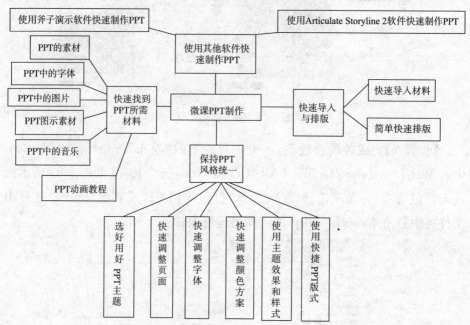

本章介绍的 PPT 制作方法皆为基本方法,对于高水平 PPT 制作的方法与技巧,有待读者进一步学习和总结。

【思考】

1. PPT 与微视频的关系是什么?
2. PPT 设计的最基本要求有哪些?
3. PPT 与微视频能否取代传统教学?为什么?

第 3 章　教学微视频的后期处理技术

教学微视频作为一种形象生动的教学资源，其制作过程并不简单。运用微视频录制技术将微视频录制出来，仅仅是制作微视频的其中一个环节。在录制过程中，脚本设计是否周到，周围环境是否安静，讲解节奏是否把握得恰当，都会影响到微视频的质量。当录制完成教学微视频后，可能又有新的问题困扰我们。

问题一：我录制的微视频噪音很大，影响了学生观看的兴趣，怎么办？

问题二：同一个微视频录制了多次，可微视频中还是有多处错误或停顿，我真的不想再重录了，怎么办？

问题三：有的知识太抽象了，无论我怎么讲学生都不懂，如果在我的微视频中加入一些视频素材就好了，该怎么做？

问题四：我的普通话不好，学生听不明白我说了什么，怎么加入字幕？

……

以上问题是录制微视频中最常遇到的烦心问题，而处理这些问题就需要微视频制作中的另一项技术——后期处理技术。一个优秀的教学微视频的制作环节包括前期的设计、中期的录制和后期的处理。后期处理技术是指利用视频编辑软件或录屏软件，对录制好的视频进行加工处理的技术，主要包括音频的降噪处理、视频的剪辑处理、给视频配音、添加字幕等。利用后期处理技术，不仅可以处理已经录制好的视频，也可以将半成品变为成品。例如，可以根据图片加入旁白、字幕或者音乐等。

微视频的后期处理用到的软件包括视频剪辑类软件、音频处理类软件和视频格式转换类软件。视频剪辑类软件有 Edius、会声会影、Premiere、Windows Movie Maker、Camtasia Studio（录制剪辑合二为一）等；音频处理类软件有 Adobe Audition、Goldwave、Cool Edit 等；视频格式转换类软件有魔影工厂、格式工厂等。其中，Camtasia Studio 软件具有丰富的功能。使用该软件不仅可以高效地录制微视频（详见第 1 章），而且可以方便快捷地对微视频进行后期处理。与 Edius、会声会影、Premiere、Vegas 等专业非线性编辑软件相比，该软件在微视频的后期处理上，具有操作简单、易学习、内存较小、对计算机配置的要求低等诸多优点，而且其后期编辑功能非常强大，足以应对教学微视频后期处理的需要。

本章将介绍如何使用 Camtasia Studio 对微视频进行后期处理。

3.1　Camtasia Studio 8.0 软件界面简介

Camtasia Studio 是美国 TechSmith 公司出品的屏幕录像和编辑的软件套装，软件界面如图 3-1 所示。该软件提供了屏幕录像、视频的剪辑和编辑、视频菜单制作、视频剧场和视频播放等强大的功能。使用本套装软件，用户可以方便地完成以下操作：屏幕操作的录制和配音、视频的剪辑和过场动画、添加说明字幕和水印、制作视频封面和菜单、视频压缩和播放等。

图 3-1　Camtasia Studio 软件启动界面

本书在微视频录制的章节提供了 Camtasia Studio 录制微视频的教程。录制完成后，可以使用 Camtasia Studio 内置的强大的视频编辑功能，对视频进行剪辑、修改、解码转换、添加特殊效果等操作。

打开 Camtasia Studio 8.0，我们会看到如图 3-2 所示软件界面。

第 3 章　教学微视频的后期处理技术　159

图 3-2　Camtasia Studio 8.0 软件界面

Camtasia Studio 8.0 软件界面可以分为如下几个部分：菜单区域、功能面板区域、视频播放器区域和时间轴轨道区域。

◆菜单区域

菜单区域涵盖的常用功能包括录制视频、导入素材、输出视频、文件操作、剪辑操作、工具操作等（如图 3-3 所示）。

图 3-3　菜单区域

◆功能面板区域

功能面板区域涵盖的常用功能包括剪辑箱、素材库、标注、缩放、音频、转场、光标特效、配音、字幕等（如图 3-4 所示）。

图 3-4　功能面板区域

◆视频播放器区域

视频播放器区域涵盖的常用功能包括播放、暂停、快进、快退、画面布局调整等(如图 3-5 所示)。

图 3-5　视频播放器区域

◆时间轴轨道区域

时间轴轨道区域涵盖的常用功能包括复制、粘贴、分割、删除、添加多媒体素材等(如图 3-6 所示)。

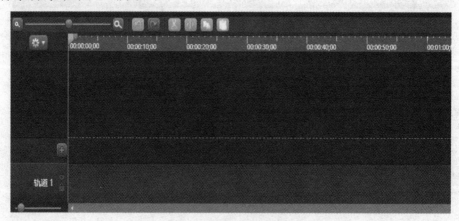

图 3-6　时间轴轨道区域

毫无疑问，Camtasia Studio 以其卓越的实时性能和强大的编辑能力正受到越来越多微课制作人和影像爱好者的青睐。那么，Camtasia Studio 的使用和操作是否也会因专业性十足而难以掌握呢？其实，大家完全不必有这样的担心。在本章中，我们将以微视频《季风水田农业的特点》的剪辑为例，实际运用一下微视频后期处理技术。这里没有繁杂的菜单介绍，您会发现，使用 Camtasia Studio 进行微视频后期处理原来如此轻松简单。

Camtasia Studio 8微视频后期处理基础教程01——软件介绍

3.2　视频的导入、剪辑与插入

微视频的后期处理类似于在工厂中生产产品，我们初次录制的微视频是原材料，Camtasia Studio 是机器，视频导入是将原材料输入机器中的过程，视频或图片的插入是加入辅助材料的过程，视频的剪辑则是机器加工产品的过程。下面让我们开工吧！

Camtasia Studio 8微视频后期处理基础教程02——媒体导入

3.2.1　视频导入

对微视频进行后期处理，首先要做的就是视频的导入。无论是通过哪种方式录制的微视频，都可以导入 Camtasia Studio。Camtasia Studio 支持大多数常用媒体格式，图像的格式有.bmp、.jpg、.gif、.jpeg 和.png，视频的格式有.camrec（Camtasia Studio 录制的默认格式）、.avi、.mp4、.mpg、.mpeg、.wmv、.mov 和.swf，音频的格式

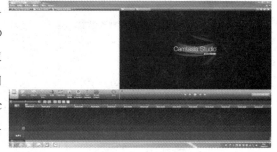
图3-7　软件界面

有.mp3、.wma 和.wav。如果图像格式不被支持，则可以通过 Photoshop、美图秀秀和 Windows 自带的绘图软件转换格式后进行输出；如果视频或音频格式不被支持，则可以通过魔影工厂或格式工厂之类的软件进行转换（详见3.6.2

视频格式转换软件)。接下来是视频导入流程。

【步骤1】启动 Camtasia Studio 8.0,将看到如图 3-7 所示界面。

【步骤2】点击工具栏的"文件"—"导入媒体"或快捷键"Ctrl+I"(如图 3-8 所示)。

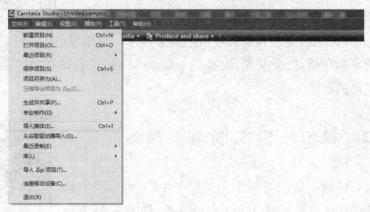

图 3-8 打开文件菜单导入视频素材

【步骤3】选择需要导入的视频《季风水田农业的特点》,点击"打开"(如图 3-9 所示)。

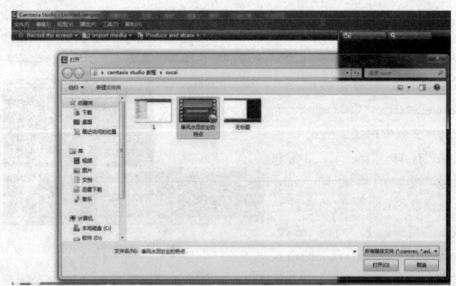

图 3-9 选择视频素材

【步骤4】我们可以看到已经导入的视频(如图3-10所示)。

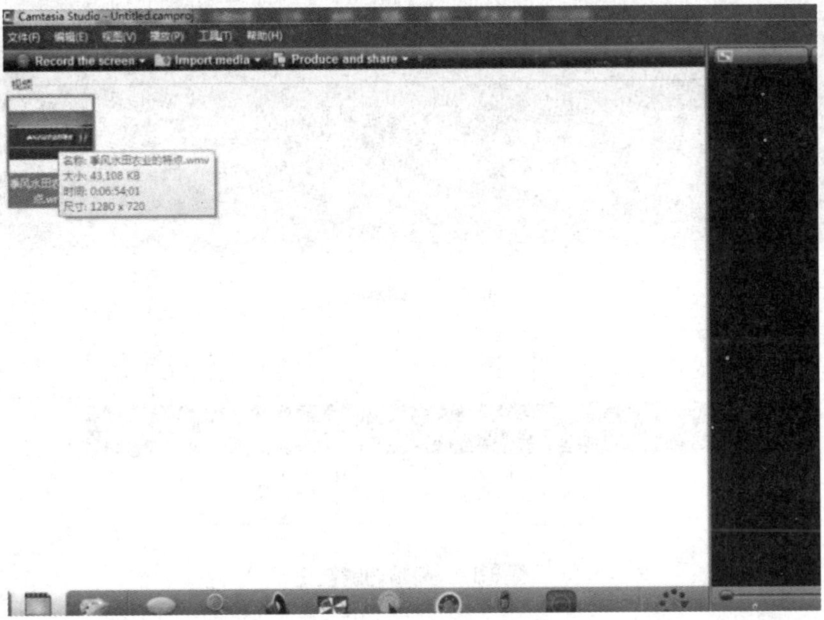

图3-10 视频素材导入后界面

3.2.2 视频剪辑

录制的教学视频在开头或结尾处难免会有多余的视频,这些多余的视频势必会影响教学视频的整体效果。另外,在录制视频时会不可避免地出现口误甚至错误,这时,是否需要重新录制一遍呢?如果重新录制,既花费时间又花费精力,而利用视频的剪辑功能,就可以避免从头再来。具体来讲,只需将错误处重新录制就可以了。如果最终录制的微视频中也出现了错误部分,怎么办?可以用Camtasia Studio 8.0的剪辑功能轻松完成处理。

一、时间轨道

Camtasia Studio 8.0的剪辑工作主要是在时间轨道面板上进行操作,因此,需要先来认识一下时间轨道(如图3-11所示)。视频剪辑主要依赖于界面上方的几个剪辑功能按钮(如图3-12所示),熟练使用剪辑功能按钮是提升视频剪辑效率的关键。

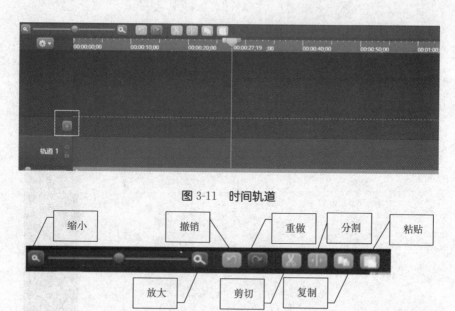

图 3-11　时间轨道

图 3-12　剪辑功能按钮

　　轨道是放置各种多媒体素材的地方,该软件默认有一个轨道,即轨道 1,如果需要更多轨道,可以很方便地增加,只需点击轨道上方的"＋"按钮。Camtasia Studio 8.0 的轨道不同于其他软件,它的每个轨道的功能都是一样的,可以在任意轨道上放置视频素材、音频素材、图片素材、字幕等。但是,要注意的是,上方轨道的多媒体文件总是会覆盖下方轨道的多媒体文件。比如要在视频内插入图片 logo,必须将图片 logo 放置于视频轨道的上方轨道,否则图片 logo 将会被视频所覆盖。如图 3-13 所示,从下到上,轨道 1 放置了视频素材,轨道 2 放置了图片素材,轨道 3 放置了字幕,轨道 4 放置了音频素材。

图 3-13　将素材置于不同轨道

二、剪辑流程

按以下剪辑流程操作,便可对视频进行剪切和编辑。

【步骤1】将视频添加到轨道。

方法1:用鼠标选中视频,直接将其拖到指定视频轨道(如图3-14所示)。

方法2:选中视频,右击鼠标,选择"添加到时间轴播放"(如图3-15所示)。

图3-14　将视频添加到轨道

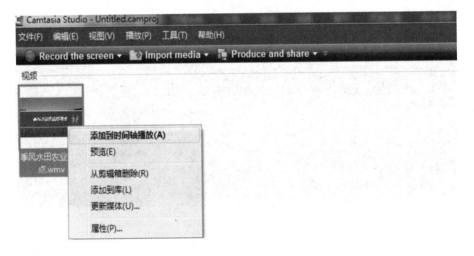

图3-15　将视频添加到时间轴播放

【步骤2】将时间轴上方的滑动杆移到需要剪辑的开始位置(如图3-16所示)。

方法1:通过鼠标拉动滑动杆调整其在轨道上的位置。

方法2:通过鼠标点击时间轴上的任意时间点到达所要选择的位置。

方法3:通过"播放+暂停"的方式,定位到所要找到的位置。

图3-16 滑动杆

提示:

1.空格键即为播放键和暂停键。

2.方法1和方法2适合快速的定位,方法3适合更为精确的定位,大家可以把三种方法结合起来使用。

【步骤3】在轨道上添加剪切点(如图3-17所示)。

方法:点击视频区域分割视频。

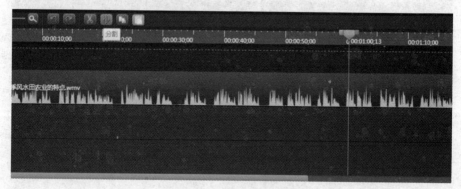

图3-17 添加剪切点

我们可以看到视频被分割成了两部分(如图3-18所示)。

【步骤4】将时间轴上方的滑动杆移到需要裁剪的结束位置,并添加相应的剪切点(这样我们要裁剪掉的部分就被分离出来了,如图3-19所示)。

方法:参考步骤2和步骤3的方法。

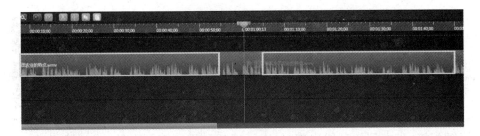

图 3-18　视频被分割

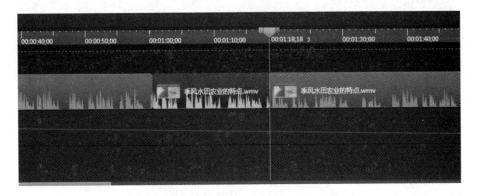

图 3-19　添加另一个剪切点

【步骤 5】删除选中的视频。

方法：选中视频，右击鼠标，选择"删除"或使用快捷键 Delete 键（如图 3-20 所示）。

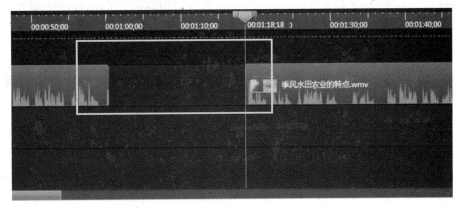

图 3-20　删除视频片段

提示：选中某一段视频后，除了可以对其进行删除操作外，还可以进行

"复制""剪切""粘贴"等操作。

【步骤6】删除空隙或将视频对齐(图3-20中白色方框区域留有删除视频后的空隙,这会导致前后视频在时间上不连续)。

Camtasia Studio 8微视频后期处理基础教程03——视频剪辑

方法:用鼠标拖动后面的视频向前移动,直到与前面的视频相接,当中间的黄线出现时,表示视频之间实现了无缝连接(如图3-21所示)。

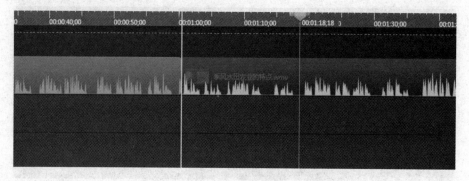

图 3-21 视频对齐

3.2.3 视频(或图片)插入

如果要将其他视频或图片素材添加到微视频中,以丰富我们的微视频,该怎么办呢?不要着急,Camtasia Studio 8.0可以帮助我们很轻松地实现。

【步骤1】导入视频素材或图片(如图3-22所示)。

方法:点击"文件"—"导入媒体"—选择视频素材或图片。

图3-22中黑色方框区域内的文件为导入的视频素材和图片素材(本案例中图片素材作为微视频的片头使用)。

【步骤2】将图片和视频素材分别添加到轨道2和轨道1(如图3-23所示)。

方法1:用鼠标选中图片和视频,直接将其拖到指定轨道。

方法2:选中视频,右击鼠标,选择"添加到时间轴播放",图片添加同理可得。

可以看到白色方框区域内为添加到轨道上的图片和视频素材,轨道2为图片素材,轨道1为视频素材。

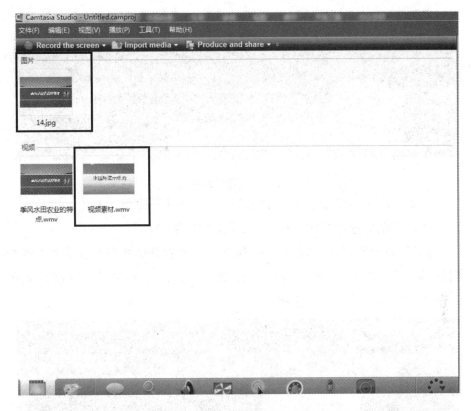

图 3-22　新导入的视频和图片素材

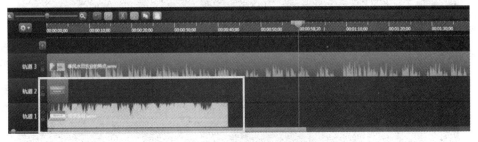

图 3-23　将素材添加到相应轨道

提示：可以通过点击时间轴左上方的"＋"添加任意数量轨道。

【步骤 3】将图片素材调整到合适的位置。

方法：用鼠标选中视频和图片，然后在轨道上进行拖动。

如图 3-24 所示，可以看到图片被放置到了微视频的开始位置，给微视频加入了一个图片片头。

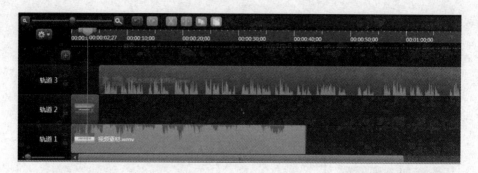

图 3-24　图片片头

【步骤 4】将视频素材调整到合适的位置(如图 3-25 所示)。

方法:用鼠标选中视频,然后在轨道上进行拖动。

为了将视频素材插入微视频中,接下来需要找到微视频所在轨道上视频素材的插入位置,并在该位置添加分割点。如图 3-25 所示,在微视频的 00:01:30:10 时间点添加了分割点。

图 3-25　添加分割点

如图 3-26 所示,将视频素材插入微视频的 00:01:30:10 时间点。

图 3-26　插入视频素材

提示:如果要将素材插入微视频的中间某一时间点,而不是微视频的开头或结尾,则需要在微视频所要插入的时间位置添加相应的剪切点或分割点。具体方法可以参考 3.2.2 视频剪辑中的步骤 3。

【步骤 5】添加转场特效（如图 3-27 所示）。

点击图 3-27 中白色方框区域"Transitions"，打开转场特效。

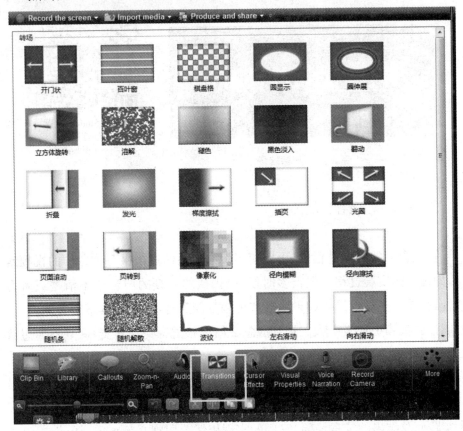

图 3-27　转场特效

选择一种合适的转场特效，并通过鼠标将其拖动到视频的衔接处，相接处允许添加转场的地方以高亮显示（如图 3-28 所示）。

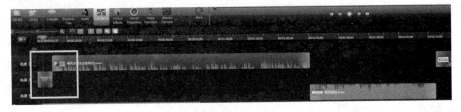

图 3-28　添加转场

提示： 图 3-29 中白色方框内为添加的转场特效，可以通过用鼠标左右拉动来改变转场特效持续时间。当然，选中它后，按 Delete 键，也可以对其进行删除操作。

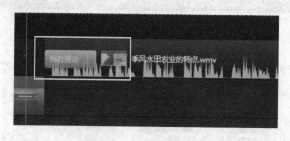

Camtasia Studio 8微视频后期处理基础教程04——视频插入

图 3-29　删除转场

3.3　视频配音

在微视频的制作过程中，可以使用手中的摄像机拍摄各种各样的视频素材，如理科的实验过程。但很多时候，所拍摄的视频的声音会不清楚或者有杂音，影响了视频效果。如果给这些视频重新配音，加上更具感染力的音乐，就能让微视频更加吸引人。那到底怎么给视频配音呢？其实，这并不像想象中那么难，下面，就跟大家分享一下怎样给微视频配音。以下介绍两种方法：一种适用于手中已经有心仪的背景音乐，并想把这个音乐加入微视频中；另一种适用于想在视频中添加自己的配音。这两种配音方法都是作者经过多次实践而总结出的宝贵经验，它们的实现依然要用到 Camtasia Studio 8.0。

3.3.1　给微视频配上背景音乐

给微视频配背景音乐，实际上就是在轨道上添加音频文件。对于音频的导入、剪辑等操作，和视频的相应操作基本是一样的。该软件支持.wma、.mp3等格式的音频，对于其他不兼容的格式，请参考 3.6 视频格式及转换基础知识。下面介绍给微视频配上背景音乐的流程。

【步骤1】导入要配音的微视频《季风水田农业的特点》和背景音乐文件"背景音乐.mp3"（如图 3-30 所示）。

方法：点击"文件"—"导入媒体"，选择微视频和背景音乐（详细内容请参考 3.2.1 视频导入）。

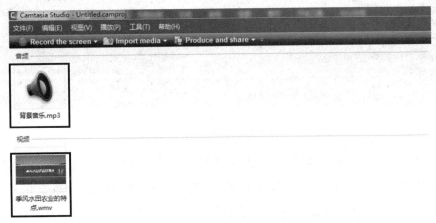

图 3-30　导入素材

【步骤 2】将微视频和背景音乐添加到轨道（如图 3-31 所示）。

方法 1：用鼠标选中视频或背景音乐，直接将其拖到指定视频轨道。

方法 2：选中视频或背景音乐，右击鼠标，选择"添加到时间轴播放"。

图 3-31 中轨道 2 上添加了背景音乐，轨道 3 上添加了微视频。

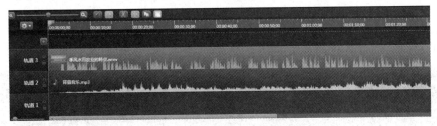

图 3-31　添加素材到轨道

【步骤 3】调整背景音乐的开始位置（如图 3-32 所示）。

方法：用鼠标点击轨道上的背景音乐文件，将其选中，然后在时间轴上左右拖动鼠标，可以调整背景音乐的位置。

从开始位置同步。将背景音乐文件与视频文件的开始部分对齐（如图 3-32 所示），背景音乐就可以从微视频的开始位置进行同步。

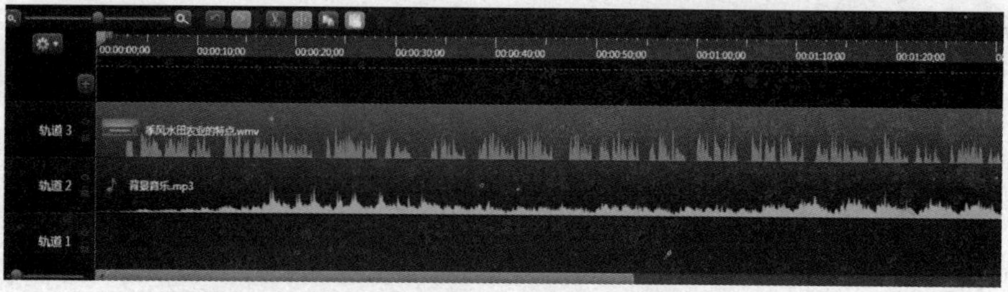

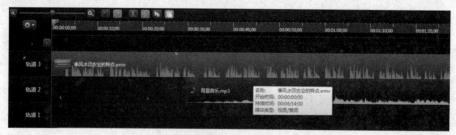

图 3-32　背景音乐与视频从开始位置同步

从中间位置同步。将背景音乐文件置于视频文件相对靠后的任一位置，可实现背景音乐与视频在中间位置的同步。如图 3-33 所示，背景音乐从微视频的 00:00:30:00 的时间点开始同步。

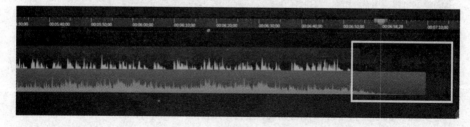

图 3-33　背景音乐与视频从中间位置同步

【步骤 4】调整背景音乐的结束位置（如图 3-34 所示）。

图 3-34　处理背景音乐结尾部分

可能会面临以下三种情况。

情况 1：背景音乐的时长比微视频长，这时如果不进行相关的处理，那么最终输出的微视频结尾附近，会出现只有声音而没有图像的情况（**注意**：上方轨道为微视频，下方轨道为背景音乐）。

解决方法 1：将多余的背景音乐裁剪掉（如图 3-35 所示，详细内容请参考 3.2.2 视频剪辑）。

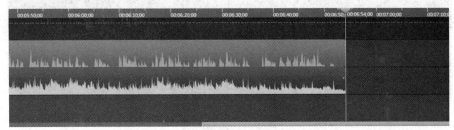

图 3-35 裁剪音乐结尾

这样做有个问题，就是背景音乐在微视频的结尾处结束时显得比较突兀、不自然。针对这一问题可以采用下面的办法来解决。

首先在轨道上选中背景音乐，然后点击功能组菜单"Audio"（图 3-36 中黑色方框区域），进入音频编辑面板（如图 3-36 和图 3-37 所示）。

图 3-36 音频编辑面板

176 微课其实不简单(技术篇)

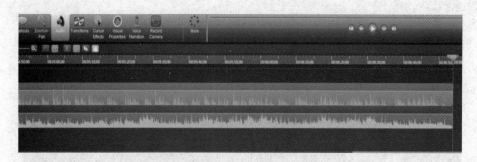

图 3-37 音频轨道

最后选中"淡出"(如图 3-38 所示)。

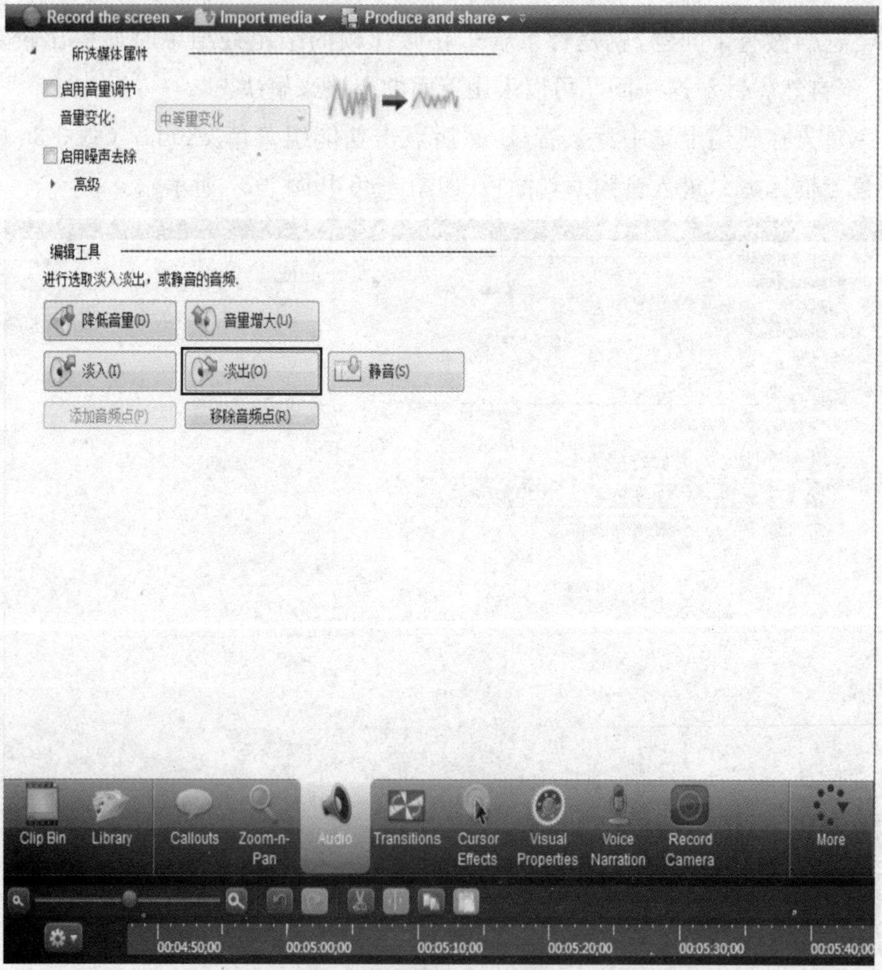

图 3-38 背景音乐结尾的编辑

如图3-39所示,白色方框区域内可以看到背景音乐的结尾处添加了淡出效果,这样声音结束将会更加自然。

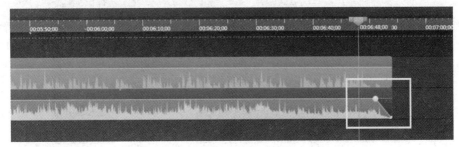

图3-39　背景音乐结尾的淡出效果

解决方法2:将视频的结尾延长至背景音乐结尾处。

如图3-40所示,微视频《季风水田农业的特点》的结尾图像是一张致谢图片,通过"复制＋粘贴"该图片的方法,可以将结尾视频延长。具体操作如下。

图3-40　结尾图像

首先,分割出结尾视频(如图 3-41 所示)。

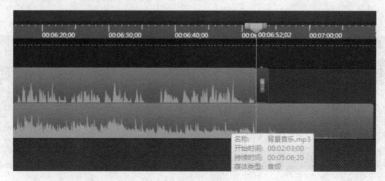

图 3-41　分割出结尾视频

其次,复制结尾视频(如图 3-42 所示)。

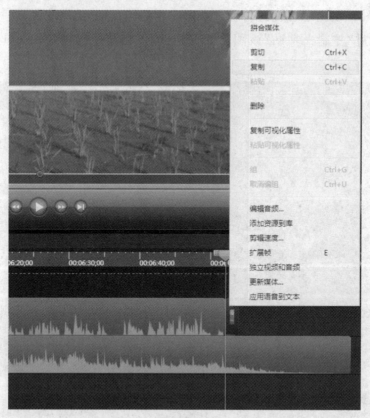

图 3-42　复制结尾视频

再次,粘贴视频。粘贴多次,直到超出了背景音乐的长度(如图 3-43 所示)。

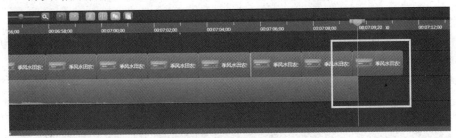

图 3-43　粘贴视频

最后,裁剪掉多余的视频(如图 3-44 所示)。

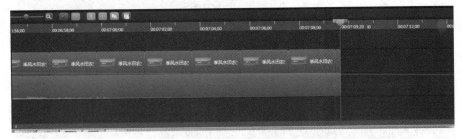

图 3-44　裁剪视频

可以看出,采用这种方法处理时,需要对视频结尾处的图像或视频进行复制,然后不断地粘贴,而背景音乐都很完整。

情况 2:背景音乐的时长比微视频短(如图 3-45 所示),这时,背景音乐会在微视频结束之前结束。此时,要考虑是否在后面重新添加新的背景音乐(上方轨道为微视频,下方轨道为背景音乐)。

Camtasia Studio 8微视频后期处理基础教程05——添加背景音乐

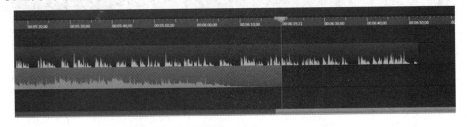

图 3-45　背景音乐的时长短于微视频

情况3：只需要背景音乐中的一段而不是整体。这时，需要将背景音乐进行裁剪（裁剪方法和视频裁剪方法一样，如图3-46所示）。

首先，添加分割点。音频会被分为三个小片段，如图3-46中的白框所示。

图3-46　添加分割点

其次，选中需要删除的音频片段，按"Delete"键，即可删除多余部分（如图3-47所示）。

图3-47　裁剪后的一段音频

最后，调整背景音乐的同步位置（如图3-48所示）。拖动音频片段，将其放置于时间轴上合适的位置，即可调整背景音乐出现的时间。

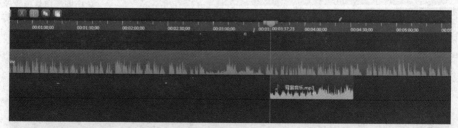

图3-48　背景音乐位置调整

3.3.2 给微视频配上自己的声音

给微视频配上自己的声音实际上是一种配音技术。我们常遇到这样的使用场景，如拍摄理化生实验视频，或在野外拍摄地形地貌视频等。由于受条件限制，有时无法将教师的讲解进行同步录音，所制作的微视频就像无声电影一样，视听效果不佳。如果能在后期配上教师的讲解音频，再配上一段背景音乐，无疑是完美的。下面来介绍微视频配音的流程。

【步骤1】导入需要配音的微视频，并将其加入到轨道上（如图3-49所示）。

方法：参考3.2.1视频导入。

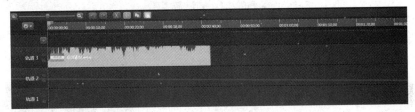

图3-49　导入微视频

【步骤2】删除原有微视频声音（根据需要选择）。

方法1：打开音频编辑面板，选择静音，轨道3上方的起伏线表示微视频中的音频（如图3-50所示）。

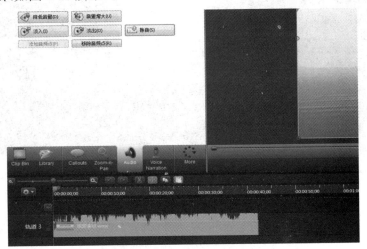

图3-50　音频编辑面板

静音后,蓝色起伏线消失(如图 3-51 所示,起伏线在软件中为蓝色)。

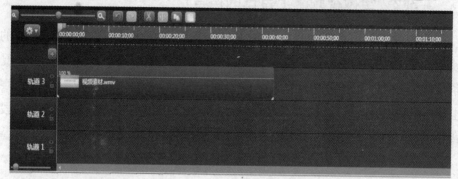

图 3-51 删除音频

方法 2:选中微视频,右击鼠标,选择"独立视频和音频",在轨道上删除独立出的音频(如图 3-52 所示)。

图 3-52 分离视频和音频

如图 3-53 所示,可以看到视频和音频已分离,音频文件默认添加到了视频的上方轨道——轨道 4,白色方框区域内即为分离出来的音频。

图 3-53　独立后的视频和音频

接下来删除音频轨道上的文件即可,轨道 3 中视频里的音频已经去掉（如图 3-54 所示）。

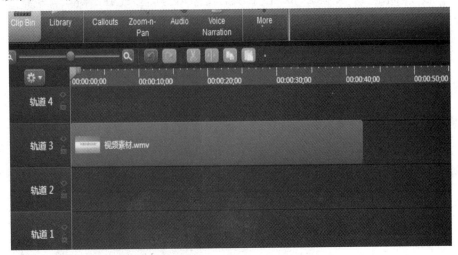

图 3-54　删除音频文件

【步骤 3】给微视频添加背景音乐（如图 3-55 所示）。

方法:导入背景音乐文件,并将其添加到相应的轨道上。图 3-55 中白色方框区域内的轨道 2 即为新加入的背景音乐。

图 3-55 添加背景音乐

【步骤 4】给微视频配上自己的声音(录音之前请将麦克风等设备正常连接)。方法如下:

1. 打开工具面板,选择工具"Voice Narration"(语音旁白),或选择工具菜单—"Voice Narration"(语音旁白),打开录制语音旁白面板(如图 3-56 所示)。

Camtasia Studio 8微视频后期处理基础教程06——视频配音

工具面板默认显示 6 个工具,其余工具隐藏在"More"中。

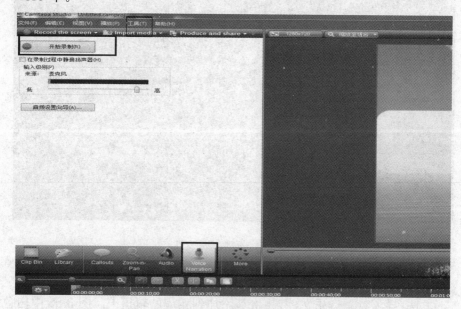

图 3-56 语音旁白面板

将滑动杆移动到需要录制配音的开始位置(如图 3-57 所示)。

图 3-57　移动滑动杆到开始位置

点击"开始录制",同时开始旁白,给视频配音(如图 3-58 所示)。

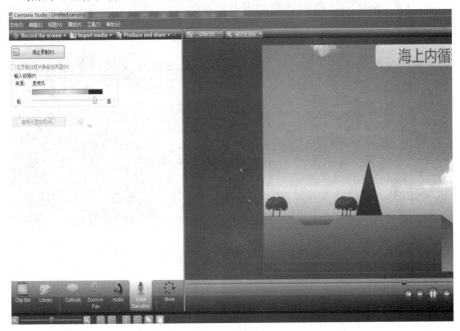

图 3-58　配　音

录音完成后,点击"停止录音",同时给自己的配音命名(如图 3-59 中黑框所示)。本案例中,文件名称为"配音",格式为.wav。

图 3-59　停止录音

2.点击"保存"后,刚刚录制的声音就会自动添加到轨道上,图 3-60 中白色方框内为刚刚录制的语音旁白文件——配音.wav。

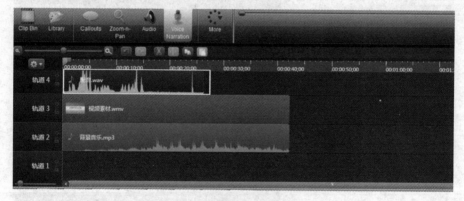

图 3-60　语音旁白录制完成

3.4　给视频添加元素与音频处理

给视频添加元素是指给微视频添加字幕和标注。添加字幕可以让微视频更容易被受众所理解,甚至使采用各种方言录制微视频成为了可能,进一步增强了微视频的可传播性。添加标注则具有提示、突出重点、补充说明等效果。

音频处理主要包括音量的调整、淡入淡出、静音、降噪等,它是美化微视频声音的必要处理环节。

3.4.1 给视频添加字幕

Camtasia Studio 的"Captions"工具面板即字幕制作面板,该面板提供了两种字幕制作方法,一种是手动添加字幕(Add caption media),另一种是自动生成字幕(Speech-to-text)。

一、手动添加字幕

手动添加字幕是一个细致的工作,它需要手动输入每一屏的字幕文字,然后调整字幕出现的起始时间。接下来介绍手动添加字幕的操作流程。

【步骤1】点击工具面板"Captions",打开字幕制作面板(如图 3-61 所示)。

图 3-61　字幕制作面板

【步骤2】设置字体格式,包括字体、字号、颜色、背景填充、对齐方式等(如图 3-62 所示)。

图 3-62 设置字体格式

【步骤 3】输入字幕。依次在输入框内输入字幕,每一行文字为一屏字幕。点击黑色方框区域,可以逐屏输入字幕(如图 3-63 所示)。

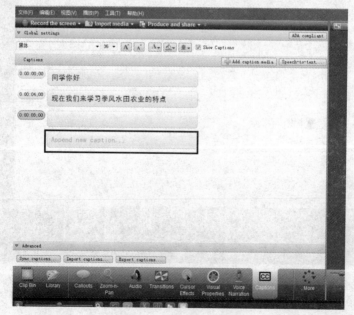

图 3-63 逐屏输入字幕

输入字幕后,软件会自动把每一行字幕分离,并且不间断地添加到轨道上(如图3-64所示)。

图 3-64　添加字幕到轨道

【步骤4】待所有的字幕输入完成后,调整字幕的播放时间,旨在使字幕与语音相对应。采用"播放＋暂停"的方法调整每一屏字幕的持续时间,用鼠标拉动每一屏字幕块边缘线,调整该屏字幕的持续时间(如图3-65所示)。

图 3-65　调整字幕的持续时间

系统默认我们输入的全部字幕为一个字幕块,如果不加分割,它将连续播放,直到播完为止。而用分割工具可以把它们分割成多个字幕块,使字幕块与字幕块之间留有一定的空隙,分别对应讲课时一句话与另一句话之间的停顿部分。每一个字幕块都可以在轨道上进行左右拖动(如图3-66所示)。

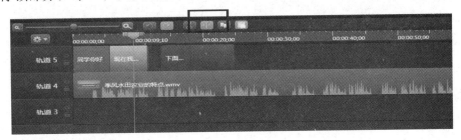

图 3-66　分割字幕

字幕块之间的空白表示该时间段内没有字幕显示(如图3-67所示)。

图 3-67　字幕块之间的空白

【步骤 5】在视频预览窗口,点击"播放"按钮,预览视频,可以看到添加好的字幕效果(如图 3-68 所示)。

图 3-68　手动方式添加的字幕效果

本软件默认将字幕添加到视频画面下方的合适位置,暂不支持随意调整字幕的显示位置。若要完成此功能,请使用更专业的视频编辑软件,如 Edius、会声会影等。

Camtasia Studio 8 微视频后期处理基础教程 07——手动添加字幕

二、自动生成字幕

给视频添加字幕的另一种方法是自动生成字幕。自动生成字幕是一种效率很高的添加字幕的方式,它通过软件内部的语音识别技术,将微视频的音频文件自动识别成文字,并将字幕自动添加到相应的时间点。目前,Camtasia Studio 8.0 已经集成了对于"普通话"的支持。接下来介绍自动生成字幕的流程。

【步骤 1】打开"Captions"字幕工具面板(如图 3-69 所示)。

图 3-69　字幕工具面板

【步骤 2】点击"Speech-to-text"按钮,它的意思是将语音转化为字幕(如图 3-70 所示)。

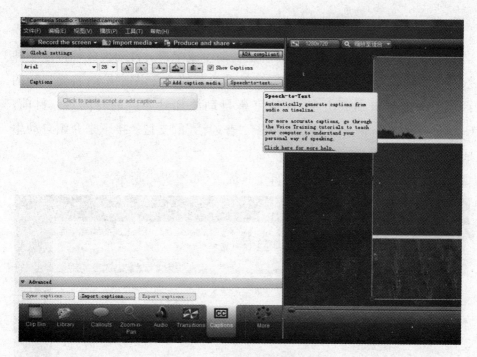

图 3-70　将语音转化为字幕

【步骤3】点击"整个时间轴",将整个时间轴上的音频都转化为字幕(如图 3-71 所示)。

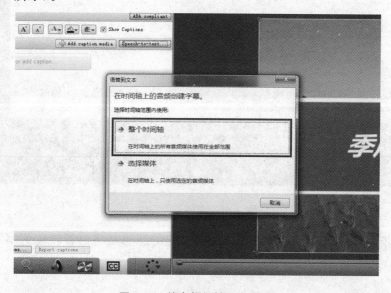

图 3-71　将音频都转化为字幕

【步骤 4】点击"Continue"按钮（如图 3-72 所示）。

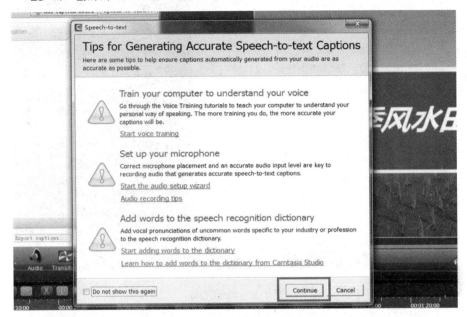

图 3-72　转化按钮

【步骤 5】正在将音频转为字幕文本（如图 3-73 所示）。

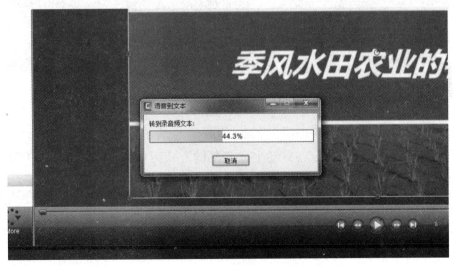

图 3-73　转化进度提示

【步骤 6】转录达到 100％后，字幕便自动生成（如图 3-74 所示）。

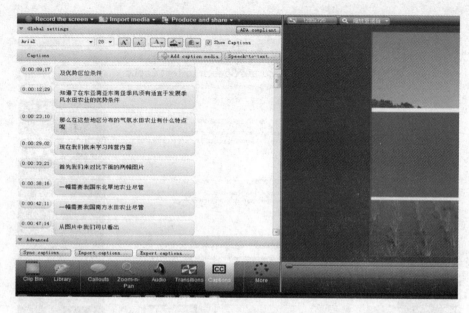

图 3-74 转化完成

如图 3-75 所示,白色方框区域内为自动生成到轨道 3 上的字幕文件。

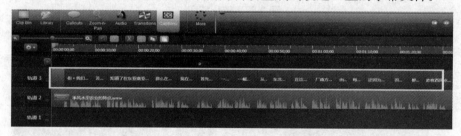

图 3-75 自动生成到轨道的字幕文件

【步骤 7】修改字幕中的错误文本(如图 3-76 所示)。

自动生成字幕的优点:自动生成字幕的方式可以方便地按照微视频中语音的停顿,合理地将字幕转换的时间断开。这的确是它的一大优点,因为它省去了通过试听的方式,一句一句地对字幕的时间点进行人为分割。

Camtasia Studio 8微视频后期处理基础教程08——自动生成字幕

自动生成字幕的缺点:由于软件自动根据音频转录字幕,而目前该软件仅可以识别"普通话",那么在语音识别上难免会产生错误。普通话越标准、声音越清晰,识别的正确率越高。

接下来我们只需要修改错误文本就行了。

修改方法如图 3-76 所示。在 Captions 面板，通过双击有错误的字幕区域，进入编辑状态，然后修改字幕文本。

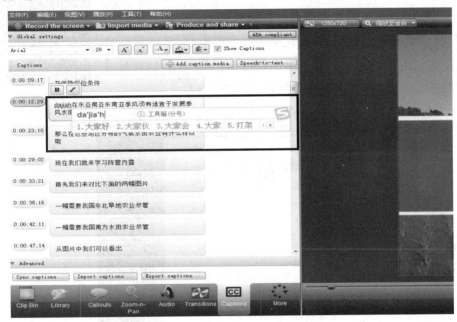

图 3-76　修改字幕

【步骤 8】错误文本修改后，字幕修改完毕（如图 3-77 所示）。

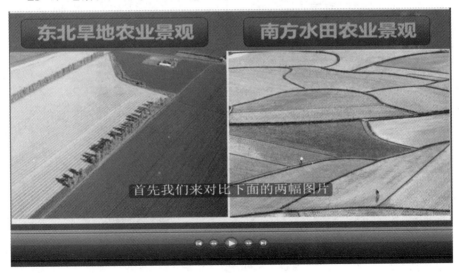

图 3-77　字幕修改完毕

3.4.2 给视频添加标注

给视频添加标注可以起到强调和提示的作用。该软件提供了多种类型的标注,包括带文本的形状(Shapes with Text)、形状(Shapes)、素描运动(Sketch Motion)、特殊标注(Special)等。接下来介绍添加标注流程。

Camtasia Studio 8微视频后期处理基础教程09——添加标注

【步骤1】打开"Callouts"工具面板(如图 3-78 所示)。

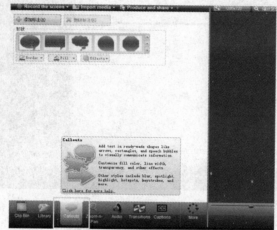

图 3-78　添加标注面板

【步骤2】选择标注形状(如图 3-79 所示)。

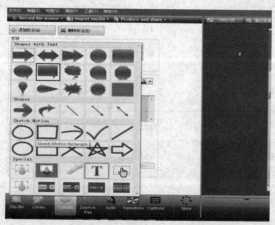

图 3-79　选择标注形状

【步骤 3】点击"添加标注"按钮（如图 3-80 所示）。

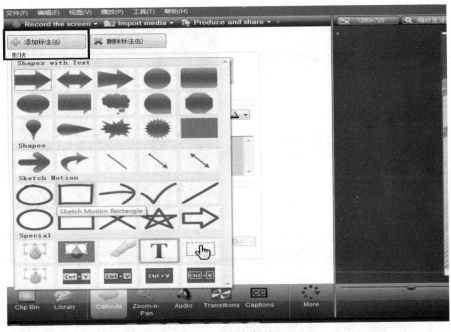

图 3-80　添加标注

【步骤 4】编辑标注文本（如图 3-81 所示）。

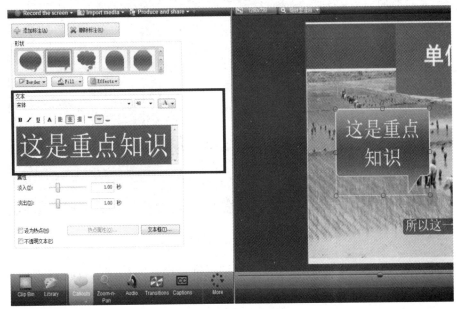

图 3-81　编辑标注文本

【步骤5】修改标注背景和填充效果(如图3-82所示)。

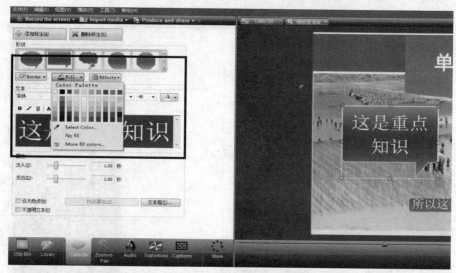

图3-82 修改标注背景和填充效果

【步骤6】在视频预览窗口改变标注的位置和大小(如图3-83所示)。

图3-83 改变标注的位置和大小

【步骤7】在轨道上点击"标注",拖动鼠标调整标注出现的时间(如图3-84所示)。

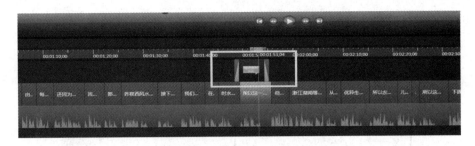

图 3-84　调整标注出现的时间

3.4.3　视频中音频的处理

Camtasia Studio 8.0 的"Audio"工具面板是用来专门处理音频效果的。当插入一个视频素材时,为了使视频素材的音量与原微视频统一,这时就需要调整音频的音量大小。当插入一段背景音乐时,为了使背景音乐的开始或结束不显得太突兀,这时就需要加入淡入和淡出效果。在 Camtasia Studio 8.0 中完成这些音频操作很简单,下面介绍音频处理流程。

【步骤 1】点击工具面板"Audio",打开音频处理面板(如图 3-85 所示)。

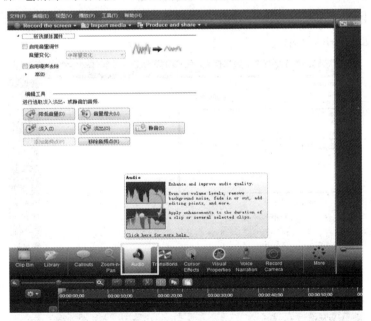

图 3-85　音频处理面板

【步骤 2】采用编辑工具进行音频处理(如图 3-86 所示)。可以对微视频的音频进行"降低音量""音量增大""淡入""淡出""静音"等处理。

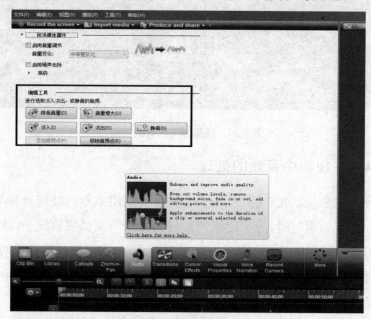

图 3-86　音频编辑工具

接下来对音频进行降噪处理,选中"启用噪声去除",然后点击"自动噪音修整"(如图 3-87 所示)。

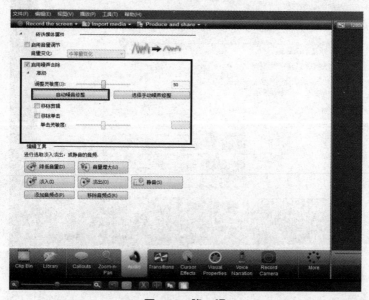

图 3-87　降　噪

3.5 视频输出

在前面几节中详细讨论了视频的导入、剪辑与插入以及给视频配音、给视频添加元素与音频处理等方面的内容，这些内容已经涉及 Camtasia Studio 8.0 的大部分使用功能。对于一个完整的微视频来讲，最后所要做的就是将完成的工程文件输出成视频文件。下面介绍视频输出的具体流程。

Camtasia Studio 8 微视频后期处理基础教程10——视频输出

【步骤1】点击"Produce and share"，选择"Produce and share"（如图3-88所示）。

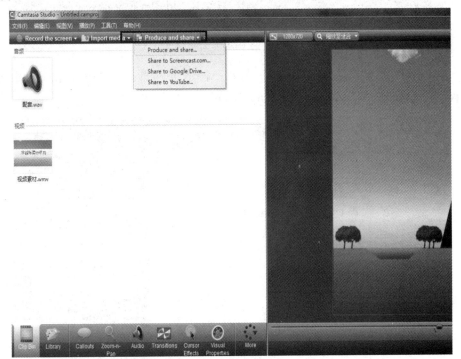

图 3-88　视频输出

【步骤2】可以选择"自定义生成设置"，点击"下一步"（如图 3-89 所示）。

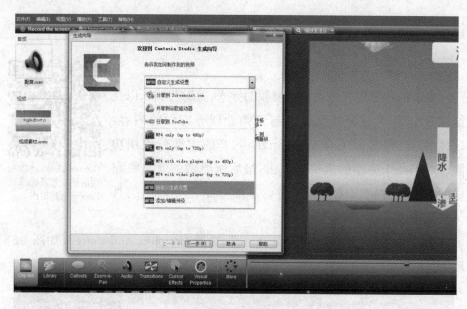

图 3-89　自定义生成设置

【步骤3】选择视频输出格式(选择一种适合网页播放的视频格式,可以根据需求选择合适的视频格式),点击"下一步"(如图 3-90 所示)。

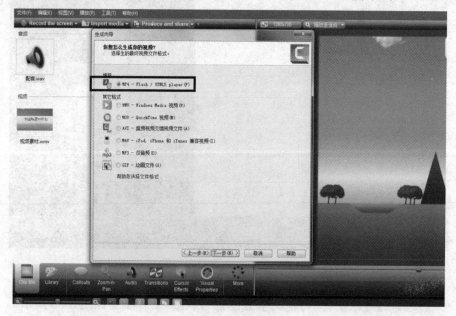

图 3-90　选择视频输出格式

第 3 章 教学微视频的后期处理技术 203

【步骤 4】可以保持默认设置,点击"下一步"(如图 3-91 所示)。

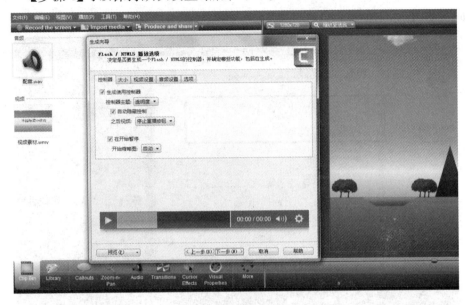

图 3-91 保持默认设置

【步骤 5】再保持默认设置,点击"下一步"(如图 3-92 所示)。

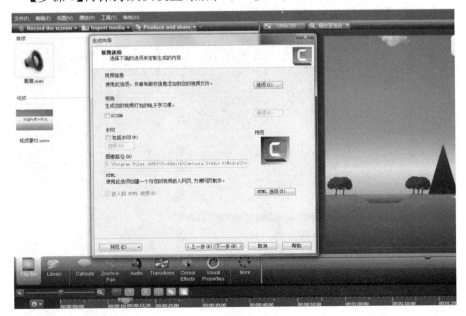

图 3-92 再保持默认设置

【步骤6】修改微视频名称和微视频输出位置,设置输出目录,点击"完成"(如图3-93所示)。

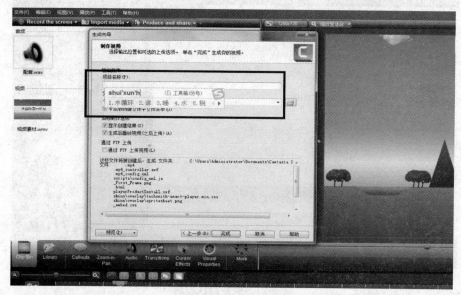

图3-93　设置输出目录

【步骤7】渲染输出(如图3-94所示)。

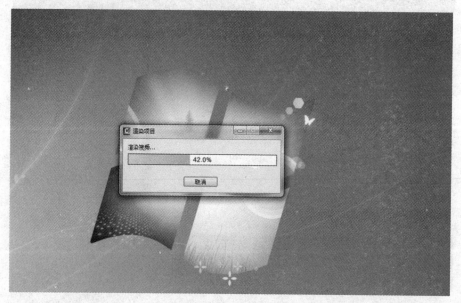

图3-94　渲染输出

3.6 视频格式及转换基础知识

视频格式可以分为本地影像文件格式和网络流媒体文件格式两大类。前者如 VCD、DVD 等，它们包含了大量的图像和声音信息；后者主要是指那些随着互联网技术的发展而出现的适合网络上随时点播的视频文件格式。尽管后者在播放的稳定性和播放画面质量上可能没有前者优秀，但网络流媒体影像视频的广泛传播性使之正被广泛地应用于视频点播、网络演示、远程教育、网络视频广告等互联网信息服务领域。

3.6.1 常用视频格式

一、本地影像文件格式

AVI(Audio Video Interleaved)格式：即音频和视频交叉存储格式。AVI 采用的是帧内压缩的方式，每一帧图像之间没有必然的关联，因此方便了后期的画面剪辑，可以精确到帧。此外，当设置 AVI 为不压缩时，采集到的原始视频图像质量高，色彩还原到位。因此，现在很多人都把这种格式的视频文件当作原始视频资料，方便后期的编辑和格式转换。

这种视频格式的优点是图像质量好，可以跨多个平台使用，兼容性好。其缺点是体积过于庞大，未经压缩的 AVI 文件体积十分惊人，1 小时的视频文件就有 10 GB，让人望而生畏。虽然 AVI 格式支持压缩算法，但在保证一定视频清晰度的同时进行压缩处理，其体积依然大得令人难以接受。然而一旦压缩过度，又会使画面无法观看。另外，AVI 格式的压缩标准也不统一，因此，我们在播放一些 AVI 格式的视频时，常会遭遇由于视频编码问题而造成的视频不能播放问题，或即使能够播放，也会存在不能调节播放进度和播放时只有声音而没有图像等一些莫名其妙的情况。如果用户在播放 AVI 格式的视频时遇到了这些问题，可以通过下载相应的解码器来解决。

DV-AVI 格式：DV 格式的英文全称是 Digital Video Format，它是由索尼、松下、JVC 等多家厂商联合提出的一种家用数字视频格式。非常流行的数码摄像机就是使用这种格式记录视频数据的。它可以通过计算机的 IEEE 1394 端口传输视频数据到计算机，也可以将计算机中编辑好的视频数据回录到数码摄像机中。这种视频格式的文件扩展名一般是.avi,因此也叫 DV-AVI 格式。

MPEG(Moving Picture Experts Group)格式:即运动图像专家组格式。MPEG 大家族主要有以下五个成员,即 MPEG-1、MPEG-2、MPEG-4、MPEG-7 及 MPEG-21。

MPEG-1 通常应用于 VCD 的制作,几乎所有的 VCD 都采用这种格式,文件扩展名包括.mpg、.mlv、.mpe、.mpeg 及 VCD 光盘中的.dat 等。

MPEG-2 通常应用于 DVD 的制作,文件扩展名包括.mpg、.mlv、.mpe、.mpeg 及 DVD 光盘中的.vob 等。

MPEG-4 是为了播放流式媒体的高质量视频而专门设计的,它可利用很窄的带度,通过帧重建技术,压缩和传输数据,以求使用最少的数据获得最佳的图像质量。将 MPEG-2 转换为 MPEG-4 后,图像的视频质量下降不大但体积却可缩小很多,因此可以很方便地用 CD-ROM 来保存 DVD 上的节目。另外,MPEG-4 在家庭摄影录像、网络实时影像等的播放方面也大有用武之地。这种视频格式的文件扩展名包括.asf、.mov、.divx、.avi 等。

MPEG-7 被称为"多媒体内容描述接口",我们知道文本的检索已经非常成熟,但是基于视听内容的信息检索却非常困难。为了解决视频内容的检索问题,MPEG 提出了解决方案,即 MPEG-7,力求能够快速且有效地搜索出用户所需要的不同类型的多媒体资料。该项工作于 1998 年 10 月提出,已于 2001 年完成并公布。

MPEG-21 的正式名称是"多媒体框架"或"数字视听框架",它是为解决不同网络之间用户的互通问题而提出的新标准。MPEG-21 致力于为多媒体传输和使用定义一个标准化的、高互通性的开放框架,解决不同的网络和终端之间的传输等问题。MPEG-21 主要着眼于消费者的需要,而不仅仅是从压缩或描述这些技术细节的角度来发展,使用者的需求就是其发展的方向,因此,MPEG-21 的新兴技术标准十分令人期待。

MOV 格式:该格式是由美国 Apple 公司开发的一种视频格式,默认的播放器是苹果的 QuickTime Player。MOV 格式具有较高的压缩比率和较完美的视频清晰度,不过其最大的特点还是跨平台性,即不仅能支持 MacOS,而且能支持 Windows 系列。它具有存储空间要求小的技术特点,如果采用了有损压缩方式的 MOV 格式文件,画面效果较 AVI 格式文件要稍微好一些。

二、网络流媒体文件格式

ASF(Advanced Streaming Format)格式:它是微软为了和 RealPlayer 竞争而推出的一种视频格式,用户可以直接使用 Windows 自带的 Windows Media Player 对其进行播放。由于它使用了 MPEG-4 的压缩算法,因此压缩率和图像的质量都很不错(高压缩率有利于视频流的传输,但图像质量肯定会有损失,因此有时候 ASF 格式文件的画面质量不如 VCD 是正常的)。

WMV(Windows Media Video)格式:它是微软推出的一种采用独立编码方式,并且可以直接在网上实时观看视频节目的文件压缩格式。WMV 格式的主要优点有本地或网络回放、可扩充的媒体类型、部件下载、可伸缩的媒体类型、流的优先级化、多语言支持、环境独立性、丰富的流间关系以及扩展性等。在同等视频质量下,WMV 格式文件可以边下载边播放,非常适合网络播放与传输。

RM(Real Media)格式:Real Networks 公司所制定的音频视频压缩规范称为 Real Media,用户可以使用 RealPlayer 或 RealOne Player 播放器对符合 Real Media 技术规范的网络音频、视频资源进行实况转播,同时,Real Media 可以根据不同的网络传输速率制定出不同的压缩比率,从而实现在低速率的网络上进行影像数据实时传送和播放。这种格式的另一个特点是用户使用 RealPlayer 或 RealOne Player 播放器可以在不下载音频、视频内容的条件下实现在线播放。另外,RM 格式作为主流网络视频格式,还可以通过其 Real Server 服务器将其他格式的视频转换成 RM 格式的视频,并由 Real Server 服务器负责对外发布和播放。RM 和 ASF 格式可以说各有千秋,通常 RM 格式视频更柔和一些,而 ASF 格式视频则相对清晰一些。

RMVB 格式:这是一种由 RM 视频格式升级延伸出的新视频格式,它的先进之处在于打破了原先 RM 格式那种平均压缩采样的方式,在保证平均压缩比的基础上合理利用比特率资源。也就是说,静止和动作场面少的画面场景采用较低的编码速率,这样可以留出更多的带宽空间,而这些带宽会在出现快速运动的画面场景时被利用。这样在保证了静止画面质量的前提下,大幅度地提高了运动图像的画面质量,从而使图像质量和文件大小之间达到了微妙的平衡。另外，相对于 DVDrip 格式，RMVB 格式也有着较明显的优势，一部大小为 700 MB 左右的 DVD 影片，如果将其转录成同样视听品质的 RMVB 格式，其内存最多也就 400 MB 左右。不仅如此，这种视频格式还具有内置字幕和无需外挂插件支持等独特优点。要想观看这种格式的视频，可以使用 RealOne Player 2.0 或 RealPlayer 8.0 加 RealVideo 9.0 以上版本的解码器进行播放。

FLV(FlashVideo)格式：FLV 流媒体格式是一种新的视频格式，由于它形成的文件极小、加载速度极快，使得网络观看视频文件成为可能，它的出现有效地解决了视频文件导入 Flash 后，导出的 SWF 文件体积庞大，不能在网络上很好地使用等问题。目前，各在线视频网站均采用此视频格式，如优酷、土豆、新浪播客、56、酷 6 等。显然，FLV 格式已经成为当前视频文件的主流格式。

F4V 格式：F4V 格式是 Adobe 公司为了迎接高清时代而推出的继 FLV 格式后的支持 H.264 的流媒体格式。它和 FLV 格式主要的区别在于，FLV 格式采用的是 H.263 编码，而 F4V 格式则支持 H.264 编码，编码率最高可达 50 Mbps。主流的视频网站（如乐视、爱奇艺、优酷、土豆、酷 6 等）的高清视频都开始用 H.264 编码的 F4V 格式文件，H.264 编码的 F4V 格式文件在文件大小相同的情况下，清晰度明显比 On2 VP6 和 H.263 编码的 FLV 格式文件要好。土豆和 56 发布的视频大多数是 F4V 格式，但下载后缀为.flv，这也是 F4V 的特点之一。

3.6.2 视频格式转换软件

这里推荐两种视频格式转换软件：魔影工厂和格式工厂。它们功能强大，支持的格式种类多样，操作简单，对中文的支持非常友好。

一、魔影工厂

魔影工厂是一款性能卓越的免费视频格式转换器（如图 3-95 所示）。它是在全世界享有盛誉的 Winavi 视频转换器的升级版，专为中国人开发，更加贴近中国人的使用习惯。

魔影工厂的优势如下：

1.快。转换速度超过同类产品的 3 倍以上，10 分钟可以转换一部 4 G 容量的 DVD 电影。

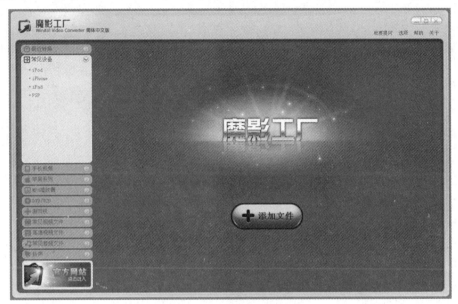

图 3-95　魔影工厂软件界面

2.方便。越来越多的用户选择使用 PSP、大屏手机等移动设备来观看视频，但是将网络或者计算机上的视频转换为手机或 PSP 所支持的格式却很麻烦。魔影工厂支持各种主流的移动设备，用户无需浪费时间查询各种设备的支持格式和专业技术参数，只要知道自己手中设备的型号，剩下的问题可以全部交给魔影工厂来解决。

3.多。魔影工厂支持所有主流视频格式，如 AVI、MPEG-1/2/4、RM、RMVB、WMV、VCD/SVCD、DAT、VOB、MOV、MP4、MKV、ASF、FLV 等。可以随心所欲地在各种视频格式之间进行转换，转换的过程中还可以随意对视频文件进行裁剪、编辑，更可批量转换多个文件，让您轻松摆脱无意义的重复劳动。独特的自主研发技术可以最大限度地保证画面清晰流畅。

二、格式工厂

格式工厂（Format Factory）是一款多功能的多媒体格式转换软件，适用于 Windows。它可以实现大多数视频、音频以及图像的不同格式之间的相互转换。因此，只要安装了格式工厂，就无需安装其他转换软件（如图 3-96 所示）。

图 3-96　格式工厂软件界面

所有类型视频可转到 MP4、3GP、AVI、MKV、WMV、MPG、VOB、FLV、SWF、MOV 等格式,新版支持将 RMVB(RMVB 需要安装 RealPlayer 或相关的译码器)和 xv(迅雷独有的文件格式)转换成其他格式;所有类型音频可转到 MP3、WMA、FLAC、AAC、MMF、AMR、M4A、M4R、OGG、MP2、WAV 等格式;所有类型图片可转到 JPG、PNG、ICO、BMP、GIF、TIF、PCX、TGA 等。

格式工厂的优势如下:

1. 支持几乎所有类型多媒体格式转换到常用的几种格式。

2. 转换过程中可以修复某些意外损坏的视频文件。

3. 多媒体文件可以"减肥"或"增肥"(注:根据使用者的情况来"减肥"或"增肥",大多数多媒体文件"增肥"后将提高视频的清晰度、帧率等,但不大推荐)。

4. 支持 iPhone、iPod、PSP 等多媒体指定格式。

5. 转换图片文件时支持缩放、旋转、加水印等功能。

6. DVD 视频抓取功能可轻松备份 DVD 到本地硬盘。

另外,会声会影、Windows Movie Maker、Edius、Premiere 等视频编辑软件在输出时也可以实现视频格式的转换。

3.6.3 视频参数

视频参数主要包括分辨率、比特率和帧速率三种,它们是衡量视频质量好坏的重要指标。

一、分辨率

分辨率是屏幕图像的精密度,是指显示器所能显示的像素的多少。通常情况下,视频的分辨率越高,所包含的像素就越多,视频越清晰,当然文件的体积也越大。它的单位通常为像素/英寸(ppi)。以分辨率为 1280×720 的视频来说(即每一条水平线上包含有 1280 个像素点,共有 720 条线),扫描列数为 1280 列,行数为 720 行。

常见的屏幕比例其实只有三种:4:3、16:9 和 16:10,另外有一个特殊的(但也很常见的)5:4。

4:3 是最常见的屏幕比例,是从电视时代流传下来的古老标准。这是我们常见的方屏幕比例,在宽屏幕兴起前,绝大部分的屏幕分辨率都是参照这个比例的,包括 VGA(640×480)、SVGA(800×600)、XGA(1024×768)、SXGA+(1400×1050)、QXGA(2048×1536)等。

16:10 就是常见的宽屏幕比例,包括 WVGA(800×480)、WSVGA(1024×600)、WXGA(1280×800、1366×768)、WXGA+(1440×900)、WSXGA(1680×1050)、WUXGA(1920×1200)、WQXGA(2560×1600)等。

16:9 是在 16:10 之后兴起的宽屏比例,16:9 是最适合人眼视角的格式,有更强的视觉冲击力。同时,未来数字电视的显示格式也将采用 16:9 的格式。常听到的 720 p、1080 p 都是这个比例,包括 720 p(1280×720)、1080 p(1920×1080)、480×272、1366×768 等。

5:4 其实只有 SXGA(1280×1024)这一个成员而已。SXGA 为什么要采用 5:4 的比例,到现在还是个谜,总之,它在办公室中几乎无所不在。因为 5:4 很接近正方形,所以无论怎么旋转,看起来差别都不大。

二、比特率

比特率是指每秒传送的比特(Bit)数,单位为 bps(Bit Per Second)、

kbps、Mbps 等。比特率越高,传送数据的速度越快。声音中的比特率是指将数字声音由模拟格式转化成数字格式的采样率。采样率越高,还原后的音质就越好。视频中的比特率(码率)原理与声音中的相同,都是指由模拟信号转换为数字信号的采样率。比特率与音频、视频压缩的关系,简单地说,就是比特率越高,音频、视频的质量就越好,但编码后的文件越大;如果比特率越小,则情况刚好相反。

音频、视频比特率和音频、视频质量的关系见表 3-1 和表 3-2。

表 3-1 音频比特率和音频质量的关系

音频比特率	音频质量
800 bps	能够分辨的语音所需的最低码率
8 kbps	电话质量
32 kbps	MW(AM) 质量
96 kbps	FM 质量
128~160 kbps	相当好的质量,有时有明显差别
192 kbps	优良质量
224~320 kbps	高质量
500 kbps~1.4 Mbps	FLAC、WAV、APE 无损音频

表 3-2 视频比特率和视频质量的关系

视频比特率	视频质量
16 kbps	可视电话质量
128~384 kbps	商业导向的视频会议系统质量
1 Mbps	VHS 质量
1.25 Mbps	VCD 质量(使用 MPEG-1 压缩)
5 Mbps	DVD 质量(使用 MPEG-2 压缩)
8~15 Mbps	高清晰度电视(HDTV) 质量
29.4 Mbps	HD DVD 质量
40 Mbps	蓝光光碟(Blu-ray Disc)质量

三、帧速率

帧速率是指每秒刷新的图片的帧数,也可以理解为图形处理器每秒能够刷新的次数,其单位为 fps(Frames Per Second)。对影片内容而言,帧速率是指每秒所显示的静止帧格数。要生成平滑连贯的动画效果,帧速率一般不小于 8 fps,而电影的帧速率为 24 fps。捕捉动态视频内容时,此数值越高越好。

3.7 微视频后期处理卡片

如果把录制微视频比作拍摄电影,那么录制的过程就相当于电影拍摄。如果稍作了解,就会知道,拍电影需要制片人、发行人、导演、演员以及其他工作人员等的协调配合,而录制视频,只有主讲教师一个人在忙前忙后。教师既要设计教学过程,又要设计视频拍摄的脚本、计划剪辑等,最后还要负责将视频上传到教学平台。而且,在录制视频的过程中,教师既是导演,又是演员,还要维持录制环境或场所安静。一个人的精力终归是有限的,不可能在同一时间内顾及许多方面的事情。对教师而言,他们更希望在较短的时间内不受任何干扰,一气呵成地完成视频录制工作。

要想达到这一目标,有如下途径:一是对录制视频的教学内容进行精心准备,反复练习,然后去专业的录音棚里完成录制工作;二是在工作场所或家里,选择相对安静的时间段进行录制。显然,第一种途径不太可取,一方面,普通学校很少有专业的录音设备和场所;另一方面,教师需要抽出专门的时间去录制,这样会给教师造成负担。实际上几乎所有的教师都会选择第二种途径。但是,问题又来了,好不容易等到夜深人静开始录制了,房间外却传来了阵阵的狗吠鸡鸣声。一夜辛苦全白费,觉也没有睡好,第二天还有教学工作。回看录制的视频,又发现一大堆的问题。例如,微视频讲解词语与视频画面不相一致;有些地方讲解得磕磕绊绊;用了好几年的电脑风扇发出超大声音,充斥于视频中。类似的问题,让人欲哭无泪。怎么办?难道要重新录制?

现在,通过阅读前面章节,我们知道,使用微视频后期处理技术,可以将背景声音中的狗吠鸡鸣声处理掉;可以将微视频中的停顿删除掉;还可以将PPT中的错字更正过来。掌握后期处理技术,可以优化微视频,使微视频录制变得更加简单、更加自然。教师不需要刻意地去演练,在日常的讲课和陈述中,就可以愉快地完成微视频的录制。而剩下的修改、完善工作,则可以交给专业的后期处理工作人员。

一般来说,微视频的后期处理技术人员可以由具有相关学科背景的教师或者教育信息技术人员来担任。不管是谁来做处理,都不可能像微视频录制者那样熟悉微视频。因此,为了提高工作效率,作者在实践中开发了微视频后期处理卡片,由微视频录制者填写,交给技术人员照单处理。

3.7.1 微视频后期处理卡片类型

微视频后期处理卡片分为三种类型:视频裁剪、视频插入和同步音频。

一、视频裁剪

教师在录制微视频过程中,由于各种主观和客观原因,会出现讲述过程中卡壳、停顿,说漏字、念错字,反复出现口头禅,或者需要删除一段旧视频用新视频来替换等问题,这就需要填写视频裁剪卡片,如表3-3所示。

表3-3 视频裁剪

视频文件是否需要裁剪:□是　　□否

微视频名称:＿＿＿＿＿＿ 科目:＿＿＿＿＿＿ 作者:＿＿＿＿＿＿

1开始时间	1结束时间	2开始时间	2结束时间	3开始时间	3结束时间
4开始时间	4结束时间	5开始时间	5结束时间	6开始时间	6结束时间
7开始时间	7结束时间	8开始时间	8结束时间	9开始时间	9结束时间

二、视频插入

当需要将电影、录像等视频文件插入微视频时,就需要填写视频插入卡片,如表3-4所示。

表3-4 视频插入

是否有需要插入的视频文件:□是　　□否

微视频名称:＿＿＿＿＿＿ 科目:＿＿＿＿＿＿ 作者:＿＿＿＿＿＿

1插入视频名称	开始时间	结束时间	插入位置	时间点
2插入视频名称	开始时间	结束时间	插入位置	时间点

三、同步音频

当需要将电影、录像等视频文件同步到微视频时,就需要填写音频同步卡片,如表3-5所示。

第 3 章 教学微视频的后期处理技术

表 3-5 同步音频

是否有需要同步的音频文件：□是　　□否

微视频名称：＿＿＿＿＿＿　　科目：＿＿＿＿＿＿　　作者：＿＿＿＿

1 同步音频名称	开始时间	结束时间	同步位置	开始时间	结束时间
2 同步音频名称	开始时间	结束时间	同步位置	开始时间	结束时间

3.7.2 微视频后期处理卡片填写说明

在后期处理卡片中填上微视频名称、科目以及作者姓名，交由技术人员进行处理。不同类型的卡片，填写的要求不同。下面做简要说明。

一、视频裁剪

表 3-6 视频裁剪

视频文件是否需要裁剪：□是　　□否

微视频名称：＿＿＿＿＿＿　　科目：＿＿＿＿＿＿　　作者：＿＿＿＿

1 开始时间	1 结束时间	2 开始时间	2 结束时间	3 开始时间	3 结束时间

说明：

1. 若录制中出现小错误，无需从头录制，只需要将错误的视频裁掉即可。

2. 开始时间和结束时间：填写视频中需要裁减掉的视频片段的开始时间和结束时间，假设视频开头需要裁掉 8 秒，则在"1 开始时间"下面的表格中填写"00 分 00 秒"，然后在"1 结束时间"下面的表格中填写"00 分 08 秒"。

二、视频插入

表 3-7 视频插入

是否有需要插入的视频文件：□是　　□否

微视频名称：＿＿＿＿＿＿　　科目：＿＿＿＿＿＿　　作者：＿＿＿＿

1 插入视频名称	开始时间	结束时间	插入位置	时间点

说明：

1. 课件中如果需要插入视频，为了保证视频质量，请不要直接放入 PPT 内，可由后期视频插入来完成。

2. 开始时间和结束时间：如果要插入的视频时间过长，则需要先裁剪出某一片段后再插入教学视频中,因此,请填写视频素材中所需要裁剪的片段的开始时间和结束时间。

3.时间点:即视频插入的位置,要把裁剪下的视频片段插入教学视频中的那个时间点。

4.将"视频素材"和录制的"教学视频"放在同一个文件夹内。

三、同步音频

表3-8 同步音频

是否有需要同步的视频文件:□是　　□否

微视频名称:＿＿＿＿＿＿　　科目:＿＿＿＿＿＿＿　　作者:＿＿＿＿＿

1同步音频名称	开始时间	结束时间	同步位置	开始时间	结束时间

说明:

1.可以将语文课文朗读、英语单词朗读、背景音乐等同步到教学视频的某一时间段。

2.音频素材的"开始时间"和"结束时间":若要同步的音频时间过长,则需要先裁剪出某一片段后再同步到教学视频中,因此,请填写音频素材中所需要的片段的开始时间和结束时间。

3.同步位置的"开始时间"和"结束时间":即把裁剪下的音频片段同步到教学视频中的那个时间段。

4.将"音频素材"和录制的"教学视频"放在同一个文件夹内。

本章小结

本章介绍了采用Camtasia studio进行教学微视频后期处理的技术。具体内容如下:使用该软件不仅可以高效地录制微视频(第1章中已介绍),而且可以方便快捷地对微视频进行后期处理。与Edius、会声会影、Premiere、Vegas等专业非线性编辑软件相比,该软件在微视频的后期处理上,具有操作简单、易学习、体积较小、对计算机配置的要求低等诸多特点,但是它的后期编辑功能依然非常强大,足以应对教师对教学微视频后期处理的需要。对于软件学习而言,实际操作是少不了的,除了可以按照各种技术的图文教程操作外,还可以通过扫描相应的二维码观看视频教程。

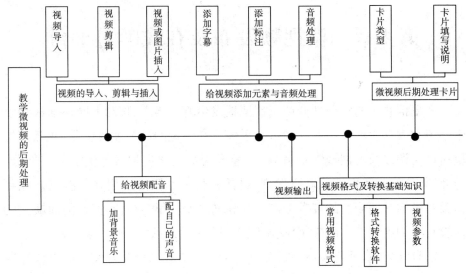

【思考】

1. 微视频剪辑处理和格式转换软件非常多,除了本书介绍的,你还用过哪些软件呢?

2. 不同的视频格式适合不同的场景,什么样的格式更适合移动互联网传播呢?

3. 微视频后期处理最重要的是剪辑,那么,剪辑视频时最重要的操作步骤是什么呢?

第4章 微视频发布及在线学习平台

一场信息化的颠覆性变革正悄悄地发生着。当下,移动上网逐渐成为学生学习和大众生活不可或缺的重要手段。在学校网站上下载作业,在微信群里讨论功课以及上网搜索资料等,已经成为不少学生学习与生活的一部分。与此同时,经过我们实地调研发现,目前常见的互联网应用并不能有效地帮助教育机构开展当前的日常工作。互联网改变了很多行业,但目前尚缺乏能让教育机构更好工作的应用,这不能不说是一个遗憾。

对教师来说,学习应该是贯穿终身的。但专业领域学习及本职工作花费了大量的时间,互联网技术又更新得太快,他们很难掌握太复杂的软件的使用方法。广大的一线教师希望大量的日常教育教学工作能通过互联网得以完成,更重要的是,能把微课、微视频这样的先进教学手段引进课堂教学中,以便能大大提高教学效率,解决实际教学中的问题。

辛辛苦苦开发出来的微课和微视频,一定要通过合适的路径传递给受众群体。如今新媒体的广泛应用以及在线学习平台的出现,给我们提供了很多可能的解决方案。一方面,我们可以利用线下的途径开展教学,如面授的课程、教室的电视、学生的平板电脑等;另一方面,我们可以充分利用视频网站、微信公众平台、在线学习平台等,通过推送和分享的方式让学生高频率地接触微课和微视频。

4.1 微视频平台概述

近几年,随着国内微课的火爆,各种类型和名称的在线教育网站开始出现,甚至连百度、腾讯、阿里巴巴等互联网巨头也声势浩大地加入在线学习平台的开发与运营队伍中。但是,在这股浪潮里,却很少能听到传统教育机构的声音。

传统教育机构开拓在线教育市场遭遇困难,主要原因是"技术"门槛的存在。对于教育机构而言,要进入在线教育领域一般有三种方案:自己开发程序、购买现成程序或入驻第三方平台。这三种方案都有各自的优势,但是缺憾或制约也同样明显。

自己开发程序的优点在于量身定制。不同领域或行业的教育机构在教和学上都有不同的特点,体现在在线教育上,则是对教学功能有不同的要求。因此,如果教育机构自己组建技术团队开发程序,无疑能最大限度地符合自己的教学需求。但是,其缺点是,研发一套完整的在线教育系统所需投入的成本至少以百万计。很显然,并不是每家教育机构都能够承担得起这笔费用,只有一些具有相当规模的教育机构才会选择这种方案。

相对于自己开发,购买现成程序无疑能够降低很多成本,并且无需开发时间,购买后可以直接投入运营,因此,这种方案成为部分教育机构的选择。但是量产程序的缺点在于功能过于大众化,同时更新十分缓慢,难以适应如今快速发展的在线教育市场。

入驻第三方平台是如今互联网巨头主推的形式。这种方式完全免除了教育机构的开发成本,对于一些个人或刚刚涉足在线教育的机构是个不错的尝试。但从长期来讲,这种方式也制约了教育机构发展独立品牌的空间。

上述三种方案各有优劣,对于大部分教育机构而言,不管如何选择,似乎都不能找到满意的答案。那么是否存在一种更理想的方案,能够更好地平衡投入和服务呢?

我们首先要清楚在线教育平台的分类。简单地说,在线教育平台可以分为内容提供方和平台提供方。所谓"内容提供方",是指平台有自己的制作团队,可以直接制作教育教学视频、教学动画、微视频等教学资源,如新东方、沪江网校、学而思等。平台提供方是指平台只提供视频上传播放的服务,自己并不制作教学资源,如免费视频平台、在线教育平台和 SaaS 网校平台等。免费视频平台,如优酷、腾讯视频、微信公众平台等;在线教育平台,如百度传课、腾讯课堂、天天象上等;SaaS 网校平台,如 EduWind、EduSoho 等。

在线学习平台可以为微课的开展提供系统集中的展示平台。网络学习平台上的内容涵盖了社会、生活、学校等各个层面,内容非常全面,针对性和实用性强,丰富的学习内容为我们提供了广阔的学习空间。在线学习的最大好处就是不受时间、地点和空间的限制,并且可以实现和现实中一样的互动;学习者还能根据自身发展需要进行选择性的学习。在线学习可以更容易实现一对一的学与教之间的交流。在线学习可以充分尊重学生的个性、激发学生的学习兴趣,大家采用互动式学习方式,相互交流,没有教师和学生之间的限制。

但是,不可否认,在线学习也有局限性。譬如,缺乏人性化的沟通。网络增加了人与人之间的距离,为直接的情感交流设置了障碍。缺乏教师间、教师与学生之间的情感交流、情绪沟通,学习的效果可能大打折扣。

实践功能薄弱。要真正获得和掌握知识、技术,仅仅通过在线教学的讲解是不够的,还必须亲自参与练习,在现实环境中运用。

教学内容传输上的局限。传统的教学是在教师完全可以控制的学习环境中进行的——教学内容可以根据适时的教学反馈随时重新安排和变更。但是在在线教学中,由于教师与学习者之间存在网络上的隔离,因此教学内容的更新不会那么及时。

在学习的内容上,国内比较缺乏高质量、多媒体互动的课件和平台,如不同的界面,重复注册,没有标准的软件,还有很多不同格式的在线课程。这样不但不易管理,而且耗费很大,难以在师生之间建立良好的沟通体系,信息传递极其不顺畅。

在线学习平台的开发、维护和更新等需要由专业技术人员完成,国内对此内容进行专门介绍的书籍不多。对普通教师而言,了解平台的结构、使用方法等,可以更好地开展信息化教育。下面我们将介绍一些有关平台的注册、开通和使用等方面的内容,只是抛砖引玉,以方便教师合理利用这些平台。

4.2 上传视频

若要将制作好的视频传播给学生观看,互联网传播是成本最低、效率最高的方式。一般流程是在视频处理时就把视频输出为流媒体格式,然后选择合适的视频网站或者在线学习平台上传视频,最后把视频的网络播放地址告诉学生。下面我们以优酷和腾讯为例,介绍上传视频的方法。

4.2.1 视频如何上传至优酷

优酷是中国领先的视频分享网站,优酷上许多视频都是网友上传的,而且上传是免费的,教师可以利用优酷存放并给学生提供自己的微视频。那么怎么才能把自己的视频传到网上呢?下面具体介绍步骤及方法。

【步骤1】打开优酷网站(www.youku.com)首页(如图4-1所示),点击黑框中的"登录"。

图4-1　优酷网站首页

【步骤2】登录自己的账号(没有账号可以注册一个,如图4-2所示)。

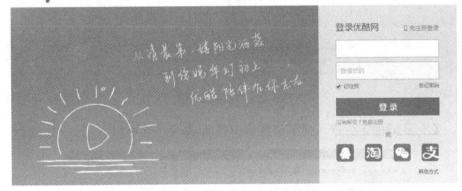

图4-2　登录优酷

这里有各种登录和注册方式可供选择(如图4-3所示),大家可以选择自己最习惯的方式。

图4-3　登录方式

【步骤3】登录以后,将鼠标移到最上面框中的位置,会弹出如图4-4所示界面。

图 4-4 上传视频

【步骤 4】点击"上传视频",选择需要上传的视频(如图 4-5 所示)。

图 4-5 上传视频页面

【步骤 5】确定后进入视频信息编辑页面(如图 4-6 所示)。

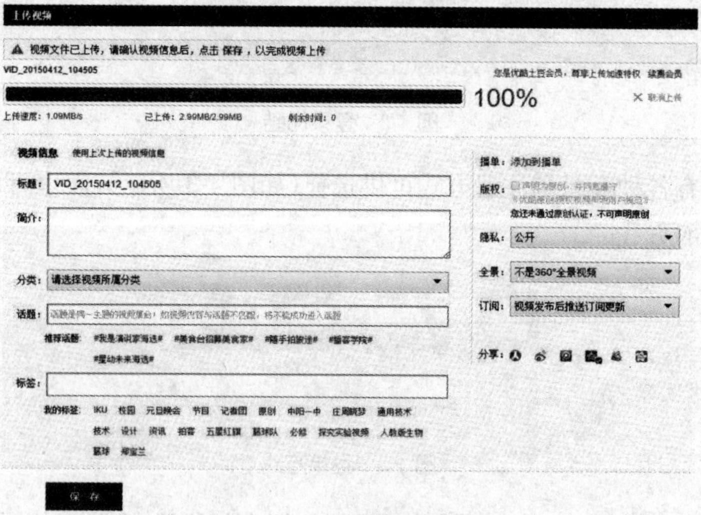

图 4-6 视频信息编辑页面

【步骤6】填写视频信息。注意"请选择视频所属分类"界面(如图4-7所示),它关系到上传的视频在什么类别中。

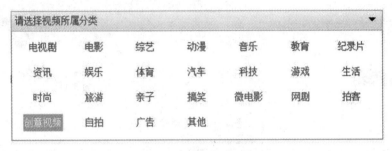

图4-7 选择视频所属分类

注意右侧的"隐私"选项,如果需要,可以选择"设置密码"(如图4-8所示)。

图4-8 隐私选项

【步骤7】点击"保存"即可(如图4-9所示)。

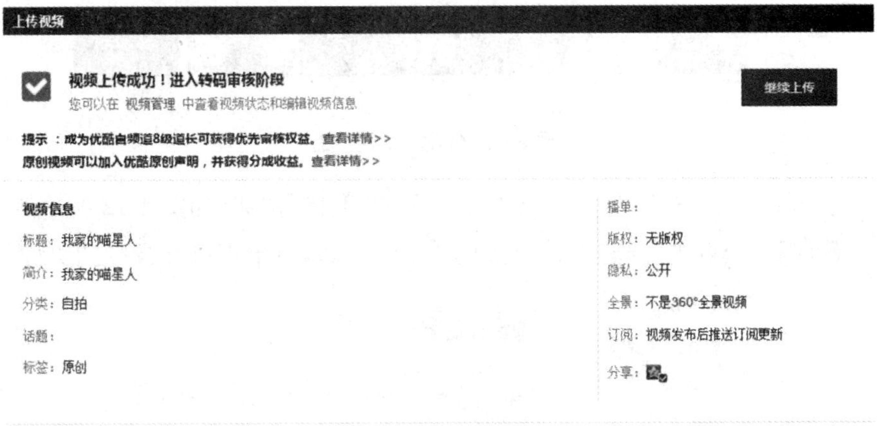

图4-9 保 存

【步骤8】点击"视频管理"(如图4-10所示),可以看到刚刚上传的视频在"转码中",请耐心等待。

图 4-10 视频管理

【步骤 9】当然,还可以下载优酷 PC 客户端,方便后期的管理(如图 4-11 所示)。

图 4-11 优酷 PC 客户端

打开优酷客户端并登录,点击左下角的"上传"按钮(如图 4-12 所示)。
【步骤 10】点击"新建上传"(如图 4-13 所示),将出现选择视频的页面。

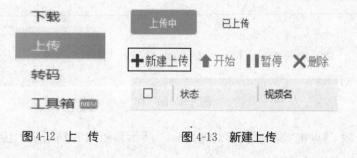

图 4-12 上 传　　　　图 4-13 新建上传

第 4 章 微视频发布及在线学习平台 225

【步骤 11】点击"继续添加",可继续添加视频。**注意:** 多个视频是可以批量上传的(如图 4-14 所示)。

图 4-14 批量上传

【步骤 12】选中已经上传好的视频,点击"编辑",填写视频信息(如图 4-15 所示),点击"完成"即可。

图 4-15 编辑视频页面

4.2.2 视频如何上传至腾讯

腾讯视频是腾讯公司旗下的视频服务平台,它在教学微视频方面最大的优点就是可以利用微信公众平台发布长视频,但只支持腾讯视频。微信公众平台在传播方式上有很多优势,因此,我们有必要了解腾讯视频的使用方法。

【步骤1】打开腾讯视频首页网站(v.qq.com),可以看到首页右上角有一个"上传"按钮(如图4-16所示)。

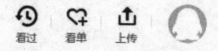

图4-16 "上传"按钮

【步骤2】点击"上传",弹出"登录"窗口(如图4-17所示),选择自己喜欢的登录方式登录。

图4-17 登 录

【步骤3】点击"点击上传"(如图4-18所示),选择自己想要上传的视频。

图4-18 上 传

下面介绍一些上传视频的注意事项,各家视频网站大同小异。

1. 禁止发布的视频内容。不得上传未经授权的他人作品以及色情、反动等违法视频。

2. 视频大小限制。不安装控件,Chrome 内核浏览器支持断点续传,视频最大文件为 4 G。非 Chrome 内核浏览器不支持续传,视频最大文件为 200 M。安装控件,支持断点续传,IE 浏览器视频文件最大为 4 G,其他浏览器视频文件最大为 2 G。

3. 视频格式。目前支持的视频格式有:

常见的在线流媒体格式:MP4、FLV、F4V、WebM。

移动设备格式:M4V、MOV、3GP、3G2。

RealPlayer:RM、RMVB。

微软格式:WMV、AVI、ASF。

MPEG 视频:MPG、MPEG、MPE、TS。

DV 格式:DIV、DV、DIVX。

其他格式:VOB、DAT、MKV、SWF、LAVF、CPK、DIRAC、RAM、QT、FLI、FLC、MOD。

主流音频格式:MP3、AAC、AC3、WAV、M4A、OGG。

4. 视频时长。不支持时长小于 1 s 或大于 10 h 的视频文件,上述视频上传后将不能成功转码。

5. 高清视频。支持转码为高清和超清视频,上传的原视频需达到以下标准:

高清(360 p):视频分辨率 $\geqslant$ 640×360,视频码率 $\geqslant$ 800 kbps。

超清(720 p):视频分辨率 $\geqslant$ 960×540,视频码率 $\geqslant$ 1500 kbps。

蓝光(1080 p):视频分辨率 $\geqslant$ 1920×1080,视频码率 $\geqslant$ 2500 kbps。

6. 视频处理流程。

上传:将视频上传至服务器。

转码:上传成功后,服务器将视频转码成播放器可识别的格式。

审核:转码完成后,视频进入内容审核阶段。

发布:审核通过后,视频正式发布。

【步骤 4】上传完成后,如图 4-19 所示。将信息填写完成后点击"保存"。

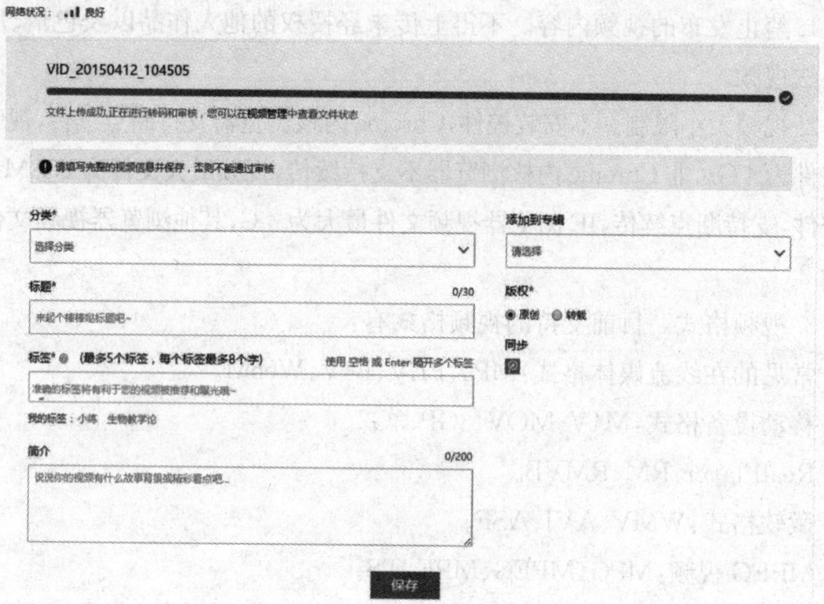

图 4-19 填写视频信息

点击"保存",完成上传,界面如图 4-20 所示。

图 4-20 保存视频信息

【步骤 5】查看上传的视频。点击左侧"我的视频",界面如图 4-21 所示。

图 4-21 我的视频

【步骤6】使用腾讯视频PC客户端上传,可以快速、稳定、多任务断点续传,更可支持30 G大视频上传。

注意:先下载腾讯视频PC客户端(如图4-22所示)。

图4-22　腾讯视频PC客户端

1. 安装腾讯视频PC客户端(如图4-23所示)。

图4-23　安　装

2. 安装完成后打开软件(如图4-24所示),点击左下角"更多"里的"上传"。

图4-24　更多—上传

3. 点击"点击上传或将其拖拽至此"(如图 4-25 所示)。

图 4-25　点击上传或将其拖拽至此

4. 上传完成后,点击"填写资料"(如图 4-26 所示)。

图 4-26　填写资料

5. 填写视频信息(如图 4-27 所示),完成视频上传工作。

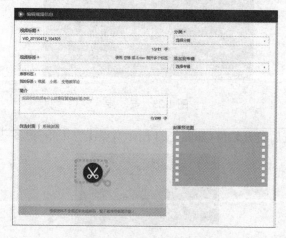

图 4-27　填写视频信息

4.3 微信公众平台的使用

微信是运行在智能终端上的即时通讯工具。目前,微信已经成为人们社会生活中的一种重要的社交通讯工具。微信具有开放性、即时性、推送定向性等特点。其草根化、平民化、大众化等特点,非常适合在校园推广应用。微信有庞大的用户群,学生接入门槛很低,交流反馈非常方便。

除微信以外,腾讯公司在微信的基础上新增功能模块——微信公众平台,它是一对多的自媒体活动平台。利用该平台,个人和企业可以打造微信公众号,群发文字、图片和语音三个类别的内容,通过该平台开放的很多开发接口,可以为用户提供丰富的功能。

4.3.1 微信公众平台的注册

进入微信公众平台,填写基本信息,注册并验证邮箱,选择类型,登记用户信息,填写公众号信息。

【步骤1】打开微信公众平台的官网(mp.weixin.qq.com),点击"立即注册"(如图4-28所示)。

图4-28 立即注册

【步骤 2】填写基本信息（如图 4-29 所示）。

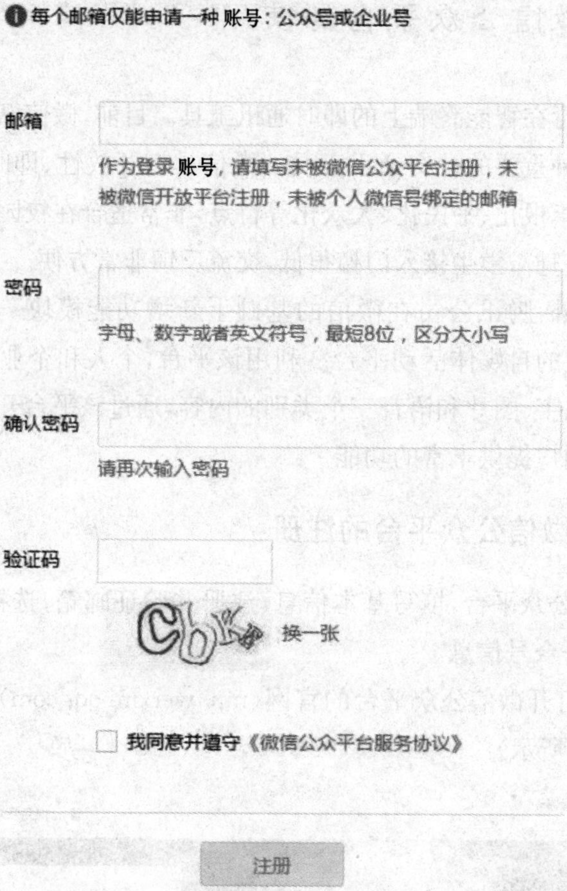

❶ 每个邮箱仅能申请一种账号：公众号或企业号

邮箱
作为登录账号，请填写未被微信公众平台注册，未被微信开放平台注册，未被个人微信号绑定的邮箱

密码
字母、数字或者英文符号，最短8位，区分大小写

确认密码
请再次输入密码

验证码
换一张

☐ 我同意并遵守《微信公众平台服务协议》

注册

图 4-29　填写基本信息

【步骤 3】激活邮箱（如图 4-30 所示）。

激活公众平台帐号
感谢注册！确认邮件已发送至你的注册邮箱：cocohaokezhou@qq.com。请进入邮箱查看邮件，并激活公众平台账号。
登录邮箱

没有收到邮件？
1、请检查邮箱地址是否正确，你可以返回重新填写
2、检查你的邮箱垃圾箱
3、若仍未收到确认，请尝试重新发送

图 4-30　激活邮箱

登录邮箱后,点击链接,激活账号(如图 4-31 所示)。

图 4-31　激活账号

【步骤 4】选择公众号类型(如图 4-32 所示)。微信公众平台有三种类型：服务号、订阅号和企业号。其中订阅号主要偏向为用户传达资讯(类似报纸杂志),认证后每天只可以群发 1 条消息;服务号主要偏向服务交互(类似银行,提供服务查询),认证后每个月可群发 4 条消息;企业号主要用于公司内部通讯使用,需要先有成员的通讯信息验证才可以成功使用企业号。

图 4-32　选择公众号类型

提示:各种类型的公众号各有特点(如图 4-33 所示)。如果想简单地发送消息,达到宣传效果,建议选择订阅号;如果想进行商品销售,建议申请服务号;如果想用来管理企业内部员工、团队,对内使用,可申请企业号。

不同类型的公众号所具备的功能权限是不一样的，主要区别：

功能权限	未认证订阅号	认证订阅号	未认证服务号	认证服务号
消息直接显示在好友对话列表中			✓	✓
消息显示在"订阅号"文件夹中	✓	✓		
每天可以群发1条消息	✓	✓		
每个月可以群发4条消息			✓	✓
基本的消息接收/回复接口	✓	✓	✓	✓
聊天界面底部，自定义菜单	✓	✓	✓	✓
九大高级接口				✓
可申请开通微信支付				✓

图 4-33　公众号类型说明

【步骤 5】进行用户信息登记。如实填写如图 4-34 所示信息。

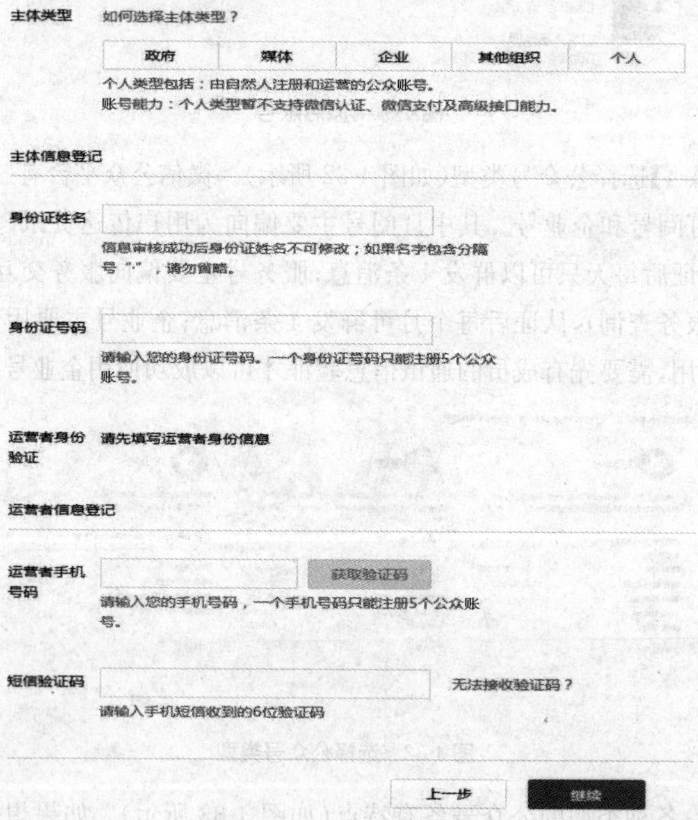

图 4-34　用户信息登记

用户信息登记必须如实填写。微信公众平台致力于打造真实、合法、有效的互联网平台。为了更好地保障广大微信用户的合法权益,需要认真填写用户登记信息。

当用户信息登记审核通过后,申请人拥有以下权利和责任:依法享有本微信公众账号所产生的权利和收益;将对本微信公众账号的所有行为承担全部责任;注册信息将在法律允许的范围内向微信用户展示;法院、检察院、公安机关等有权向腾讯依法调取申请人的注册信息等。

请确认微信公众账号主体所属类型,如政府、媒体、企业、其他组织或个人,并按照对应的类别进行信息登记。点击查看微信公众平台信息登记指引。

【步骤6】填写公众号信息(如图4-35所示)。以下信息提交后,腾讯公司会在7个工作日内进行审核。

通过审核前,个人或企业无法申请认证,也无法使用公众平台的群发功能和高级功能。

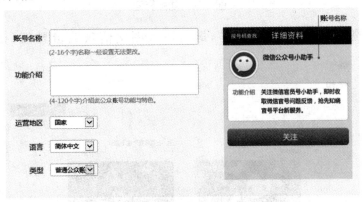

图4-35　填写公众号信息

4.3.2　微信公众平台的使用

在教学中,可以利用微信公众平台,向学生群发文字、图片和语音三个类别的媒体资料,与学生进行互联网信息交流。如果已经注册了微信公众号,就可以登录微信公众平台。在框内输入邮箱(或微信号、QQ号)和密码,点击"登录"即可。

一、推送消息

先登录微信公众平台后台，登录之后可见如图 4-36 所示的界面。

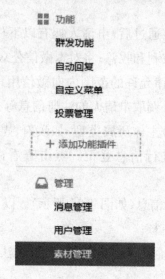

图 4-36　功能界面

【步骤1】点击"素材管理"，即可进入图文信息编辑界面（如图 4-37 所示）。

图 4-37　素材管理

【步骤 2】点击"新建图文消息"(如图 4-38 所示),创建新消息。

图 4-38　新建图文消息

对于图文消息的编辑还有以下要求(如图 4-39 所示):

1. 标题为必填项,不能为空且长度不超过 64 字(不支持换行以及设置字体大小)。

2. 作者为可选填项,最多可输入 8 个汉字或英文字符。

3. 单图文信息可填写 120 字以内的摘要,会在粉丝侧封面显示该摘要内容。若未填写,粉丝侧封面则展示部分正文内容。

图 4-39　编辑图文消息

注意:正文中必须输入文字内容,不能超过 20000 字;可设置字体、段落格式等;不支持自定义图文消息背景。

页面下方的原文链接地址用于填写一个外部文章的网页地址链接并发送给订阅用户(类似腾讯新闻消息格式),只支持填写网页地址。若填写文字、数字等非网页地址,则系统会提示链接不合法。

封面中必须上传图片,大小不能超过 5 M。大图片建议尺寸为 900 像素

×500像素(如图4-40所示),但上传后图片会自动压缩为宽640像素。

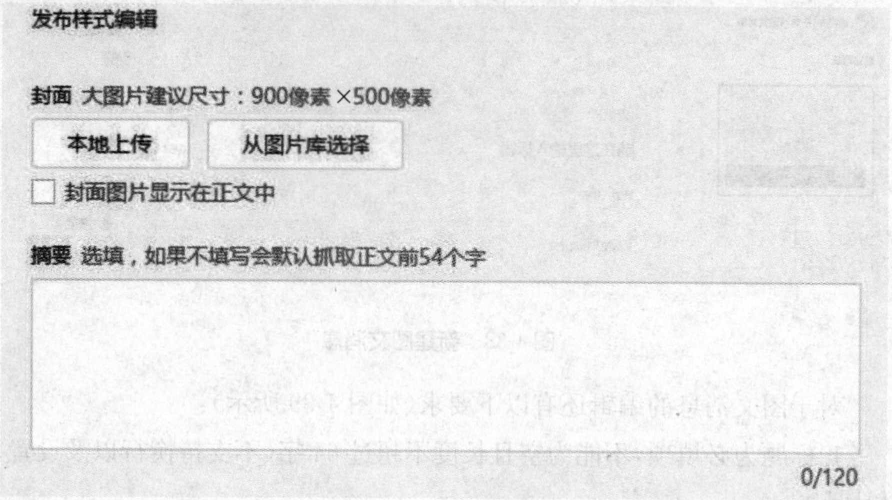

图4-40 封面图片

二、推送微课视频

在图文消息中推送微课视频有两种方法。

方法1:将微课视频上传至公众号后台空间,点击"素材管理"中的"视频",新建视频即可(如图4-41所示)。按要求填好信息,上传视频,保存即可。

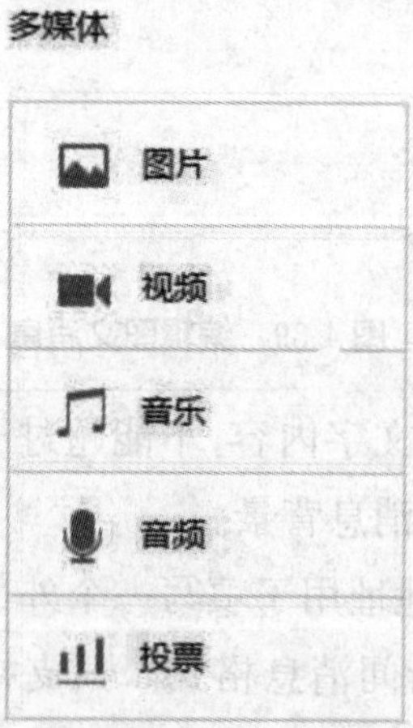

图4-41 素材管理

采用方法 1 时,视频大小不能超过 20 M(如图 4-42 所示),平台支持大部分主流视频格式。

图 4-42　上传视频

方法 2:超过 20 M 的视频可上传至腾讯视频后(如图 4-43 所示)再添加。输入视频播放页面的网址即可,或者在素材管理中选择已上传的视频。

图 4-43　上传至腾讯视频

提示:上传成功后,服务器将视频转码成播放器可识别的格式。本地视频上传后需要审核,审核时间不超过 20 分钟。

在图文消息中也可以插入音乐,音乐数据由 QQ 音乐版权提供,输入歌名或歌手名即可挑选。

也可以插入自己录制好的音频。语音文件格式支持.mp3、.wma、.wav、.amr 等,文件大小不超过 30 M,语音时长不超过 30 分钟。

最后，若需要群发给关注的用户，点击"群发功能"（如图 4-44 所示）。

图 4-44　群发功能

也可以在群发功能中选择新建群发消息（如图 4-45 所示）。可以群发图文消息、纯文字、图片、语音、视频等。图片大小不超过 5 M，格式支持 .bmp、.png、.jpeg、.jpg、.gif 等。群发内容字数上限为 600 个字符或 600 个汉字。

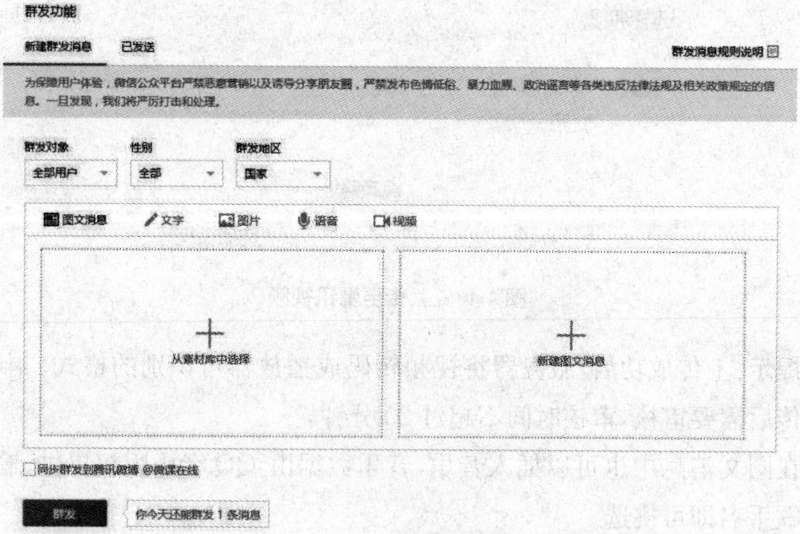

图 4-45　选择群发对象

还可以选择已经做好保存的图文消息(如图 4-46 所示)。

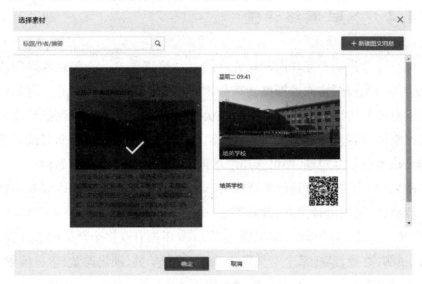

图 4-46　选择图文消息

最后点击"群发"(如图 4-47 所示)。经本公众平台管理员审核通过后，即可群发消息。

图 4-47　群发消息

4.4 入驻网络课堂

网络课堂是基于互联网的远程在线互动培训课堂。一般系统采用语音视频传输以及数据协同等网络传输技术,模拟真实课堂环境,通过网络给学生提供有效的培训环境。其标准使用状况是:学员在连接互联网的计算机上安装网络课堂客户端软件或直接使用浏览器,再使用由网络课堂管理者提供的学员账号登录客户端,即可参加由培训学校提供的在线培训课程。

网络课堂的核心就是教学资源共享、协同浏览。标准的网络课堂系统拥有文档播放、视频语音交互、背景音乐、电子教鞭、电子白板、屏幕共享、网页共享、文字交互、课程录制、虚拟课堂等功能;还拥有众多个性化细节设计,如公聊、私聊、答疑、禁止某个学员发言、踢出某个学员、锁定课堂、学员搜索、申请发言、指定学员进入提问席、在线投票等。

常见的网络课堂系统应具备完善的教学管理平台,可实现对培训机构、讲师、学员和课堂的管理。一些网络课堂软件甚至提供了课堂数据统计和下载,如学员列表、聊天记录、投票结果等。

下面我们以百度传课和腾讯课堂为例,介绍如何入住网络课堂。

4.4.1 入驻百度传课

百度传课是中国最大的网络课程在线分享平台。可在线传授技能,也可在线学习所需的一技之长,内容涉及英语学习、职场培训、生活技巧等。教师和学校可以在上面开课,发布课程。

一、注册账号

【步骤1】进入百度传课网站(www.chuanke.com),点击首页顶部导航栏右上角"注册"(如图4-48所示)。

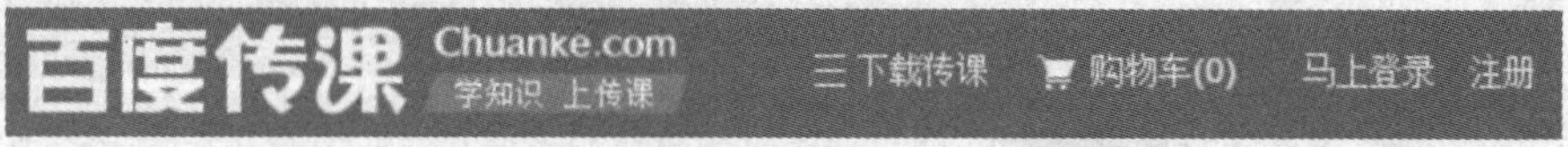

图4-48 注 册

【步骤 2】输入个人信息，点击"注册"（如图 4-49 所示）。

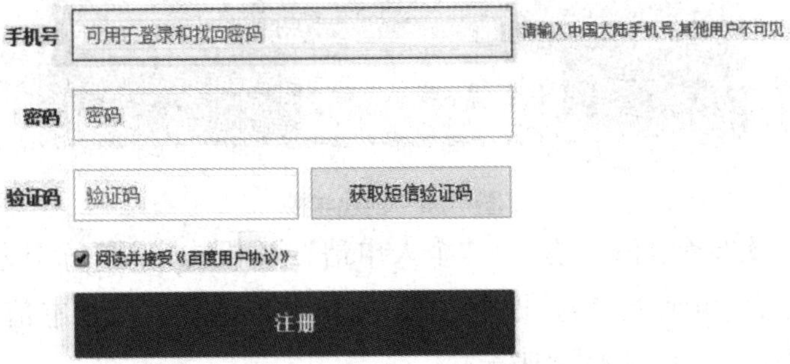

图 4-49　输入个人信息

【步骤 3】前往邮箱查看激活邮件（如图 4-50 所示），激活账户即可。

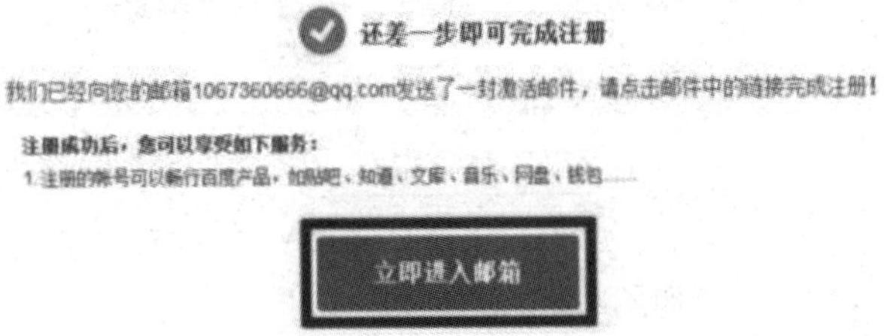

图 4-50　进入邮箱激活账户

二、登录百度传课

【步骤 1】进入百度传课，在首页顶部导航栏点击"马上登录"（如图 4-48 所示）。

【步骤 2】传课老用户点击"传课账号"（如图 4-51 所示），输入账号信息，点击"登录"；百度用户点击"百度账号"，输入账号信息，点击"登录"。

三、创建学校

【步骤 1】点击顶部导航条"我是校长"或主导航"创建学校"（如图 4-52 所示）。

图 4-51　登录

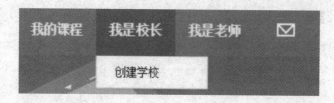

图 4-52　创建学校

【步骤 2】选择申请身份——"个人申请"或"机构申请"。个人申请填写真实学校信息、申请人信息，提交申请；机构申请填写学校基本信息、机构信息和申请人信息（如图 4-53 所示）。

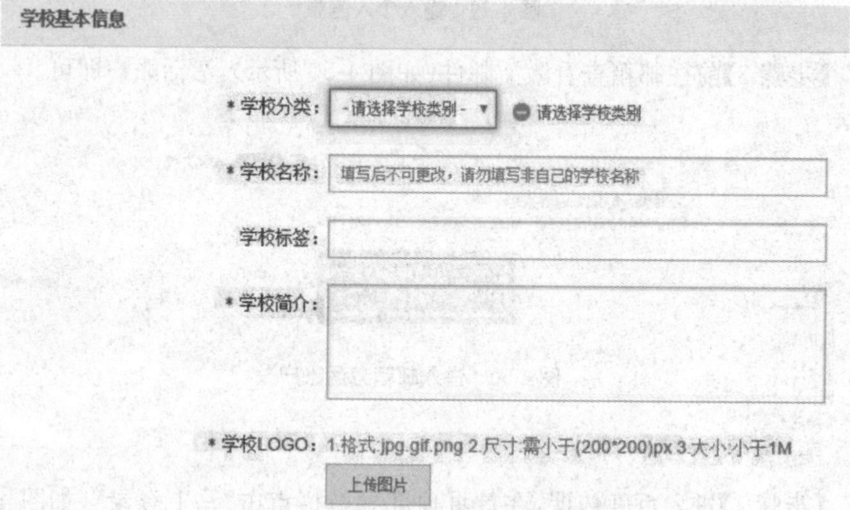

图 4-53　填写学校基本信息

提示：请如实填写各选项内容，方便学校快速开通。

申请成功提示：请保持手机畅通，工作人员会在 48 小时内与您取得联系。

【步骤 3】如果代表学校开课，请选择"我是校长"，点击"创建学校"（如图 4-54 所示）。

图 4-54　申请流程

【步骤4】填写学校基本信息,上传各种资料(如图 4-55 所示),等待审核通过。

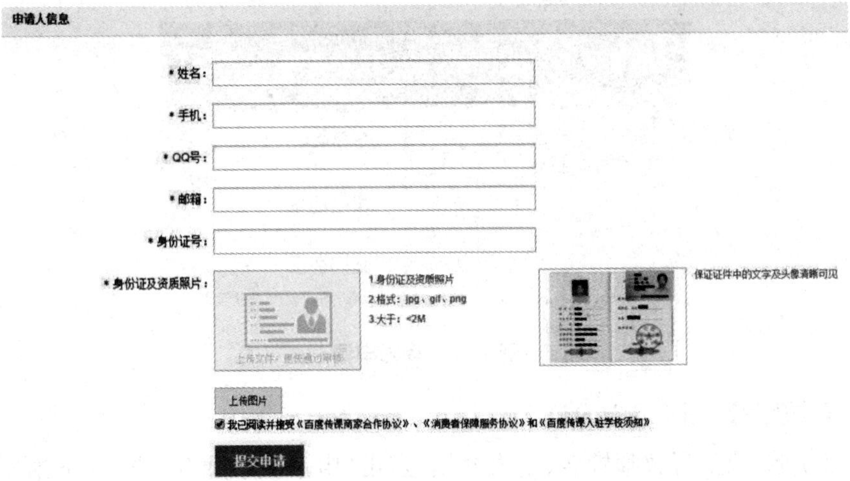

图 4-55　上传资料

【步骤5】填写机构信息(如图 4-56 所示)。

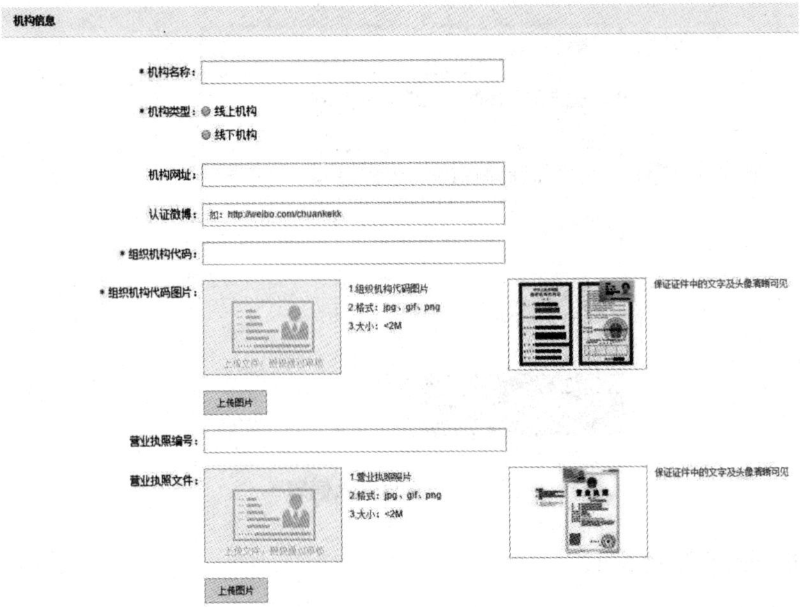

图 4-56　填写机构信息

四、教师申请

【步骤1】点击顶部导航"我是老师"(如图4-57所示)。

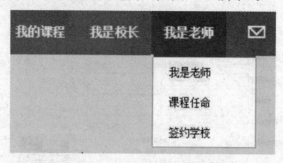

图4-57 教师申请

【步骤2】点击"马上申请"。

【步骤3】填写教师姓名、个人介绍,点击"申请做教师"(如图4-58所示)。

图4-58 填写个人信息

五、教师签约学校

教师必须签约学校才可以开始工作。

【步骤1】寻找学校。

方式1:点击"寻找学校"(如图4-59所示)。

图 4-59　寻找学校

方式 2：点击顶部导航"我是老师"（如图 4-60 所示）。

图 4-60　我是老师

点击左侧导航栏中"签约学校"（如图 4-61 所示）。

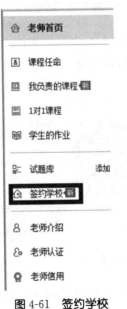

图 4-61　签约学校

点击"查找学校"(如图4-62所示)。

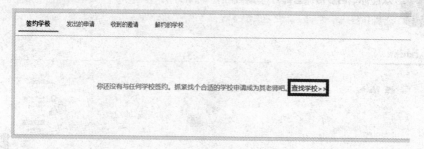

图4-62 查找学校

【步骤2】找到想要加入的学校,点击进入该校主页(如图4-63所示)。

图4-63 学校主页

【步骤3】申请成为该校教师。

方式1:将鼠标移动到学校logo处,点击"申请成为该校老师"(如图4-64所示)。

图4-64 申请成为该校老师

方式2:点击"学校老师"(如图4-65所示)。

图4-65　学校老师

点击"申请成为该校老师"(如图4-66所示)。

图4-66　申请成为该校老师

【步骤4】申请成功后,学校校长将会进行审核,教师可在"我是老师—签约学校"中查询签约结果。

4.4.2　入驻腾讯课堂

腾讯课堂汇聚高质量在线教育课程,涵盖职业培训、考级考证、出国培训、中小学教育等内容。腾讯课堂有大量名师公开课,可用于在线学习。个人和教育机构都可以入驻腾讯课堂,成为在线互联网名师。

一、个人入驻腾讯课堂

教师入驻腾讯课堂有三大优势:在线上课工具、海量生源和QQ社交分享。

教师具备什么资格才可以成功入驻腾讯课堂呢?

1. 有教师资格证书，比如音乐教师资格证书。
2. 有专业资格证书，比如瑜伽专业资格证书。
3. 有高等学历证书，比如博士学历证书。

申请网址为：https://ke.qq.com/agency/personal/index.html，入驻流程如图4-67所示。

图 4-67　入驻流程

请用QQ登录后点击"个人老师开课"（如图4-68所示）。

点击"立即申请入驻"（如图4-69所示）。

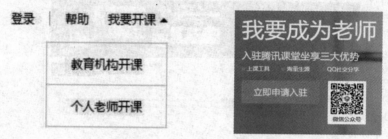

图 4-68　个人老师开课　　　　图 4-69　立即申请入驻

腾讯课堂教师个人入驻条件。入驻申请需提供以下任何一个资格认证证明，见表4-1。入驻成功后可以在管理后台上传其他认证证明。

表 4-1　资格认证证明表

资格证书	证件名称 (10个字内，会标注在老师主页)	提交标准
教师资格证书	如音乐教师资格证书	提交有效期内的教师资格证书，需确保头像和文字清晰，文件小于2M，支持.jpg、.png、.bmp
学历证书	如绘画艺术硕士研究生学历	提交大学本科以上学历水平证件照片（如学生证、毕业证等），需包含照片、姓名、专业、校方印章等有效信息，文件小于2M，支持.jpg、.png、.bmp
专业证书	如民乐琵琶演奏十级	提交教学能力或专业能力证明（如职称证书、考级证书等），需包含校方印章等有效信息，文件小于2M，支持.jpg、.png、.bmp
本人微信或微博认证号	如微信认证名师（某某）	上传微信或微博认证账号截图

入驻具体内容填写如图 4-70 所示。

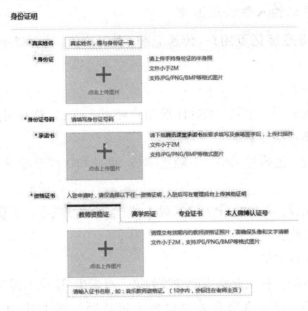

图 4-70 入驻具体内容填写

收益补充协议签署流程如图 4-71 所示。

图 4-71 收益补充协议签署流程

填写银行账号信息(如图 4-72 所示),等待审核通过。

图 4-72 填写银行账号信息

认真填写所有信息,等待审核通过。

二、教育机构入驻腾讯课堂

腾讯课堂连接亿万用户,传递思想,实现价值,具有以下特色和扶持政策。

1. 平台特色。

拥有庞大的用户数量。QQ注册用户超过8.5亿,核心用户是青年人,拥有巨大的学习动能。

沟通便捷。能通过QQ1V1触达学员,通过QQ群沉淀学生关系链,提高沟通效率。

学习更便捷。将QQ作为课堂载体,操作零学习成本。手机端APP、PC端让学习更无忧。

2. 平台扶持政策。

新入驻机构。腾讯课堂帮助您找到第一批学生,让您不再为招生烦恼。

潜力机构。腾讯课堂将提供给您大量数据分析工具,供您优化教学质量。

星级机构。运营团队将提供星级机构结算、展示、流量、服务等特权。

申请入驻机构完全免费,从申请到正式开通预计需要1~3个工作日。

入驻流程如图4-67所示。

打开申请网址:https://ke.qq.com/agency/personal/index.html,点击"免费入驻"(如图4-73所示)。

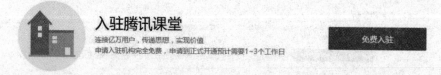

图4-73 免费入驻

勾选"我已阅读并同意此协议",点击"下一步"(如图4-74所示)。

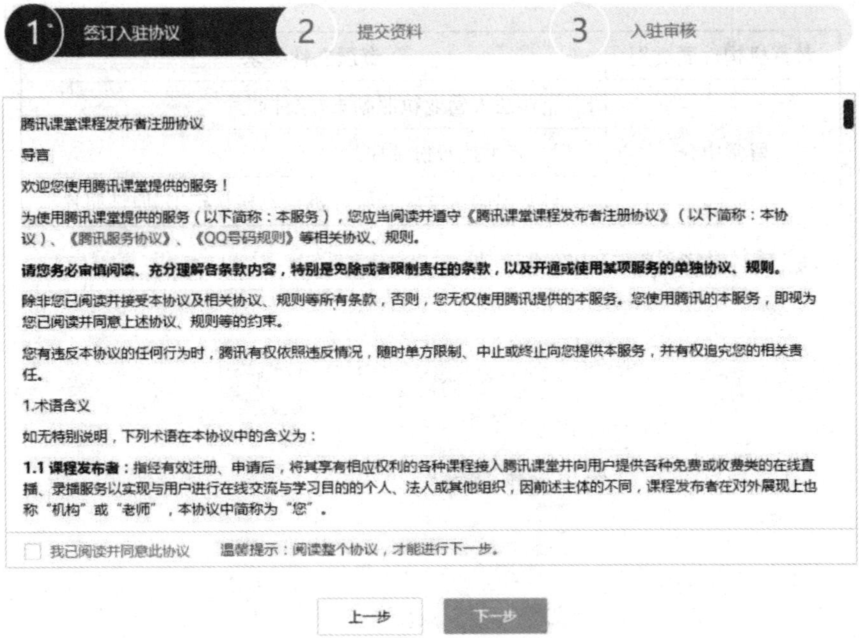

图 4-74 我已阅读并同意此协议

教育培训类机构需要提供的主要资质见表 4-2。

表 4-2 教育培训类机构主要资质

教育机构性质类别	资质文件要求
经营性民办培训机构	1.《企业法人营业执照副本》原件照片
	2. 运营者手持身份证照片
非经营性学校——公立学校	1.《企业法人营业执照副本》原件照片
	2. 运营者手持身份证照片
	3.《事业单位法人证书》原件照片
非经营性学校——民办学校	1.《企业法人营业执照副本》原件照片
	2. 运营者手持身份证照片
	3.《办学许可证》原件照片
中外合作办学机构	1.《企业法人营业执照副本》原件照片
	2. 运营者手持身份证照片
	3.《中外合作办学许可证》原件照片

教育机构性质类别	资质文件要求
留学中介	1.《企业法人营业执照副本》原件照片
	2.运营者手持身份证照片
	3.《自费出国留学中介服务机构资格认定书》原件照片

入驻具体内容填写如图 4-75 所示。

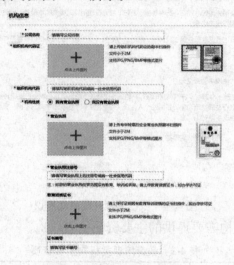

图 4-75 入驻具体内容填写

认真填写所有信息，等待审核通过。

收益补充协议签署流程如图 4-71 所示。

填写银行账号信息，等待审核通过（如图 4-76 所示）。

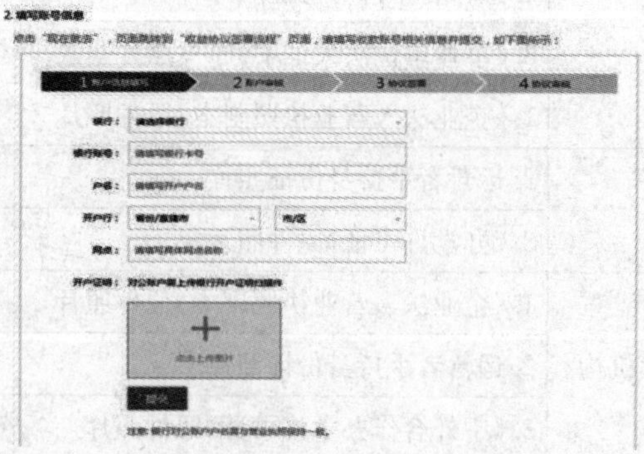

图 4-76 填写公司银行账号信息

4.5 在线教育平台:EduWind 整体解决方案

EduWind 整体解决方案(以下简称 EduWind)是一个基于云技术的解决方案。它可提供一个低成本、高可靠的在线教育整体解决方案,帮助教育机构、学校扫除所有互联网、移动互联网技术障碍,极大地降低了技术和资金门槛,为教育机构、学校建立属于自己的独立私有、安全稳定的在线教育平台。

用 EduWind 可以搭建自己的在线教育网站和移动端。在这个网站上,可以进行在线课程教学,运营这个网校,甚至从中获得收益。

使用 EduWind 做一个网校,不用担心代码不会写,也不需要购买硬件服务器,甚至不用担心技术维护的问题,因为 EduWind 在云端上运行。

EduWind 在线教育平台功能完备,包含在线直播教学、课程录播授课、考试题库、教学管理等。教师可以方便地在 EduWind 搭建的平台上进行教学活动和网校管理,不仅节省了用户的成本,而且品牌独立、域名独立。

4.5.1 EduWind 的优势

EduWind 的优势包括方便快捷、稳定流畅、省心省事、价格实惠和按使用付费等。

一、方便快捷

用户无需部署服务器,无需写代码,只需在 EduWind 官网注册,做一些配置,就能上线一个独立私有的网站。EduWind 最大限度地减少了用户上线自己网校的时间。

二、稳定流畅

EduWind 云服务器的 CDN 节点遍布全国,可用性不低于 99.9%,数据持久性不低于 99.99999999%,数据自动多重冗余备份。无论是录播还是直播,都能够轻松应对万人级别的并发,流畅不卡。

三、省心省事

一般而言,一个网站即使建好了,也需要专业的程序员来维护,这无疑给很多站长增加了负担。EduWind采用先进的SaaS(软件即服务)云服务模式,不需要考虑任何维护的事情,这对用户来说,不仅更加省心省事,而且更加安全、有保障。

更进一步,EduWind会不停地更新,用户得到的是一个活的网站,而不是死的网站。这对互联网行业的人来说,也是很重要的,因为互联网总是不停更新换代的。EduWind保障了网站总是站在时代的前沿,不会落伍。

四、价格实惠和按使用付费

如果用户自己开发或者购买软件,网站开发、服务器部署、后期维护等都需要一笔不小的费用。而EduWind采用SaaS租赁模式,用多少,算多少,而且租金十分优惠,这就大大节省了用户的成本,为用户的成功提供助力。

4.5.2 EduWind产品概述

EduWind能够快速帮助用户搭建一个功能完善的网校,提供多种功能,从而满足教育机构在互联网教学、网站运营和网校管理方面的需求。在用户体验方面,尽力追求美观大方,方便易用。在功能上追求完备,满足主流的在线教育功能需求。

EduWind系统加入了教学数据统计和分析功能,通过可视化的图表让教育机构能够方便地追踪教学效果,从而不断调整自身的教学内容和方式。Eduwind也能为教学管理者提供精准的学生行为统计数据分析报告,从而实现教学管理上前所未有的数据分析。

PC端与移动端完美结合,利用微信即可实现Android与iOS的双平台移动端体验,无需下载任何APP,只需关注微信公众账号,即可实现所有网校功能,快速"吸粉",让更多的用户随时随刻关注到您想让他们了解的信息(如图4-77至图4-80所示)。

第 4 章 微视频发布及在线学习平台 257

图 4-77 EduWind 截图
——PC 版首页

图 4-78 EduWind 截图
——PC 版课程详情页

图 4-79 EduWind 截图
——移动端首页

图 4-80 EduWind 截图
——移动端视频学习页

4.5.3 功能介绍

EduWind 网校的功能可以分为在线教学、辅助运营、网校管理及其他等四个部分(如图 4-81 和图 4-82 所示)。接下来,我们将会逐一介绍。

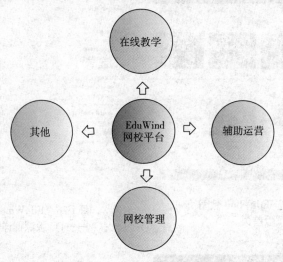

图 4-81　EduWind 网校功能

图 4-82　EduWind 网校功能(详)

4.5.4 在线教学

在线(课程)教学是 EduWind 的核心模块之一。该模块负责为教师提供在线教学手段,主要包含以下功能:视频录播、视频直播、在线考试、在线文档浏览、在线笔记、课程评价等(如图 4-83 所示)。

图 4-83　EduWind **课程学习主页**

◆**视频录播**

支持多种视频格式(推荐.mp4);文件会被自动压缩和加密处理;支持多终端播放。

文件采用分片并发上传方式,极大地增加了上传的稳定性和速度。上传速度只与本地网络速度有关。

融合 CDN 加速服务,全面覆盖,特别关注小运营商区域;拥有专业的高质量运营团队,精选优质节点,持续保证全网高可用、高性能;支持上万人同时观看。

多节点加速,视频点播更加流畅;多种加密和防盗版手段,让视频更安全;多种码率转换,适用于不同设备观看;更高的压缩比率,降低视频的存储和流量成本。

◆视频直播

专属跨国网络专线,支持全球范围内的直播互动,跨国直播流畅清晰;支持多终端观看(PC端和移动端);支持万人同时在线;直播结束后,自动生成课程回放。

◆在线考试

在线考试系统提供手动组卷、快速自动组卷功能,试题类型丰富,有单选题、多选题、填空题、论述题等多种题型,使不同知识点出题更科学;可指定考生或班级进行考试,支持学员随时练习,所有考试系统、练习系统自动输出分析报告,帮助学员快速总结问题。

◆在线文档浏览

支持 Word、PPT、Excel 等常见文档格式,教师在后台拖动上传,学生能够在浏览器上直接浏览。

◆在线笔记

随堂做笔记,帮助用户更好地学习。

◆课程评价

学生对课程作出评价,教师收集学生反馈。

4.5.5 辅助运营

为了促进学生学习、增加网站收入,运营是必不可少的。EduWind 为网校校长准备了一系列的运营工具。这些工具有市场营销方面的,也有社区互动方面的。

◆问答社区

支持提问、回答、点赞和评价。随时随地和同学、教师讨论课堂问题。支持表情输入和公式输入,方便理工类课程的学习。

◆网站公告

管理者可以快速发布网站公告,通知用户网校活动信息。

◆资讯文章

发布文章,增加网站内容,增加点击量,有利于搜索引擎优化(Search Engine Optimization,SEO)。

◆学习币

学习币是一种虚拟货币,可以用于在本网站上购买课程等。

◆红包

类似微信红包,给多个学员发随机红包,学员抢红包获得学习币,学习币可用于购买课程。

◆学习卡

学生购买学习卡,为自己的学习币虚拟账户充值,充值所得可以用于购买课程。

◆VIP 会员

学生购买 VIP 会员,即可在一定时间内学习指定或整站课程。

4.5.6　网校管理及其他

一、网校管理

◆设置域名和 logo

用户可以为自己的网站设置独立的一级域名(需要在阿里云备案)和 logo。

◆外观设置

EduWind 为用户提供多个主题,用户可以自由更换网站图片和配色。

◆用户管理

支持批量导入和导出用户,支持冻结用户等操作。

二、其他

◆支付宝和微信支付

管理员只需在后台填入自己的支付宝或微信的商家商户,学生就可以在线购买课程。付款后,款项直接进入所填入的账号。

◆支持视频加密

视频被加密后播放,确保视频的安全。

◆支持 iOS、安卓

Html5 版的网站支持 iOS 和安卓端,可随时随地学习。

4.6 在线教育平台：EduSoho 开源网络课堂

EduSoho 开源网络课堂（如图 4-84 所示）是国内完全自主研发的开源网校系统之一。EduSoho 是一款开源的互联网产品，用户可以通过下载和安装该软件，自主搭建自己专属的网校进行微课教学。同时，针对大规模使用场景，EduSoho 还提供 SaaS 服务以及专为在线教育研发的 EduSoho 教育云，实现大规模微课教学。

图 4-84　EduSoho 开源网络课堂首页

互联网的本质和真正力量在于开放、共享，而开源这种形式最为契合这一点。开源，意味着任何人在遵循开源协议的情况下，都可以自由下载、使用和修改这套软件。这给教育机构带来两个显而易见的好处：第一，机构可以以最小的成本建立自主掌控的网校系统；第二，教育机构在 EduSoho 主系统的功能基础上，还可以自由安装来自不同开发商提供的教育应用，以适应自身不断发展的教学需求。

除了系统之外，在线教育还存在着许多后续成本，例如课程的录制、视频的托管、服务器等。在 EduSoho 开源网络课堂的基础上，聚集网络基础设施提供商（如服务器、视频托管、域名等）、软件开发商、视频制作公司、运营推广服务商等，搭建一个完整的在线教育服务平台。对于教育机构来说，想要建立一个在线教育网站，就像搭积木一样简单。

这样做有两个好处：一是成本可控，教育机构可以按需求购买服务，而不会像一些系统把所有有用和没用的功能一起打包出售；二是发展空间广阔，教育机构拥有独立的域名、空间和品牌，如需扩展，也只需增加服务即可。按照这种方式，技术工作者、基础服务和教育者分工明确，让教育机构更能专注于教育本身。

4.6.1　EduSoho 开源网络课堂介绍

EduSoHo 是由杭州阔知网络科技有限公司推出的开源在线教育系统，可以帮助教育机构快速搭建跨平台网校。该系统是"开源"的，能够借此帮助教育机构"节流"，开源与节流相结合，推动在线教育的发展。

EduSoho 的功能十分完善，它包含网校管理、课程录播、课程直播、题库系统等强大的教学功能（如图 4-85 所示），可以帮助教育机构把知识快速信息化，而移动 APP 的推出更把教育机构的教学平台扩展到平板电脑和手机上。使用安装包配合官方 SaaS 服务即可轻松实现上述功能，让教育机构无需为技术烦恼，同时，使用系统的成本相较于传统网校更是降低了30%～50%。

图 4-85　EduSoho 开源网络课堂系统

4.6.2　重视用户体验，力求简单极致

作为一款互联网产品，EduSoho 秉承互联网产品的设计理念，重视用户体验，力求简单极致。网校站点贯彻响应式设计，顺畅地支持全平台场景的学习，学员在 PC 端、移动端、PAD 端访问无任何障碍，自然适应微信，让学生能够直接在微信上访问，更加适合微课随时随地学习的特性。强调教学沟通与互动的移动互联网 APP，把网校和教师"装进"口袋。高效友好

的管理后台,可视化操作设计,使网站管理一目了然,让管理员更轻松简单地管理网校。

4.6.3 教育云——为微课保驾护航

EduSoho 自主研发了专业的在线教育云解决方案——EduSoho 教育云,它把主机和视频均布置在云端,不仅保证了学习课程的高效流畅,还让教育机构的钱都花到实处(拥有"用多少花多少"的特性),对于中小型教育机构更能节省一大笔开支。无技术门槛地快速接入录播视频、直播、短信、邮件等网校运营所需要的云服务(如图 4-86 所示),省去了对接其他插件和服务的烦琐过程。全面整体性的云解决方案极大地降低了成本。

图 4-86　EduSoho 开放云平台

4.6.4 后台结构图

为了整体上满足在线教育平台的各种需求,EduSoho 开发了功能全面的后台系统。它主要由七大部分组成,如图 4-87 所示。

第 4 章 微视频发布及在线学习平台

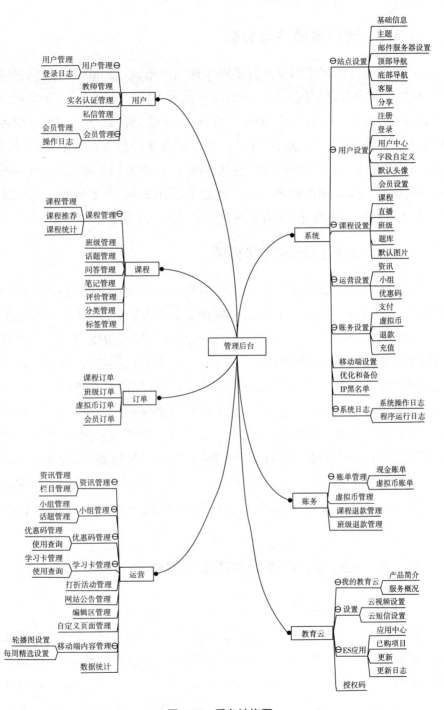

图 4-87 后台结构图

4.6.5 支持多种微课形态

EduSoho开源网络课堂支持多种微课组织形式。EduSoho提供在线点播、在线直播功能,支撑录播课、公开课等微课形式。除此之外,还支持直播互动、音频、图文、文档、PPT等课时类型,支持教师在教学过程中组织各种教学形式。同时,学、练、测、评、问答、讨论等全面的教学过程互动让微课堂更加生动、有活力。而课程题库,包括课时练习、作业以及考试,能满足教师对课后学习实践与测验的要求。除此之外,EduSoho还支持学习行为数据化、作业考试数据分析,能准确掌握学生学习进度和效果。

4.6.6 体系化教学升华微课

微课教学多以知识点形式呈现,若单纯以直播、点播的形式展现,则缺乏整体性。EduSoho独创班级体系,可包含多个成体系化、结构化的课程,把知识点整合起来,形成具有体系化的微课教学模式,既可以以点的形式展现短小精练的微课,也可以组织成有严谨知识点体系的系列课程。同时,班级可建立教学服务体系,提供多样教学服务形式,为学生提供真正意义上的基于内容与服务的完整在线学习体验,为网校深入挖掘在线教学中的服务价值,提升差异化竞争力。由班主任、教师、助教组成的教学服务团队,让在线教学中服务角色分工更清晰。同时,在班级中提供学习计划服务,教师可以有效自动地制定适合每个学生的学习任务路线。基于学习计划,教师可掌握每个学生的学习情况数据,为教学服务提供支撑,实现对每个学生进行"因材施教"。

4.6.7 EduSoho开源网络课堂的黑科技

一、浏览器缓存播放

教育视频和一般视频在应用场景上是有所不同的,看电视剧、电影或其他视频很少会重复观看,而由于教育视频多在学习场景中使用,因此很容易被反复观看,这样会多次产生流量,极大地增加了成本。EduSoho针对这个问题开发了浏览器缓存播放技术,让学员多次观看视频只产生一次视频流量。

二、动态转码

教育视频除了在应用场景上和电影、电视剧不同外,在属性上也有很大区别。大部分教育视频都是以 PPT、Word、PDF 讲解为主的视频,相对于其他视频频繁切换场景,其背景内容元素相对单一。根据教育视频这一特性,EduSoho 研发了动态转码技术,通过该技术,系统将在保证其内容可视的情况下大幅压缩教育视频文件大小。此举能极大地降低存储空间的占用率,同时在学员观看时也能大幅降低流量消耗。

三、视频标点

如果视频内容分为几个阶段,每一个阶段围绕不同的主题开展,就有必要在时间轴上为观看者标出每一个阶段的开始时间,明确告诉学员接下来的内容所涉及的主题,让学员在观看视频时有更清晰的学习计划。同时,由于学员会通过反复观看视频来理解知识点,因此,视频标点也让学员能够迅速地找到自己不懂的知识点时段。

四、视频弹题

在实际的教学场景中,教师在课堂上都会给学生提供一些随堂练习,帮助其巩固知识,同时也能吸引学生的注意力,还能够用于检验学习效果。在线视频课通过视频弹题的方式来模拟实际的随堂练习。在视频播放完一个知识点后,会自动弹出题目,学员必须回答完题目才能继续观看视频,这可以有效地提高学员的参与性,提高学习质量。

五、视频字幕

在教育行业,字幕对于语言培训的作用很大。字幕的另一个作用是可防止讲课者的发音不标准造成学员无法听懂内容的情况。同时,字幕能够帮助学员更好地理解和掌握教师讲解的内容。在视频当中插入字幕是一个复杂的过程。为此,EduSoho 设计了一个门槛非常低、使用方便简单的添加视频字幕功能,教师可以为视频上传文本格式的字幕,也可以在视频下方看到字幕。

六、视频文件加密

独创的 TLP 2.0 安全体系,采用多重数据安全加密,使用 IP 锁定、AES

对称加密、数据指纹等十余项加密技术,保障教学内容和教学数据的安全。

对转码后的视频文件进行加密,只有在特定的播放器上才能播放视频,即使黑客通过特殊手段下载到视频,也不能在他们的播放器中播放。EduSoho 云视频服务中,加密的视频只能在 EduSoho 云视频播放器中播放。

七、视频水印

视频水印的主要作用在于防止视频被盗录,同时还能够标明视频的出处以及著作权,甚至能够起到推广的作用。播放器水印集成在视频播放器中,而不是内嵌在视频中,不会影响视频的原始内容。视频内嵌水印是在视频转码的时候,被内嵌到视频中的。即使视频被恶意下载并在其他站点播放,也能够识别出视频的出处以及著作权,有利于保护视频作者的知识产权。

八、视频指纹

在视频播放过程中,能够间歇性地在任意时间、任意位置显示当前网站域名及用户名。如果视频被盗录或者盗播,可以通过这些信息溯源,有利于保护视频作者的知识产权。

九、授权播放

通过 session、cookie 等判断用户是否有权限播放视频,还可以通过视频播放器实现权限验证,用于判断用户是否有权限播放视频。

十、播放密码设置

可以设置视频播放密码,用户只有填写正确的密码才能观看视频。

十一、数据安全

EduSoho 拥有三级容灾多副本物理备份(从硬盘、服务器到机房备份),两份视频文件存储防故障(本地＋远程两重存储),两套 CDN 分发网络(全国自建＋顶级合作伙伴)。EduSoho 还提供题库、互动课堂、资源中心等产品和服务,在满足微课的基础上,提供多种工具,从而满足教师在教学中的各种场景需求。

4.7 在线教育平台:可汗学院

可汗学院(Khan Academy)是由孟加拉裔美国人萨尔曼·可汗创立的一

家教育性非营利组织,其创建的目的在于利用网络影片进行免费授课,现有关于数学、历史、金融、物理、化学、生物、天文学等科目的内容,教学影片超过3500部,向世界各地的人们提供免费的高品质教育。

4.7.1 可汗学院的登录、注册和课程学习

一、登录和注册

登录网址 http://www.khanacademy.org,如图 4-88 所示。主界面提供了三种注册方式,能够为学生、教师和家长三种身份的登录者提供方便,默认状态为学生。

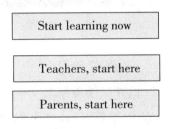

图 4-88　可汗学院主页

点击三种注册方式的按钮,出现不同认证页面,从左至右分别为学生、教师和家长(如图 4-89 所示)。

图 4-89　注册页面

使用 G-mail 或 Facebook 注册以后,就进入课程学习页面(如图 4-90 所示)。如果没有 G-mail 或 Facebook 账号,可以用 E-mail 地址注册。输入 First name 和 Last name 以及 E-mail 地址,待电子邮件确认以后,便可注册。

图 4-90　课程学习页面

二、课程学习

以几何课程学习为例。在课程学习页面左侧"Math by subject"的下列内容中,选择"Geometry",进入几何课程的学习页面。课程名称下面的两个按钮,一个表示测试,一个表示学习阶段或班级。初次点击课程,出现的页面如图 4-91 所示。

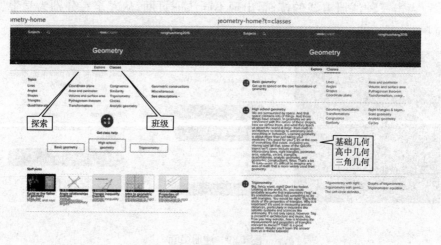

图 4-91　Geometry 课程学习页面

若第二次或以后想要继续学习,则会出现选课记录和学习记录的个人主页(Home),如图 4-92 所示。

第 4 章 微视频发布及在线学习平台

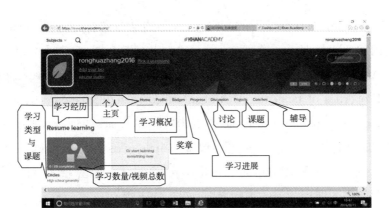

图 4-92 High School Geometry 课程中 Circles(圆)的个人学习主页

个人学习主页上的 7 个按钮分别表示个人主页（Home）、学习概况（Profile）、获得的奖章情况（Badges）、学习进步情况（Progress）、问题与讨论（Discussion）、进一步探索和研究的项目（Projects）以及寻求辅导（Coaches）。点击相应的按钮，会出现如图 4-93 所示页面，图中展示了可汗学院学习平台中的学习概况和学习进步情况。

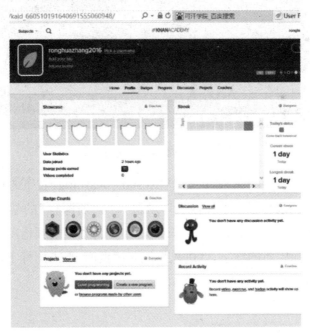

图 4-93 Profile 与 Progress

点击"Resume learning"下的方框，进入圆的学习内容。从"Contents"的下拉列表内容 Circle basics、Arc measure、Arc length（degrees）、Introduction to radians、Arc length（radians）、Sectors、Inscribed angles、Inscribed shapes problem solving、Properties of tangents、Area of inscribed triangle、Standard equation of a circle、Expanded equation of a circle 中点击"Circle basics"，会显示 Circle basics 涉及的知识点以及视频目录，包括 Circle glossary、Radius，Diameter，Circumference & π 和 Proof：all circles are similar。点击视频目录"Circle glossary"，便进入课程学习的视频界面，如图 4-94 所示。

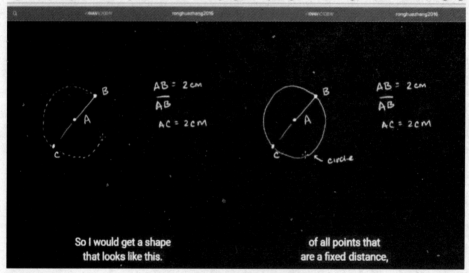

图 4-94　视频目录与视频截图

要想重新学习新的课程，可点击"Resume learning"右下方的灰色方框，在弹出的课程列表中选择"Physics"，就进入"物理课程"的学习页面，选择"Forces and Newton's laws of motion"，就进入"力和牛顿运动定律"的学习页面。点击图标后面的红字，就进入技能测试页面，点击图标下面的红字，就进入课程学习页面（如图 4-95 所示）。

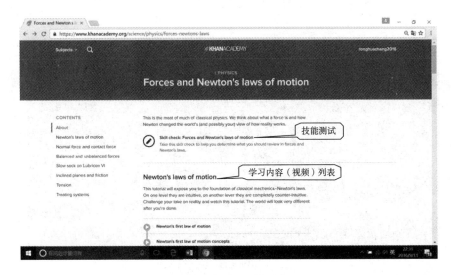

图 4-95　新课程学习界面

4.7.2 可汗学院平台的特点

可汗学院平台的特点涉及结构特点和教学特点。结构特点在前面绪论中已做过一些介绍,这里不再赘述。读者若想做进一步的了解,可注册并登录可汗学院,或参阅中国知网上的相关文献。这里着重讨论一下可汗学院平台的教学特点和启示。

一、可汗学院平台的教学特点

1. 教学内容呈现的特点。可汗学院在呈现教学内容时,体现了三个特点。

第一,知识结构的网络化,即知识地图(如图 4-96 所示)。可汗学院将知识细化为一个个知识点,按照一定的规律将它们联结成网络。网络化的知识克服了知识碎片化学习带来的"一叶障目,不见森林"的缺点,以一种更加直观、形象的表达方式,将知识的系统性表现出来。如果把可汗学院比作一个大型的知识森林,那么这些知识地图就是我们穿越森林和参观森林的指路牌或路线图。这些知识地图以浩瀚无际的星空作为背景,既给人视觉上以强烈的冲击力,又预示着对知识的探索,如同对宇宙的探索一样,充满挑战性,永无止境(若想看更多知识地图,可访问以下网址:https://www.khanacademy.org/exercisedashboard)。

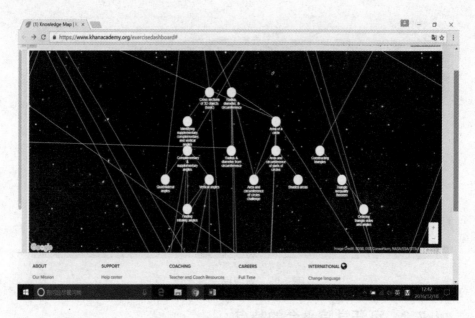

图 4-96　可汗学院的知识地图界面

第二，教学内容的难易等级化。过去我们总是强调学习要循序渐进，在可汗学院的知识内容列表上，可以清楚地看到学习内容按照从简单到复杂、从相对容易到相对困难、从认知负荷小到认知负荷大、从基础到高级的顺序排列，沿着一条直线连接起来。处于开始位置的知识点，总是比处于它后面的知识点要容易一些。越往直线的末端靠近，其知识的综合性越强，越需要运用综合能力去解决问题。

第三，教学内容的可视化。在绪论中，我们曾引用陆吉健和张维忠设计微课的可视化原则，这些原则就是作者通过分析可汗学院里最能体现可视化效果的"圆锥曲线的初步"系列课程总结出来的。该课程位于"基础代数"中的第 51～67 集。其实，可汗学院的其他课程和教学内容同样也体现了可视化原则。

2. 教学特点。观看可汗学院的微课，可以从中领略到可汗平易近人、循循善诱的教学风格。它的教学特点还体现在：

第一，利用了网络传送的便捷与录像重复利用、成本低的特性，每段课程视频的时长约为 10 分钟，从最基础的内容开始，以由易到难的进阶方式互相衔接。传统的学校课程中，为了配合全班的进度，教师只要求学生跨过一定的门槛(如及格)就继续往下教;若利用类似于可汗学院的教学系统,则可以让学生理解每一个未来还要用到的基础知识之后,再继续往下教学,进度类似的学生可以重编在一个班。

第二,教学视频没有精良的画面,也看不到主讲人,只是用画面的画外音带领观众一点点地思考。

第三,其网站开发出练习系统,记录了学习者对每一个问题的完整练习过程,教学者参考该记录,可以很容易得知学习者对哪些知识还没有掌握。

二、可汗学院平台的启示

经常在微课、微视频领域观察后发现,以下一些问题值得我们反思。

第一,视频内容的生产成本真的那么高吗?虽然可汗拥有哈佛大学和麻省理工学院的学位,但我们要在国内找位拥有北京大学或清华大学的学位的教师,应该也不是那么困难吧?即便没有拥有名校学位的教师,找位讲课一流、表达清楚的教师,应该也不成问题吧?况且,可汗之前可以说没有任何教学经验,完全靠着每天坚持录3个视频自学成才。因此,视频生产的成本并不像人们想象得那么高。

第二,为什么我们的一线教师对互联网技术总是保持观望态度?对于这个问题,不能简单地认为教师不求进步,或因为职业倦怠。教育行政与管理部门(尤其是学校领导)如果对互联网技术保持观望,那么,一线教师必然与领导的态度保持一致。

第三,为什么我们的创业者不试着自己生产内容呢?当您或者您请的教师像可汗一样把视频录到3500个那么多,想不成为明星教师也很困难了。为什么在国内没有这样的在线教育平台呢?

国内的大型教育平台,即便是那些成立不久、又拿到融资的在线教育平台,多数以引入线下的传统培训课程为主导,然后直接做电商,而非从自产内容来切入。这些平台多数都是服务于考试,不管是学校考试,还是职业考试,对于教育的真正变革却没有什么实质性的帮助。可以说,这些教育平台并没有想过自产内容,更没有想过去迎合用户的另一类需求,从而改善教育。

中国的教育需要真正有梦想的人来做,把它当作一件大事来做。在线教育的变革需要真正的理想主义者,这些理想主义者或许并非完全按照市场需求"出牌",或者说,他们不仅仅是按照市场需求"出牌"。因此,这些理想主义者愿意成为其他还在观望的同行和投资人的踏脚石,帮他们探路,甚至帮他们去铺平道路。

本章小结

本章主要介绍了一些微视频的网络平台,试图探讨教师辛苦做好的视频是如何快速低成本地送到学生手里的问题,并且最好能将互联网作为交流手段,以便快速获取学生的学习反馈。互联网已经从专有名词变成全人类的基础设施,并且融入到生活的方方面面。也许"技术"这个门槛仍然存在,但是它的确变得越来越低。从微视频的发布上来看,过去需要专业技术人员帮助,现在视频录制者靠自己就可以做到。至于在线学习平台,也正在逐渐进入普通学校。

本章主要内容如下图所示。

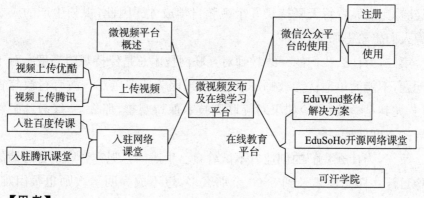

【思考】

1. 互联网视频平台很多,还有哪些开放的视频平台可以用呢?

2. 随着网速越来越快,在线视频向高清、超清方向发展,这对我们有什么影响?

3. 翻转课堂不是只让学生观看微视频就完成了,信息反馈以及反馈处理同样重要,那么自建平台在这方面有什么优势呢?

4. 在线学习有什么局限性?

第5章　案例展示

微视频的真正意义在于它让传统教学插上了现代化信息技术的翅膀,通过使用微视频,不但可以提高学生的学习兴趣,减少学生的学习障碍,而且让教师的教学更加高效、更加轻松。但是,微视频的使用有很多需要注意的地方,什么样的课型需要使用微视频?使用哪种类型的微视频?什么时间使用微视频?也就是说,微视频使用得恰当,我们的教学就会事半功倍;如果不懂得使用方法和技巧,微视频就可能会成为我们教学的累赘,有时还会起到反作用。

需要根据学科特点、教学需要、学生情况等客观因素,按需录制微视频,灵活使用,切忌生搬硬套,为了使用微视频而使用微视频。以下我们展示来自一线教师和大学生的微视频教学案例。其中一线教师的教学案例来自翻转课堂教学的实例,大学生的教学案例来自毕业设计。

5.1 语文课微视频教学案例——通感——以《荷塘月色》为例[①]

5.1.1 教学设计

一、教材分析

"通感"是高中阶段要求掌握的修辞手法之一,这里选用的讲解范例出自于《荷塘月色》。《荷塘月色》出自《高中语文必修2》(江苏教育出版社)中第四个教学板块的第一篇课文,这篇课文对整个板块的学习起引领作用。

《荷塘月色》是中国现代作家朱自清先生的名篇,自问世之后一直享有盛誉,后来又因为被收入中学语文教材而广为人知,是现代抒情散文的典范之

---

① 本节作者为山西省汾阳中学语文教师郭娟。

作。这篇文章写于 1927 年 7 月的北京清华园,当时朱自清正在清华大学任教。当时的大环境是国民大革命失败,白色恐怖笼罩着中国大地,国家处于一片黑暗之中。在此之前,朱自清作为"大时代中一名小卒",一直在呐喊和斗争,但是在"四一二"反革命政变之后,却从斗争的"十字街头",钻进古典文学的"象牙之塔"。由于种种原因,作者既做不到投笔从戎,拿起枪来革命,又始终平息不了对黑暗现实产生的不满与愤怒。他对生活感到惶惑矛盾,心中非常抑郁却又无法排遣。在某个闷热难耐的夏夜,朱自清无法安睡,便走出家门散步于校园,后写下此文。文章通过对月夜下荷塘美景的描绘,流露出作者想寻求平静却又不得、想超脱现实却也不得的复杂心情,而这也是当时旧中国正直知识分子在苦难中徘徊前进的心灵写照。

《荷塘月色》是一篇写景散文。正所谓"一切景语皆情语",文中的景物描写渗透着作者复杂的情感,因此,掌握好写景的特色和手法对于理解全文来说至关重要。作者在描写荷塘及其周围的景色时,使用到多种修辞手法。像"比喻""拟人"这些修辞手法,学生较为熟悉,较易掌握,而"通感"相对来说有些生疏,故我们决定单独以"通感"为主题设计本节微课。本节教学内容的知识结构图如图 5-1 所示。

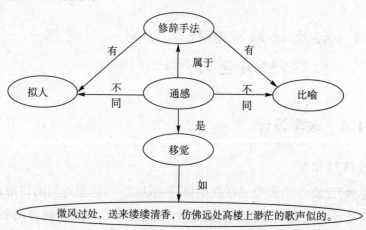

图 5-1　通感——以《荷塘月色》为例知识结构图

二、学情分析

对于修辞手法,高中学生并不陌生。在小学和初中阶段,学生已经学习过"比喻""拟人""排比"等几种较为常见的修辞手法。进入高中阶段,这样的学习会渗透到文章的讲解中,成为众多课堂任务的一部分。经过九年义务教育,高中学生已经有了一定的阅读和理解能力,因此,对于新的修辞手法的学习,他们完全有能力通过微课的形式掌握,并且极有可能做到举一反三,融会贯通。

在学习《荷塘月色》这篇课文的过程中,学生第一次较为正式地接触到"通感"这一修辞手法。"通感"是高中阶段要求掌握的修辞手法之一,但由于它较其他修辞手法稍难理解和把握,故特意制作微视频,将其作为学生自我学习和巩固的一个渠道。

《荷塘月色》当中有两处使用到了"通感"这一修辞手法,并且都是十分典型的例子。在学界,只要提到"通感"手法,很多人都会第一反应想到《荷塘月色》中的这两处范例。再加上高中学生对这篇美文耳熟能详,因此,选取《荷塘月色》为讲解范例来学习较难理解的"通感"修辞手法是十分有效的。

三、教学目标

1. 知识目标。

陈述"通感"手法的定义和特点。

说出"通感"与"比喻""拟人"的不同点。

体会"通感"的表达效果。

学会"通感"的表达手法。

2. 能力目标。

能够在给定文章中准确识别"通感",并能够用语言描述其表达效果。

3. 情感、态度和价值观目标。

体会汉语修辞的博大精深。

体验不同修辞的细微差别。

提高汉语表达能力。

四、利用微视频突出教学重点、突破教学难点的策略方法

把《荷塘月色》中的典型句子作为讲授内容,让学生真正把握"通感"的内涵和使用效果,同时,借以对比"通感"与"比喻""拟人"这两种修辞手法的不同,从而提高学生对常用修辞手法的辨别能力。

使用微视频这种新型教学模式,学生可以自主地把握学习的进度,如遇

到问题,可以暂停、倒退、重复观看,对于较难理解的概念式学习很适用。同时,微视频的学习也可以作为传统课堂教学的一个有机补充,让学生有多种学习体验,从而增加他们的学习兴趣。

5.1.2 微视频脚本设计

首先填写微视频脚本卡片,对将要录制的微视频做一个总体规划,如表5-1所示。

表5-1 汾阳中学微视频设计脚本卡

微视频课题:通感——以《荷塘月色》为例	
录制方法:用录屏软件 Camtasia Studio 8.0 对素材进行录制	
录制人:郭娟　录制时间:2017年1月6日	
目标	通过视频演示,使学生能够掌握"通感"修辞的定义、特点及表达效果
内容聚焦	通过观看视频,帮助学生掌握"通感"与"比喻""拟人"的不同,能够准确把握"通感"的特点,吃透其内涵
视频内容	1.用《荷塘月色》来导入课题,分析写景文段中的语句究竟使用何种修辞手法,借以区分"通感"与"比喻""拟人"的不同。 2.展示"通感"的定义和特点,并借前文例句详细分析,强调其特点及表达效果。 3.出示《荷塘月色》另一段写景文字,找出其中使用"通感"的句子并详细分析,进一步掌握这种新的修辞手法
拓展问题	出示三句话,要求学生判断其中是否使用了"通感"修辞,如果使用了,请指明涉及的感觉及表达效果

在此基础上,本项目编制了一个详细的脚本,来指导微视频录制工作。设计过程如表5-2所示。

表5-2 《通感——以〈荷塘月色〉为例》的脚本设计

题目	通感——以《荷塘月色》为例	
教学目标	掌握"通感"这一修辞手法	
媒体技术	Camtasia Studio 8.0、PPT	
环节	画面场景	配音或字幕
课题导入	展示 PPT 第1页 展示 PPT 第2页 展示 PPT 第3页	同学们好,本次微课我们来学习"通感"这一修辞手法。首先我们欣赏两幅图片。展示荷塘图片1。展示荷塘图片2。看到这样的美景,不由得会想到一篇描写荷塘的美文,它就是朱自清先生的《荷塘月色》

续表

环节	画面场景	配音或字幕
展示文段 深入分析 把握内涵	展示PPT第4页	配乐朗诵《荷塘月色》写景段落。赏析其中的修辞手法，包括叠词、比喻、拟人、博喻等。提出问题，需要讨论分析的句子，即"微风过处，送来缕缕清香，仿佛远处高楼上渺茫的歌声似的"。
	展示PPT第5页	明确分析对象。提出疑问，句中究竟使用了何种修辞手法？比喻？拟人？抑或其他？逐一分析，排除"比喻"和"拟人"这两种修辞手法。继而仔细分析，该句中的描述对象是"清香"，属于嗅觉方面的词汇。而下文中将之用"渺茫的歌声"加以形容，这是听觉方面的词汇。作者用修饰形容听觉的词汇来描述嗅觉方面的感受，将人的两种感觉方式贯通起来，读者可以想象渺茫的歌声带给身体的感受，进而就能更好地体会到淡淡荷香的沁人心脾，这样的写法增强了语言的表达效果。而这种将两种感觉贯通起来的修辞手法，就是通感
展示定义 深刻领会	展示PPT第6页	展示"通感"的定义。 通感，又叫"移觉"，就是将人的听觉、视觉、嗅觉、味觉、触觉等不同感觉互相沟通、交错，彼此挪移转换，将本来表示甲感觉的词语移用来表示乙感觉，使意象更为活泼、新奇的一种修辞手法。
	展示PPT第7页	通感的特点：以感觉写感觉。补充说明：清香乃嗅觉，歌声乃听觉，作者将两种感觉互通，即为通感
	展示PPT第8页	展示《荷塘月色》的另一段写景文段。在录制视频时口述提出问题： 1. 这里是否使用了"通感"这一修辞手法？ 2. 如果用到了，它涉及哪两种感觉？ 3. 试着说说它的表达效果。
	展示PPT第9页	给出答案，即"塘中的月色并不均匀，但光与影有着和谐的旋律，如梵婀玲上奏着的名曲"。 这里的描述对象是"光与影"，属于视觉系统，而后面用的是"梵婀玲上奏着的名曲"，属于听觉系统。这是视觉移植为听觉，使用了通感的表现手法，表现出月光树影之间的协调，营造出一种温馨优雅的氛围

环节	画面场景	配音或字幕
布置练习	展示 PPT 第 10 页	掌握《荷塘月色》的两个范例之后，列举三个句子，留为作业。要求学生判断这些句子是否使用了"通感"的修辞手法，涉及哪些感觉，表达效果如何。 1. 歌台暖响，春光融融。舞殿冷袖，风雨凄凄。《阿房宫赋》 2. 雪花落在积得厚厚的雪褥上面，听去似乎瑟瑟有声，使人更加感得沉寂。《祝福》 3. 至于雨敲在鳞鳞千瓣的瓦上，由远而近，轻轻重重轻轻，夹着一股股的细流沿瓦槽与屋檐潺潺泻下，各种敲击声与滑音密织成网，谁的千指百指在按摩耳轮。《听听那冷雨》
课题完结	展示 PPT 第 11 页	结束微视频，致谢

5.1.3 微视频的录制、后期处理和上传

一、搜集素材

1. 图片素材。微视频的录制一般以幻灯片为基础，因此我先制作合适的 PPT。由于教学内容的需求，我事先准备了一些图片，有的是自己拍摄的，有的来自于网络。根据微课程的时长，我选取了下面两张图片作为导入内容，以引起学生的学习兴趣（如图 5-2 所示）。

图 5-2 微视频 PPT 中用到的部分图片

同时，我也根据讲授内容的特点，精心设计了 PPT 的主体背景。因为此次微课程是以《荷塘月色》为主要的讲解范例，故选用了黄色和绿色相交而成

的渐变色(较为浅色系的色彩)作为背景,既不喧宾夺主,又可烘托出荷塘月色般的氛围(如图 5-3 所示)。

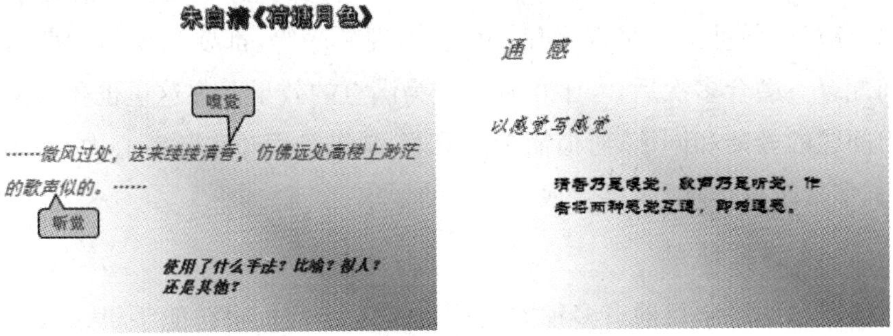

图 5-3　微视频 PPT 背景设计

2. 习题文字素材。虽然微视频的时间有限,但在 PPT 课件中仍然可以适当补充一些题目,这样既能检查学生当次的学习效果,又可以积累语句,有利于提高学生的阅读水平。本节微课程准备了一份课后小练习来配合微视频教学,具体内容如下。

(1)歌台暖响,春光融融。舞殿冷袖,风雨凄凄。《阿房宫赋》

(2)雪花落在积得厚厚的雪褥上面,听去似乎瑟瑟有声,使人更加感得沉寂。《祝福》

(3)至于雨敲在鳞鳞千瓣的瓦上,由远而近,轻轻重重轻轻,夹着一股股的细流沿瓦槽与屋檐潺潺泻下,各种敲击声与滑音密织成网,谁的千指百指在按摩耳轮。《听听那冷雨》

二、制作多媒体课件

为了制作本次微课程的内容,我共使用了 11 张幻灯片。考虑到授课内容,PPT 的制作过程也颇费周折。首先是数量的确定。微课程的总长度一般不超过 10 分钟,故 PPT 的数量也不可过多。在多次试讲之后,最终确定幻灯片的数量为 11 张。其次是幻灯片中具体内容的确定。由于 PPT 是供学生观看的,后期还要加上讲解,故要兼顾受众的视觉和听觉两个方面。总体而言,PPT 每页的内容字数不可过多,字号不能过小,字体颜色背景等也要符合整体风格。可以作为后期声音录入的内容尽量不要以视觉形象出现,否则容易干扰学生对主要信息的摄取。另外,PPT 每一页之间的衔接,问题之间的前后连贯,都通过多次演习才能确定下来。最后是制作幻灯片方面遇到的技术难点,例如,背景音乐的插入、何时出现、何时结束、音量如何,这都需要多次尝试和技术人员的指导。又如一些需要制作自定义动画的句子或词语,究竟以何种形式呈现、何时出现、出现顺序等,都要考虑与后期讲解的时间配合。磨合多次后,终于得到了较为满意的效果。在这里也要感谢帮我指出问题的教师和同事,看似简单的 PPT 制作过程却也耗费心力,必须多方考虑、多次改进,才能满足微视频录制的要求。

三、录制微视频

微视频的录制目前有多种方式可以实现,例如,用智能手机、数码相机、DV 等摄像设备和网络上的多种录制软件来录制。相对于传统的手机、相机、DV 等录制设备,我更推荐使用网络软件,因为后期的编辑和修改工作会更方便一些。

录制微视频之前需要准备好计算机和录制软件,以及事先制作好的 PPT 课件。录制微视频需要一个较为安静的环境,开启话筒,打开课件和录制软件,就可以开始录制工作了。教师可以准备一个说话的讲稿,大致提醒自己哪一页说什么内容,因为播放 PPT 课件和讲解是同步进行的。只有做到胸有成竹,才不至于出问题。录制时语速不要太快,语文学科更要突出语言的优美,朗读文段时融入感情可以唤起学生的学习兴趣。讲解的话语也要精练,一些不必要的日常口语尽量不说,给学生最有用的听觉内容。由于多种原因,录制微视频的过程中容易出现口误,虽然录制后期可以编辑声音,但如果倾向于较为完整的语流,那就要多次练习,以避免口误,否则录制微视频就会花费较长时间。录制完毕后,可以从头播放,自我检查是否有需要修改之处。总之,这是一个熟能生巧的环节,经常使用才能提高技能。

四、后期处理

录制微视频使用的录屏软件是 Camtasia Studio 8.0,这个软件可以用于后期编辑和处理。比如我需要加入一段音乐,就是在 PPT 完成之后,使用录屏软件 Camtasia Studio 8.0 编辑器来添加的。同时,还需要除去录制视频

扫一扫,观看教学微视频

时的杂音,并对录制声音进行简单的美化处理。由于处理声音较为复杂,因此,我请专业技术人员提供帮助。

五、微视频和资源上线

将录制好的微视频上传至优酷网站或学校网站,供学生下载或在线观看。

5.2 数学课微视频教学案例——空间几何体的表面积与体积[①]

5.2.1 教学设计

一、教材分析

"空间几何体的表面积与体积"是《高中数学必修2》(人民教育出版社)第一章空间几何体第三节的内容。前面我们已经学习了第一节"空间几何体的结构"和第二节"空间几何体的三视图和直观图",学生已经对空间几何体有了初步的了解,并具备一定的空间想象能力,为本节的学习奠定了一定的知识和能力基础。

本节的目的是从度量的角度认识空间几何体,具体任务有两个:一是根据柱、锥、台的结构特征并结合它们的展开图,推导它们的表面积的计算公式;二是在初中学习简单几何体体积的基础上进一步学习复杂几何体的体积。其中,我们用到了初中所学的三角形、四边形的面积公式,还有柱体、锥体的体积公式,学生在这些方面有一定的基础。本节所学空间几何体的体积和表面积是对这些内容的一个提升,从圆柱到圆锥,又从圆锥到圆台,从棱柱到棱锥,又从棱锥到棱台,结构的变化让学生思考体积和表面积是否也发生了变化,发生了怎样的变化,发生变化后体积和表面积该加还是该减,加减多少等,让学生在推导过程中去理解和记忆公式,特别是一些推导过程,是学生对空间几何体的进一步认识过程。另外,这其中还体现了计算能力的培养。

---

① 本节作者为山西省中阳一中数学教师张怀义。

这一部分属于应用型知识,在教学中要抓住学生好动的特点,引导学生动手实验,在实验中去发现问题、解决问题,在试验中推导公式、应用公式。

本节教学内容的知识结构图如图 5-4 所示。

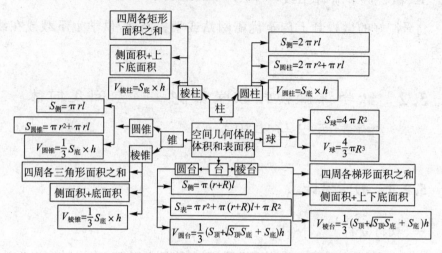

图 5-4 空间几何体的表面积与体积知识结构图

二、学情分析

在这节课之前,我们已经学习了空间几何体的结构和空间几何体的三视图与直观图,学生已经认识了一些常见的空间几何体,以及这些空间几何体的结构特征。对于学生来说,已经由原来的平面图形上升到空间图形,并初步建立了空间概念。在此基础之上,学生学习空间几何体的表面积与体积就不会有认识上的障碍了,只是在推导圆锥、圆台以及球的表面积与体积公式的时候,学生可能忘记扇形面积公式或圆弧周长公式的使用方法,因此在教学中要注意复习。

另外,对于球的表面积与体积公式,我们借助祖暅原理推导或者借助微积分思想进行推导都属于知识拓展,要注意学生的基础知识是否扎实,避免弄巧成拙。

我在课前设计五个问题,用于调查学生以前学过的概念:

1. 写出三角形、正方形、长方形、梯形、圆形、扇形的面积公式。

2. 什么是侧面积?什么是表面积?什么是体积?棱柱、棱锥、圆柱、圆锥的侧面积、表面积与体积公式是什么?

3. 为什么圆锥体积是同底同高圆柱体积的三分之一?

4. 根据棱台、圆台的定义,推导它们的侧面积、表面积与体积公式。

5. 如何推导球的表面积与体积公式?

调查发现,学生在后四个问题上可能存在疑点,于是,我便录制了五个微视频帮助学生自主学习。

三、教学目标

考试大纲中对本节课的要求是了解球、棱柱、棱锥、台的表面积和体积的计算公式(文、理要求相同)。在高考题中,相关内容的主要题型有选择题和解答题,通常是对球与其他几何体组合成简单组合体的综合考查,因此,本节课的教学目标定为:

1. 知识目标。

说出柱、锥、台、球的表面积和体积的计算公式,并应用公式解决相应的面积与体积问题。

熟悉圆柱、圆锥、圆台的侧面积公式的推导过程。

概述柱、锥、台的体积公式的联系。

2. 能力目标。

通过学习柱、锥、台、球的表面积与体积公式的推导过程,形成空间思维能力。

学生通过观看视频中的实验,并结合自己动手实践,增强空间观念、空间想象能力和几何直观能力。

3. 情感、态度和价值观目标。

形成运用运动变化的思想认识事物的辩证唯物主义观点。

通过和谐、对称、规范的图形,形成审美享受。

四、利用微视频突出教学重点、突破教学难点的策略方法

本节课的重点在于掌握柱体、锥体、台体以及球体的表面积与体积的计算方法,并能利用它们解决几何体的度量问题,以便从量的角度认识空间几何体。难点在于,用联系、类比运动变化的思想推导柱体、锥体、台体的表面积公式,用祖暅原理和微积分推导球的体积公式,另外,简单组合体的表面积和体积也是较难掌握的知识点。

在初中几何的学习中,学生已经初步学习了柱体与锥体的表面积与体积公式。因此,我们从最简单的开始,通过类比推理,逐步渗透,并结合扇形与圆弧的相关知识,利用视频中的实验展示几何体之间的关系,引导学生在学习过程中化难为简,推导出圆台的表面积与体积公式,然后通过阅读课本的阅读材料,用祖暅原理推导出球的体积公式。

我录制的视频有《圆柱、圆锥的侧面展开图》《圆锥的体积》《实验验证球的体积公式》《圆台的侧面积公式推导》和《圆台的体积公式推导》。

5.2.2 微视频脚本设计

常规教学设计完成以后,就需要将微视频的题目、录制方法、目标、内容聚焦、视频内容以及拓展问题按照一定的格式编写出来,以便规划和指导微视频录制工作。

以下展示了我录制的五个微视频的脚本设计。为了方便读者学习,在每一个脚本卡中,还附有该视频的二维码。

一、圆柱、圆锥的侧面展开图

表 5-3　中阳一中翻转课堂微视频设计脚本卡 1

微视频课题:圆柱、圆锥的侧面展开图	
录制方法:摄像机录制	
录制人:张怀义　录制时间:2014 年 10 月 6 日	
目标	1.通过视频演示,使学生能够直观地认识三维空间几何体和二维空间图形的关系。 2.通过视频演示,使学生找到计算圆柱侧面积依据的几何量。 3.通过视频演示,使学生找到计算圆锥侧面积依据的几何量
内容聚焦	利用矩形和扇形的面积公式,帮助学生将立体问题转换成平面问题进行求解;引导学生注意展开后哪些量发生了变化,哪些量没有发生变化
视频内容	1.用透明胶带、矩形硬纸片(长与宽之比约为 2∶1)制作一个纸质圆柱模型,截去其中一个底面;将该模型沿着圆柱的母线用小刀拆开,然后将底面的圆拆开;展开矩形侧面和圆形底面,引导学生找出计算侧面积的几何量——圆柱底面周长和高。 2.用透明胶带和一块扇形硬纸片制作一个圆锥模型;用小刀沿着该模型的母线将其拆开;展开扇形,引导学生找出计算圆锥侧面积的几何量——底面周长和母线
拓展问题	如果要制作一个与圆柱等高的圆锥,需要一块多大的扇形纸片?

二、圆锥的体积

表 5-4 中阳一中翻转课堂微视频设计脚本卡 2

微视频课题:圆锥的体积	
录制方法:摄像机录制	
录制人:张怀义 录制时间:2014 年 10 月 6 日	
目标	通过视频演示,使学生能够直观地认识圆锥体积是同底等高圆柱体体积的三分之一
内容聚焦	利用实验,帮助学生将圆柱和圆锥两个几何体联系起来,引导学生反思实验中有无误差,如何证明二者体积之间的关系
视频内容	制作同底等高的圆柱和圆锥各一个,将准备好的小米倒入圆柱体内,然后再倒入圆锥体内,引导学生得出圆柱体积是圆锥体积的 3 倍
拓展问题	如果要制作一个与圆柱底面积相同、高相等的圆锥,需要一块多大的扇形纸片?如何用分割法证明圆柱体积是圆锥体积的 3 倍?

三、实验验证球的体积公式

表 5-5 中阳一中翻转课堂微视频设计脚本卡 3

微视频课题:实验验证球的体积公式	
录制方法:摄像机录制	
录制人:张怀义 录制时间:2014 年 10 月 6 日	
目标	1.通过视频演示,使学生能够直观地认识球的直径测量方法。 2.通过视频演示,使学生能够直观地认识球的体积测量方法
内容聚焦	利用实验,帮助学生建立运用等体积法求解空间几何体体积的观念,引导学生反思实验中有无误差,如何验证直径与体积之间的关系
视频内容	1.利用两块木板和直尺,测量球的直径。 2.将球放入盛满水的烧杯中,当球完全浸没以后,将溢出的水倒入另一只烧杯,测量水的体积,引导学生建立等体积法的概念
拓展问题	如何利用祖暅原理推导球的体积和表面积公式?如何用微积分推导球的体积和表面积公式? 利用视频中的数据,你是否可以计算出球的体积和直径之间的关系?为什么? 实验中利用了物理测量法,试分析测量中的误差、误差产生的原因以及如何减小误差

四、圆台的侧面积公式推导

表 5-6　中阳一中翻转课堂微视频设计脚本卡 4

微视频课题:圆台的侧面积公式推导	
录制方法:数位板录制	
录制人:张怀义　录制时间:2014 年 10 月 6 日	
目标	1.通过视频演示,使学生能够直观地认识利用割补法求解空间几何体的表面积。 2.通过视频演示,使学生能够利用圆锥的侧面积公式推导圆台的侧面积公式
内容聚焦	利用实验,帮助学生建立运用割补法求解空间几何体表面积的观念,引导学生认真推导
视频内容	1.在数位板上讲解圆台表面积推导过程。 2.引导学生认真推导
拓展问题	利用割补法还可以推导哪些几何体的表面积?

五、圆台的体积公式推导

表 5-7　中阳一中翻转课堂微视频设计脚本卡 5

微视频课题:圆台的体积公式推导	
录制方法:数位板录制	
录制人:张怀义　录制时间:2014 年 10 月 6 日	
目标	1.通过视频演示,使学生能够直观地认识利用割补法求解空间几何体的体积。 2.通过视频演示,使学生能够利用圆锥的体积公式推导圆台的体积公式
内容聚焦	利用实验,帮助学生建立运用割补法求解空间几何体体积的观念,引导学生小心推导
视频内容	1.在数位板上讲解圆台体积推导过程。 2.引导学生小心推导
拓展问题	利用割补法还可以推导哪些几何体的体积?

5.2.3 微视频的录制、后期处理和上传

一、搜集素材

对于实验微视频的录制,主要搜集的素材就是实验材料与仪器,包括自制的圆柱和圆锥,还有足球、烧杯、水桶、水盆及水等。

搜集相关图片、表格、音频、视频等素材,这些素材可以从网络中下载借鉴,也可以自己制作微视频录制和翻转课堂教学所用的多媒体课件。

1. 图片和视频素材。我搜集到的部分图片素材如表 5-8 所示。

表 5-8　图片素材

序号	图片	教学意图
1	北京奥运会场馆——水立方	激发学生学习兴趣,开拓学生视野
2	北京奥运会场馆——鸟巢	激发学生学习兴趣,开拓学生视野
3	中央电视台主楼	激发学生学习兴趣,开拓学生视野
4	蜂巢及蜂巢材料	激发学生学习兴趣,开拓学生视野
5	祖暅原理	推导球的体积公式
6	东方明珠	激发学生学习兴趣,开拓学生视野
7	世博会中国馆	激发学生学习兴趣,开拓学生视野

2. 习题和文字素材。视频中有时需要插入一些习题,为了让习题更加适合学生解答,在选择习题时一定要慎重,要分层设置习题。另外,还有一些文字说明、课外补充资料等,都需要平时积累和搜集。

二、制作多媒体课件

5.2.2 展示的五个微视频在录制时,只用到极少的幻灯片。但针对这节教学内容的翻转课堂教学,我制作了一个多媒体课件。其中有图片展示、表格总结等,幻灯片 1 和 2 主要用于在自主探究课中激发学生兴趣,幻灯片 2~6 主要用于在解疑交流课中讲解疑难问题,第 7 张幻灯片用来激励学生,增加学生的学习兴趣,如图 5-5 所示。

图 5-5　教学中使用的幻灯片

三、录制微视频

1.实验课微视频的录制。对于实验课、演示课等需要教师展示的课程，最适合使用摄像机摄像，在使用摄像机时主要注意图像和声音两方面。

对于图像，很多人肯定会想到图像的清晰度，这一点很重要。我们在拍摄之前就要调节好焦距，并将摄像机固定在支架上。最好选择在室内拍摄，这样比较容易调节光线。另外，在演示的时候，教师的动作一定要慢一些，这样图像不会有太大的抖动，学生能够观察细节。灯光的调节主要是去除阴影，有条件的话可以在摄影棚内拍摄，没条件的话就多架设几个日光灯或者台灯。

声音的录制和前面的要求基本相似，录制环境尽量安静，避免外界噪音和电磁噪音。因此，在录制过程中，尽量使手机或其他电子设备处于关机状态。

对于实验课，在拍摄时，尽量让学生看到全景，建议用 30°～45°角拍摄；对于演示课，尽量站在学生的角度拍摄，让学生更轻松、更容易地接受知识。

2.使用录屏技术录制微视频。对于推理步骤演示的微视频，我采用数位板手写录屏技术，这样学生能够清晰地看到解题步骤和解题思路。在录制之前要做好课题 PPT，然后用手写工具结合录屏工具录制微视频。数位板的使用步骤详见 1.3.6 数位板录屏。

四、后期处理

使用录屏技术录制的微视频,一般要进行降噪和剪辑处理。由于录制环境的限制,我们录制的微视频难免有噪音,为了让微视频声音更加清晰,我们首先要进行降噪处理。在录制微视频时,有时时间把握得并不那么精确,因此,在片头或片尾会产生一些没用的视频,这些都需要裁掉。为了让微视频更具有特色,我们会给每一个微视频都加上统一的片头,这些都属于剪辑处理。有时微视频中需要插入一些其他人录制的视频,比如别人的朗诵或者纪录片等,这就需要在视频里插入相关视频,这也属于剪辑处理。

五、微视频和资源上线

学生如何才能看到我们录制好的微视频呢?首先我们把录制好的微视频上传至优酷网站,然后把该视频链接到"微慕网络课堂"平台上,这样学生在微慕网络课堂里就能看到他想看的视频了。同时,我们也要把相应的同步练习题上传到微慕网络课堂上,学生看完视频后,就可以通过做练习题检验自己是否已经掌握了该部分内容。教师也可以根据学生的完成情况了解学生的学习进度,从而判断出哪部分内容需要在课上讲解,哪部分不需要讲解。

为了防止网络过于拥挤,学生可以提前将微视频下载到个人电脑观看。我们可以用QQ群或微信群收集平台反馈的信息。

5.3 英语课微视频教学案例——强调句[①]

5.3.1 教学设计

一、教材分析

强调句是我们在日常生活中有效地进行思想交流的重要句型之一。人们在交际过程中,为了使自己的思想能被对方恰当地理解,必须加强语气,突出重要内容,增加对比效果与感情色彩,这时就会用到强调句型。现在的学生课程多,学习任务重,他们缺少精力和时间进行大量练习,深刻理解并掌握

---

① 本节作者为山西省中阳一中英语教师刘春艳。

此句型的用法比较吃力。给他们录制一个关于强调句的微视频,讲解各种句型结构,包括陈述句、一般疑问句以及难理解的特殊疑问句,让学生观看,再结合课堂上针对性较强的练习题进行专门训练,就可以帮助学生达到事半功倍的学习效果。

本节课的知识结构图如图 5-6 所示。

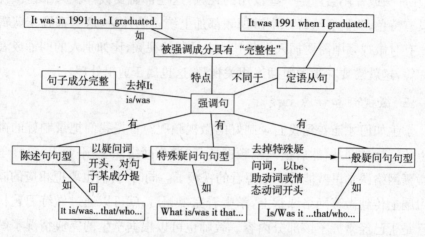

图 5-6　强调句知识结构图

二、学情分析

在使用英语交际过程中,我们要强调重点陈述的内容,就会使用强调句。强调句的句型虽然很简单,但是学生在语法上尚有一些认识不足,他们对句子成分的分析不恰当,有时强调的成分中会丢掉一些介词;和其他的从句混合在一起考查时,分不清楚其中的定语从句和名词性从句,以至于在语法填空或者改错中无法选择出合适的引导词。阅读理解中也常会出现此类句型,如果对句型不熟悉,就无法快速准确地弄清楚句子的意思,进而影响对文章准确意思的把握。

三、教学目标

在近年的高考试卷中,语法已经成为考查的热点。命题者加大了对句子结构复杂程度和知识面的考查,同时注重考查知识之间的交叉和语法知识。在考查强调句的同时,考查了定语从句、时间状语从句和地点状语从句,强调了学生综合把握语法知识的能力。这就要求学生在平时的学习中注意总结,全面把握,深入研究。因此,本节课的教学目标定为:

1.知识目标。

知道强调句的各种句型及用法。

说出强调句与其他从句,如定语从句和状语从句的区别。

知道强调句的疑问句形式。

学会强调句型中谓语动词的强调用法。

找出强调句结构的几个易错点。

2.能力目标。

通过对强调句的学习,能够在复杂句型中准确给出引导词,能在写作中正确使用强调句。

3.情感、态度和价值观目标。

体验英语表达的灵活多变。

体验英语交流的乐趣,增强自信。

四、利用微视频突出教学重点、突破教学难点的策略方法

本节课的重难点在于强调句与其他从句如定语从句及状语从句的区别,强调句结构的几个易错点,以及强调句的特殊疑问句形式。让学生通过观看微视频,掌握基本的强调句型,为学习本节课的重难点打下良好的基础,再通过一些课堂练习来促进本节课教学目标的达成。

5.3.2 微视频脚本设计

在录制微视频之前,进行了脚本设计,如表5-9所示。

表5-9 中阳一中翻转课堂微视频设计脚本卡

微视频课题:强调句的基本句型及使用注意事项	
录制方法:用录屏软件 Camtasia Studio 8.0 对素材进行录制	
录制人:刘春艳 录制时间:2014年10月6日	
目标	通过视频演示,让学生能够掌握强调句的句型、结构、形式与用法
内容聚焦	通过观看视频,帮助学生掌握强调句的使用规范,引导学生尝试使用强调句进行交流和写作
视频内容	1.用句子(一般疑问句、特殊疑问句、特殊固定句型和演示强调句)引导学生归纳强调句的基本句型:It is/was+被强调部分+that(who)+其他 2.分析强调句中对于谓语动词的强调。 3.总结强调句使用中的注意事项
拓展问题	写一篇英语作文,其中恰当使用强调句、定语从句和状语从句

5.3.3 微视频的录制、后期处理和上传

一、搜集素材

1.图片和视频素材。精品微视频的录制一般要有幻灯片作基础,我们应先搜集一些素材,用于制作 PPT。PPT 中所需要的背景插图是我在平时上网浏览时下载的,如开始时使用的那张图片,以及最后使用的那张图片。图片插入的方法如下:插入文本框 →右击鼠标 →设置对象格式 → 颜色。背景插图也可以是我们自己精心制作的背景图片。例如,我在讲解主要内容时就使用了天空蓝背景作为幻灯片背景,这种背景简单大方,不会转移学生注意力(如图 5-7 所示)。我认为在讲解新课时不适合使用太花哨的背景图片。

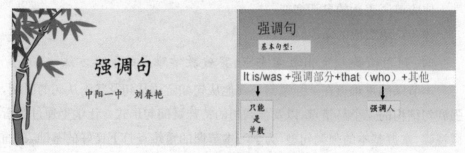

图 5-7 部分 PPT 图片

对于主要讲解内容,我们可以借鉴他人的 PPT,也可以自己翻阅各种参考资料,再精心制作成幻灯片。

2.习题和文字素材。略。

二、制作多媒体课件

对于本节课的内容,我选择了 12 张幻灯片,集中演示和讲解了强调句的三个基本句型、谓语动词的强调以及强调句中的四个注意事项。对于新手来说,做幻灯片时会有点波折,比如给每个文本框添加动作路径,每个文本框出现的先后顺序,出现的快慢等,都是需要我们用心去琢磨的。如果幻灯片出现得太慢,则讲解已经完了,它才出来;如果幻灯片出现得太快,又会影响视频的完美性,有点唐突。具体的制作方法会在下面的录制中给大家介绍。

三、录制微视频

微视频可以使用手机、数码相机、DV 等设备拍摄和录制,也可以使用录屏软件录制,形式不限。本节所介绍的微视频是使用录屏软件录制的。下面我将以英语语法中强调句的录制为例,介绍一下录制过程中存在的一些问题与处理方式。

第一次录制时,我发现了许多问题和不足,比如,教学语言不够精练。在录制之前,我已经把讲义写在纸上,可是正式录制时,才发现自己的讲义中出现很多"废话"和不严谨之处,还有一些话重复了很多遍。其次,我们有时在课堂上举例子比较随意,但放入微视频中时,就需要考虑例子的科学性、实用性以及学生的学习效果。还有就是紧张时说话会打结,出现不连贯的情况。

第一次录制完成后,我对幻灯片、例句,还有一些措辞进行了仔细的斟酌与修改,还对课件进行了改动。有了第一次录制的教训,针对这节课的录制,我练习了好几次,又尝试录制了两次,终于在最后一次录制时,一次性地讲完了整个内容。

四、后期处理

我的视频是使用录屏软件录制的。因此需要请技术人员帮我进行降噪处理和视频剪辑处理。由于是在深夜录制微视频的,因此几乎没有环境噪音,降噪处理主要是为了去除电流声音,然后,对人声进行简单的美化处理。剪辑处理主要是去掉开始和结束的冗余部分,然后在片头加入学校的统一图文信息。

五、微视频和资源上线

在技术人员的帮助下将视频上传至优酷网站。

5.4 政治课微视频教学案例——民族区域自治制度[①]

5.4.1 教学设计

一、教材分析

民族区域自治制度是《高中思想政治必修 2 政治生活》第七课的内容。本节内容承接前面的"我国的政党制度"与后面的"我国的宗教政策",它在整个教材中起承上启下的作用,为以后"政治生活"的学习打下牢固的理论基础,在"政治"中具有不容忽视的重要地位。

第一框是处理民族关系的基本原则(民族平等、民族团结和各民族共同繁荣),我国处理民族关系的基本原则决定了我国处理民族关系的基本政策,因此,第二框就介绍了民族区域自治制度的含义、必要性和优越性。理解民族区域自治制度的含义是理解民族区域自治制度必要性和优越性的前提,但教材对含义的分析过于笼统,学生又缺乏这方面的素材,因此教师需要提前录制相关微视频,用社会生活中的实际案例,解释抽象的政治概念。让学生在自主课上观看教师录制的微视频。通过观看微视频,让学生对民族区域自治制度的含义有所理解,然后就容易掌握民族区域自治制度的必要性和优越性。

为了帮助学生理解本节内容,专门绘制了本节教学内容的结构图,如图 5-8 所示。

二、学情分析

本框在教材中是第二框,学生已经有了一定的政治基础知识,让学生了解民族区域自治制度是我国解决民族问题的基本政策,又是我国的一项基本政治制度就很容易。民族区域自治制度的含义是本框的重点,通过对概念的分析,加深学生的理解。民族区域自治制度是适合我国国情的必然选择这一知识点是本框的难点,可以引导学生逐步加深对民族区域自治制度的理解,

---

[①] 本节作者为山西省中阳一中政治教师张海珍。

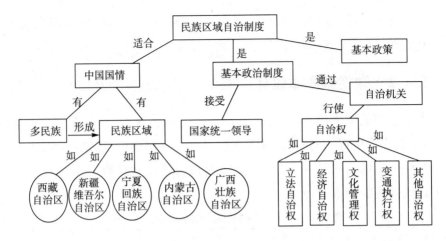

图 5-8 民族区域自治制度结构图

让学生知其然,知其所以然。

三、教学目标

1. 知识目标。

阐述民族区域自治制度的基本含义。

解析民族区域自治制度的必要性和优越性。

2. 能力目标。

提高学生在社会生活中的比较分析能力。

使学生获得为未来生活自主选择、探索的能力。

3. 情感、态度和价值观目标。

使学生自觉拥护我国的民族区域自治制度,珍惜民族团结,维护祖国统一。

四、利用微视频突出教学重点、突破教学难点的策略方法

本节内容的教学重点:一是民族区域自治制度的含义;二是民族区域自治制度的优越性。让学生通过对民族区域自治制度及其优越性的理解,加强、深化他们对民族区域自治制度的认同感,自觉维护这一基本制度。要做到这一点,必须让学生深刻理解这一制度给少数民族人民带来的好处和利益,这一制度的优越性主要通过自治权得以体现,这也是本节的教学难点。课本上关于自治权只有一个相关链接,没有具体解释,因此,针对这个重难点,作者课前录制了一个微视频,以翔实的材料、具体的实例,对

自治权做了详尽的说明。自治权这个重难点突破了,对民族区域自治制度的优越性的理解就容易了。

5.4.2 微视频脚本设计

本节录制的微视频是《民族区域自治制度的含义》。常规教学设计完成以后,就需要将微视频的题目、录制方法、目标、内容聚焦、视频内容以及拓展问题按照一定的格式编写出来,以便规划和指导视频录制工作。表5-10展示了该微视频的脚本设计。

表5-10 中阳一中翻转课堂微视频设计脚本卡

微视频课题:民族区域自治制度的含义	
录制方法:用录屏软件Camtasia Studio 8.0对素材进行录制	
录制人:张海珍 录制时间:2014年10月6日	
目标	通过视频演示,使学生能够了解民族区域自治制度的建立和发展历史,理解民族区域自治制度的含义
内容聚焦	通过添加语音的PPT的展示,帮助学生理解民族区域自治制度的来龙去脉,引导学生对民族区域自治制度的认同
视频内容	1.讲解民族区域自治制度的含义,特别详细讲解自治权,以图文并茂的形式对自治权做详尽的说明。 2.通过视频讲解民族区域自治制度的建立和发展
拓展问题	1.在处理民族关系问题上我国坚持了哪些基本原则? 2.我国为什么要实行民族区域自治制度?

5.4.3 视频录制、后期处理和上传

一、搜集素材

本微视频的录制采用PPT录屏,制作PPT需要搜集相关图片、表格、音频、视频等素材,这些素材可以从网络上下载,也可以自己制作。

有时在视频中需要插入一些练习题,为了让练习题更加适合学生,在选择练习题时一定要慎重,需要分层设置。另外,还有一些文字说明、课外补充资料等,都需要在平时积累和搜集。

根据这些要求,作者做了如下工作:

1.在百度图片库中搜集了有代表性的16张图片,下面是其中2张图片

(如图 5-9 所示)。

图 5-9 微视频 PPT 中使用的图片

2. 用了 2 周的时间制作了精美的 PPT 课件。

3. 在新闻网上下载了 3 分 12 秒的关于民族区域自治制度的建立和发展历史的视频。

4. 编制了一份与微视频配套的课堂检测(内容略)。

二、制作多媒体课件

该 PPT 共 10 张幻灯片,主要讲解了民族区域自治制度的含义,特别详细地讲解了自治权,以图文并茂的形式对自治权做了详尽的说明。在课件中,插入了一个关于民族区域自治制度的建立和发展历史的视频。

三、录制微视频

俗话说:"台上一分钟,台下十年功。"刚开始录制微视频时感觉非常困难,录制的时候由于紧张,说话断断续续,语速时快时慢,声音时高时低,有时还会说错话,内容不符合逻辑,于是我把要说的话写下来,慢慢修改好,把每一句话都细细斟酌,尽量使每一句话都简洁精辟。我把所要说的话基本上都背下来,经过几次录制下来,比以前稍微进步了一些,但是中间还是出错了,只好重录。后来知道,视频是可以剪辑的,如果中间说错了,就停顿一下,再接着说,最后把错误部分删除就可以了。若中间有其他人说话或者开门的声音,则可以把这些声音都剪掉,不需要重录。但为了达到尽善尽美,我反复录了十多次,就基本上没有问题了。万事开头难,第一个视频录制花费了 4 天的时间,时间较长,在后来录制时,速度就越来越快了。现在我基本上录 3 次就可以了。熟能生巧,在以后的录制中,争取一次成功。

四、后期处理

录制完微视频后,请相关技术人员进行技术处理。经过技术人员的处理,微视频的画面更加清晰,声音更加纯真。

五、微视频和资源上线

在技术人员的帮助下,将录制好的微视频上传到学习平台,供学生下载学习和同行交流之用。

5.5 历史课微视频教学案例——五四运动①

5.5.1 教学设计

一、教材分析

本节内容是《高中历史必修1》(人教版)第四单元第14课"新民主主义革命的崛起"的第一部分,对该单元的学习起着承上启下的作用。

本节教学内容的知识结构图如图5-10所示。

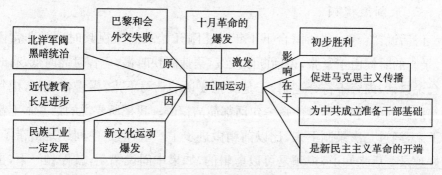

图5-10 五四运动知识结构图

二、学情分析

由于学生学过一些基础知识,对五四运动已有初步了解,因此本节内容

---

① 本节作者为山西省汾阳中学历史教师李锋。

相对来说比较容易理解和掌握。但因涉及一些世界史内容,还有当时的国内经济、文化背景,所以学生理解和掌握起来仍有一定难度。

三、教学目标

1. 知识目标。

陈述五四运动的基本经过。

从政治、经济、教育和文化运动等角度分析五四运动爆发的时代背景。

明确五四运动的导火索及其事件的经过。

理解五四运动的意义和影响。

2. 能力目标。

利用时间轴,提高学生从时间角度分析历史事件因果关系的能力。

学会应用史料,综合分析历史问题。

3. 情感、态度和价值观目标。

理解重大社会运动,关注国家命运。

培养多角度、理性分析重大历史事件的意识。

四、利用微视频突出教学重点、突破教学难点的策略方法

本节内容的重点是五四运动的背景和影响。本微课利用时间轴、视频和图片史料,突出时空意识、史论结合的分析方法。

5.5.2 微视频脚本设计

一、微视频的制作背景

五四运动是《高中历史必修 1》的教学内容,本课题结构相对简单,但其涉及的历史事件众多,且在高中历史知识体系中处于一个"核心"地位。教师在实践中多以"照本宣科"的方式开展教学,既无法提供丰富的史料,也无法凸显本课在本书中的地位。

二、微视频的设计与准备

首先根据教材和课标要求,撰写教学设计方案(教案)。在网上搜集相关教学资源,并撰写五四运动教学方案。制作 PPT 时,遵循以下原则:模板背景简洁;课件内容精练;字体大小适中,尽量选择白底黑字;尽量运用图表、图片、结构图阐释史实和结论。

本教学内容所需要的史料:

(1)五四运动浮雕。
(2)巴黎和会相关照片。
(3)《时局图》。
(4)新文化运动相关史料。
(5)民国初期的教育发展、经济形势图。
(6)李大钊、陈独秀、胡适、周恩来、毛泽东回忆录等史料。
(7)五四运动相关照片和视频。

所有素材准备好后,就可以对微视频的画面顺序、所需素材及其用途进行设计,如表 5-11 所示。

表 5-11 微视频画面展示的顺序

画面顺序	素材	用途
展示 PPT 第 1 页	五四运动浮雕	导入课题
展示 PPT 第 2 页	《建党伟业》片段;五四运动基本史实	归纳五四运动史实
展示 PPT 第 3~4 页	北洋军阀割据图	五四运动的国内政治背景
展示 PPT 第 5~6 页	一战诸方	五四运动的国际背景
展示 PPT 第 7~8 页	中国代表团	
展示 PPT 第 9~10 页	巴黎和会三巨头	
展示 PPT 第 11~12 页	民国初期教育发展	五四运动的教育和阶级背景
展示 PPT 第 13~14 页	民国初期经济发展	五四运动的经济和阶级背景
展示 PPT 第 15~16 页	新文化运动	五四运动的思想背景
展示 PPT 第 17~19 页	三幅图片	五四运动的初步胜利
展示 PPT 第 20~21 页	共产国际会徽	中国共产党成立的国际背景
展示 PPT 第 22~24 页	李大钊和《新青年》、中共一大会场	马克思主义思潮的传播,中国共产党的建立
展示 PPT 第 25 页	建国图、人民英雄纪念碑图	五四运动在中国共产党党史中的意义
展示 PPT 第 26 页	《建党伟业》视频片段	PPT 第 2 页的视频链接

三、撰写教学微视频脚本

将各种素材的顺序调整好以后,就可以撰写画面配音,预估各个画面出现的时间,并将这些内容填写在脚本表中,完成脚本设计,如表 5-12 所示。

表 5-12 《五四运动》微视频配音脚本设计

题目	五四运动		
基本信息	五四运动的基本史实、背景和影响		
教学目标	让学生利用已学知识分析史料,以此掌握本课知识		
媒体技术	Camtasia Studio 8.0、PPT		
环节	画面场景	配音或字幕	时长
课题导入	展示 PPT 第 1 页	1. 天安门城楼前,一位男青年在振臂高挥,慷慨陈词,环绕他的人民,目光中满是忧愁、悲愤。这幅浮雕在反映什么事件呢?五四运动。今天我们分析五四运动的过程、原因和影响。 2. 视频链接。 3. 口号:外争国权、内惩国贼。 参加人员:知、学、工、商。 斗争方式:三罢斗争。 地点:北京、上海及全国其他地方	5分
五四运动爆发的原因	展示 PPT 第 2~3 页	中华民国建立,袁世凯获得临时大总统的职位后复辟帝制。袁世凯死后,中国陷入军阀混战局面。人民憎恨这个混乱卖国的政府。	2分
	展示 PPT 第 4~5 页	1914 年,一战爆发。日本、中国参加协约国。 1918 年,一战结束,协约国胜利。巴黎和会召开。	
	展示 PPT 第 7~8 页	中国代表团提出收回山东权益。	
	展示 PPT 第 9~10 页	但是会议被三巨头控制。中国的合理要求被三巨头拒绝,并将山东权益转让给日本。 消息传回,举国哗然。人民联想起历史上被列强多次侵略和侮辱,马上掀起五四运动。	
	展示 PPT 第 11~12 页	民国初年,教育发展,学生和知识分子群体壮大,成为五四运动的先锋。	
	展示 PPT 第 13~14 页	民国初年,经济发展,工人群体、工商业者壮大,成为五四运动的重要力量。	
	展示 PPT 第 15~16 页	1915 年,陈独秀创办《新青年》,掀起新文化运动,宣传民主与科学,关注启蒙,开启民智	

续表

环节	画面场景	配音或字幕	时长
五四运动的影响	展示 PPT 第 17~19 页	五四运动取得成果：惩办三人、拒绝签字、释放学生。	2 分 30 秒
	展示 PPT 第 20~21 页	1917 年，俄国爆发十月革命，建立人类第一个社会主义国家。1919 年成立第三国际，总部设于莫斯科。它帮助被压迫民族进行民族解放斗争和无产阶级革命，包括帮助中国共产党成立，并推动国共合作。	
	展示 PPT 第 22~23 页	《新青年》杂志开始大量刊登李大钊关于社会主义革命的文章。毛泽东、周恩来都深受五四运动和马克思主义影响。邓中夏、罗章龙、高君宇、瞿秋白、邓恩铭、陈潭秋等皆参加五四运动，后成为中国共产党创始人。	
	展示 PPT 第 24~25 页	中国共产党建立，中国革命焕然一新。中国共产党经过 28 年艰苦卓绝的斗争，终于，在 1949 年，中华人民共和国成立。毛泽东题写人民英雄纪念碑碑文，其中第二句是"三十年以来，在人民解放战争和人民革命中牺牲的人民英雄们永垂不朽"。可见五四运动在党史中的意义，它是新民主主义革命的开端	

5.5.3 微视频的录制、后期处理和上传

一、制作多媒体课件

本节微课程内容共使用了 25 张幻灯片。由于 PPT 是供学生观看的，后期还要加上讲解，故 PPT 要兼顾受众的视觉和听觉两个方面。采用"时间轴"，可将所有的知识点进行系统整理。

二、录制微视频

录制微视频之前，需要准备好计算机、录制软件 Camtasia Studio 8.0 及事先制作好的 PPT 课件和详细讲稿。录制时需要一个较为安静的环境，开启话筒，打开课件和录制软件，就可以开始录制。教师录制时语速要适中，语

言要精练,融入感情可唤起学生的情绪。多次练习、试录,可避免口误。全部制作结束后,观看预览并检查,确认无误后,选择"文件"—"生成并分享",生成视频并保存。

三、后期处理

使用录屏软件 Camtasia Studio 8.0 进行后期编辑和处理。具体方法与过程不再赘述。

四、微视频和资源上线

将录制好的微视频上传至优酷网站或学校网站,供学生下载或在线观看。

扫一扫,观看教学微视频

5.6 地理课微视频教学案例——工业的区位选择①

5.6.1 教学设计

一、教材分析

区位理念是人文地理部分的"活的灵魂"。本节内容是《高中地理必修2》第四单元"工业地域的形成与发展"中的第一节,是该单元的核心内容,对该单元的学习起着基础性的作用。该单元是对第三单元的深化,也是对后面内容的铺垫,承接了第三单元和第五单元。由于学生学过"农业的区位选择",因此对区位的知识有一定的了解。但对于工业而言,无论是区位因素还是区位选择,都比农业更加复杂,又因涉及大量的理论联系实际的案例分析和地理背景知识,所以理解难度也比较大。本节教学内容的知识结构如图5-11所示。

二、学情分析

学生已经学习了农业的区位选择,这就为学习"工业的区位因素和区位选择"提供了一定的知识铺垫和方法基础。遵循高中生身心发展特点和新课程标准的要求,借助多媒体技术,帮助学生通过探究地理过程、总结地理原理

---

① 本节作者为山西省中阳一中地理教师王鹏飞。

等活动实现地理思维的发展。

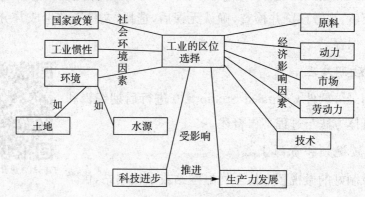

图 5-11 工业的区位选择知识结构图

三、教学目标

1. 知识目标。

结合实例解释影响工业区位选择的因素。

联系实际解释工业区位因素的变化及其对工业区位选择的影响。

2. 能力目标。

利用图表,分析影响工业区位的因素,提高读图分析的能力。

结合实际分析工业的区位选择,获得提取并加工有效地理信息的能力,从而加强综合分析问题的能力。

3. 情感、态度和价值观目标。

在分析环境对工业区位选择的影响过程中,养成环保意识,树立工业发展必须走可持续发展道路的观念。

结合家乡的实例分析,了解当地工业发展的区位优势,树立热爱家乡、为家乡服务的信念。

四、利用微视频突出教学重点、突破教学难点的策略方法

本节课程的第一个重点是影响工业区位选择的主要因素。区位选择实际是指位置、区域或地域的选择,我们在选择位置时需要考虑很多影响成本的因素,如地租等,这些就是区位因素。第二个重点是运用工业区位选择的基本原理对工厂进行合理的区位选择。选择位置时,为了使工业成本降低,从而获取最大利润,我们在考虑位置时要综合多方面因素,选择最优区位。

难点是对某个工厂(或某类企业)的主要区位因素及其合理布局进行分析。

本节课利用微视频,用言简意赅的语言把影响工业区位选择的主要因素以及区位因素的变化对区位选择的影响描述出来(如表5-13所示),旨在使学生能够快速总结并掌握本节要点。

表5-13 影响工业区位选择的主要因素及区位因素的变化对区位选择的影响

工业导向	代表部门	区位选择原因	区位特征
原料导向型工业	采掘工业、制糖业、水果加工业	原料笨重,不便运输,易腐烂、变质	接近原料产地
市场导向型工业	印刷厂、石油加工厂、啤酒厂、家具厂	产品产量大、运费高,产品不便长途运输	接近市场
劳动力导向性工业	服装厂、玩具厂、制鞋厂、电子装配厂	需求大量劳动力	接近廉价劳动力
技术导向性工业	飞机制造、集成电路、精密仪器、电子工业	技术要求高	接近高等院校和科研院所
动力导向性工业	有色金属冶炼	消耗大量能源	接近能源产地

5.6.2 微视频脚本设计

微视频脚本设计如表5-14所示。

表5-14 中阳一中翻转课堂微视频设计脚本卡

微视频课题:工业的区位选择	
录制方法:用超级捕快软件对素材进行录制	
录制人:王鹏飞　　录制时间:2014年10月6日	
目标	通过视频演示,使学生能够清晰地说出影响工业区位选择的主要因素,简述不同区位因素的变化对区位选择的影响
内容聚焦	利用展示的图片和图表,帮助学生归纳影响工业区位选择的主要因素,引导学生理解和分析不同区位因素变化对区位选择的影响
视频内容	1.讲解并归纳影响工业区位选择的主要因素。 2.讲解并展示不同区位因素的变化对区位选择的影响。 3.对某工厂主要区位因素及其合理布局进行分析
拓展问题	如何合理布局污染严重的工业企业?

5.6.3 微视频的录制、后期处理和上传

一、搜集素材

1. 图片和视频素材。本视频的制作采用 PPT 录屏,制作 PPT 需要搜集相关图片、表格、音频、视频等素材,这些素材可以从网络上下载,也可以自己制作,比如 PPT 中的汽车、树木、人物等,都需要平时搜集或制作。例如,图 5-12 所示图片是本节作者根据需求搜集的。

图 5-12　微视频 PPT 中用到的部分图片

2. 习题和文字素材。在视频中可以适当做一些补充,以丰富学生的知识储备,也可以将一些经典题型、经典案例做一些讲解。本节课准备了一份课堂测验,可配合微视频教学,具体内容略。

二、制作多媒体课件

该 PPT 共 15 张幻灯片,主要讲解影响工业区位选择的主要因素以及区位因素的变化对区位选择的影响。PPT 的制作要求言简意赅,用最少的语言把主要内容描述出来。因此,在 PPT 制作中,我们既需要把内容讲清楚,又要把 PPT 做得简洁漂亮,这就对个人能力有比较高的要求。本节微课的部分 PPT 图片如图 5-13 所示。

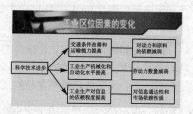

图 5-13　部分 PPT 图片

三、录制微视频

录制微视频的关键是将 PPT 做得精彩漂亮,这样更容易吸引学生的注意力。下面介绍录制视频所需要的录频软件。录屏软件有很多,只要能够满足教学需要即可。本节内容是用学校统一发放的超级捕快软件录制的,大家也可以在网上搜索其他录屏软件。超级捕快软件非常容易上手,也非常适合教师使用。同时,该录屏软件对硬件的要求不高,有个话筒就可以。但是该软件对环境的要求较高,因此,录制一般是在上课时或者晚自习后安静的时候。

第一次正式录制时,往往很紧张,我们需要将录制的内容熟记于心。如果可以的话,事先打一个草稿,将重点内容记在纸上,这样可以帮助我们稳定情绪。另外,还需要熟记讲义。对于教师来说,熟记讲义相对简单,只要多尝试几次,就可以流利地背诵下来。要多练几遍,再进行正式录制。

四、后期处理

使用录屏技术录制的微视频,一般要进行降噪和视频剪辑处理。声音处理的软件有 Adobe Audition,这个软件的使用我没有学会,因此,降噪这个环节一般是交给技术人员帮忙。这部分内容需要教师研究使用,大家如果有兴趣,可以自己学习,不过建议交给专业人员处理,以便教师把注意力集中于课堂上。

五、微视频和资源上线

将录制好的微视频上传至优酷网站,供学生下载或在线观看。

5.7 物理课微视频教学案例——正弦式交流电的产生[①]

5.7.1 微视频制作背景

正弦式交流电的产生原理是高中生学习交流电的启蒙,也是制约学生进一步认识交流电的规律及应用的瓶颈。学生理解的难点如下:其一,对正弦

---

① 本节作者为山西省汾阳中学物理历史教师李辉。

式交流电产生装置的认识模糊；其二，对线圈转动过程中的特殊位置的磁通量和感应电动势的理解不透彻；其三，不能把瞬时感应电动势的表达式 $e=E_m\sin\omega t$ 与 $e-t$ 图像和线圈位置的对应关系建立起来。

对这些方面的认识不足，导致学生学习正弦式交流电时一直停留在一知半解的状态。本节微课设计的主要意图就是解决学生在上述方面存在的问题，从装置到物理量的特征，再到 $e=E_m\sin\omega t$ 与 $e-t$ 关系式的推导，让学生系统地建立起对正弦式交流电的认识。

为了有效地解决学生在学习上述问题时遇到的困难，详细地向学生说明物理现象背后的数学原理，着重阐述瞬时感应电动势的表达式 $e=E_m\sin\omega t$ 与 $e-t$ 图像和线圈位置的对应关系，专门设计本堂微课。本节微课的知识结构图如图 5-14 所示。

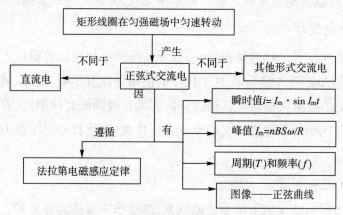

图 5-14 正弦式交流电的产生知识结构图

5.7.2 微视频设计与准备

明确本节微课的教学目标、教学难点以及教学内容以后，就可以开始微视频"正弦式交流电的产生"的设计与准备工作。

一、准备工具

为了达到本节课的教学目的，首先对学生对交流电、正弦式交流电的认识及了解程度进行相关调研，将课程的重点放到如下两点。第一，通过互联网寻找相关动画及视频，形象地展示交流电及正弦式交流电的特点；第二，使用自己做的静态 PPT 展示课件，针对法拉第电磁感应定律的内容，结合数学的三角函数,利用数形结合,对正弦式交流电的 $e-t$、$i-t$ 图像进行说明。

1. 教材:《高中物理选修 3-2》(人民教育出版社)。
2. 硬件:笔记本电脑。
3. 软件:Camtasia Studio 8.0。

二、下载相关图片、视频与动画

基于学生对交流电和直流电的本质缺乏直观上的认识,在准备本节素材时,尽可能选择最直观、最浅显、最形象的素材。

视频 1:直流电电子流动。

视频 2:交流电产生。

视频 3:正弦式交流电的形成。

视频 4:正弦式交流电产生装置。

动画 1:正弦式交流电的产生。

三、整理教学思路,制作教学 PPT 的初稿

学生学习的困难点其实就是教师在教学上需要突破的难点,有些也是教学的重点。交流电有多种形式,正弦式交流电只是其中的一种。由于学生缺乏相关经验,故仅仅依靠想象是难以理解其本质特点的。而关于正弦式交流电的视频,其网络资源非常丰富。但这些视频都是相对独立地展示某一物理过程或现象,缺乏与高中教学和高中生实际学习情况的有效联系,视频的教学针对性并不强。

由于学生已经学习过直流电,因此,本节微课将从学生的已有知识"直流电"入手,通过对比直流电和交流电的本质特征,引入交流电。利用动画直观地展示电子在电路中的运动方向,向学生形象地说明直流电与交流电的区别;在此基础上,通过视频展示交流电的电子运动情况,总结出正弦式交流电的概念和特点;在正弦式交流电中,电压会发生周期性的变化,为什么会发生这些变化呢?这就与产生正弦式交流电的装置有关。接下来,将介绍正弦式交流电的产生装置特点。最后,利用法拉第电磁感应定律详细讲解 $e-t$ 图像的生成过程,以提高学生对物理规律的理解及数学工具的应用能力。

根据以上设计思路,设计出教学 PPT 的初稿。经反复播放,不断调整和修改,试图用最清晰的画面、最合理的顺序和最简单的演示,有重点地向学生阐述正弦式交流电的相关教学内容。为了保证微视频录制时的顺畅,还需撰写微视频脚本。

5.7.3 撰写微视频脚本

将视频、图片、动画等各种素材的顺序调整好以后,就可以开始撰写画面配音,预估各个画面出现的时间,并将这些内容填写在脚本表中,完成脚本设计,如表 5-15 所示。

表 5-15 《正弦式交流电的产生》微视频脚本设计

题目	正弦式交流电的产生	
教学目标	理解正弦式交流电产生的装置、特点及产生原因	
媒体技术	Camtasia Studio 8.0、PPT	
环节	画面场景	配音或字幕
课题导入	展示 PPT 第 1 页	标题。
	展示 PPT 第 2 页	先展示直流电的特点,后展示交流电的产生装置及特点。最后对比直流电与交流电的特点,说明交流电形式多样、应用广泛。时间:(00:00:15~00:02:20)
正弦式交流电产生装置的特点	展示 PPT 第 3 页	该页中首先介绍什么是正弦式交流电,然后从 $v-t$ 图像直观说明。最后,提出问题"为什么电压会随时间的变化产生正弦关系呢"。时间:(00:02:20~00:03:27)
	展示 PPT 第 4 页	通过视频,展示正弦式交流电产生的装置,可以让学生直接接触到发电机的内部结构,产生学习的热情与主动性。时间:(00:03:27~00:04:55)
	展示 PPT 第 5 页	总结装置的特点及要求。时间:(00:04:55~00:05:44)
	展示 PPT 第 6 页	从法拉第电磁感应定律的动生感应电动势角度,以主视图的方式说明切割磁场的速度 v 随 t 的变化规律,$v_1=\sin\omega t$,通过 $E=BLV$,得出 $e=BLv\sin\omega t$。时间:(00:05:44~00:09:46)
	展示 PPT 第 7 页	通过 $e-t$ 图像的展示,说明正弦式交流电的 $e-t$ 满足正余弦函数关系的特点。时间:(00:09:46~00:11:19)
课题完结	展示 PPT 第 8 页	结束微视频,致谢。时间:(00:11:19~00:11:34)

5.7.4 微视频的录制、后期处理和上传

采取 PPT 与 Camtasia Studio 8.0 软件混合制作的方式,用 PPT 制作片头和片尾,展示重要内容,可适当加入背景音乐,烘托气氛。微视频录制完成后,在 Camtasia Studio 8.0 编辑软件中进行合成和后期处理,使之生成具有完整实验流程的教学视频。

具体过程如下:

1. 打开 Camtasia Studio 8.0,选择录制屏幕,开始录制做好的 PPT,根据设计好的脚本进行录制。

2. 保存录制好的内容,进入 Camtasia Studio 8.0 主界面进行编辑。

3. 按照脚本内容添加语音旁白,将多余部分剪切掉。

4. 全部制作结束后,观看预览并检查,确认无误后,选择"文件"—"生成并分享",生成微视频并保存。

5. 如需修改,再次回到 Camtasia Studio 8.0 主界面进行剪辑。

将录制好的微视频上传至优酷网站或学校网站,供学生下载或在线观看。

扫一扫,观看教学微视频

5.8 化学课微视频教学案例——铝热反应[①]

5.8.1 教学设计

一、教材分析

高中化学新课程标准明确提出实验在化学课程中的重要地位,强调了"从学生已有的经验和将要经历的社会生活实际出发,帮助学生认识化学与人类生活的密切关系"。铝热反应是《高中化学必修 2》第四章"化学与自然资源的开发利用"的重点实验,包含了氧化还原反应、化学反应能量变化、实验操作等重点知识,同时也是金属铝及其化合物内容的重要补充,并且在实

---

① 本文作者为山西省汾阳中学化学教师陈连冀。

际生产生活中应用于冶金、交通、军事等诸多领域。该实验要求不高,实验现象壮观,可操作性强,能更好地让学生体会化学对人类发展的重要意义,从而激发学生的学习兴趣,达到培养学生的化学学科思想、科学态度观和价值观的教学目的。铝热反应知识结构图如图5-15所示。

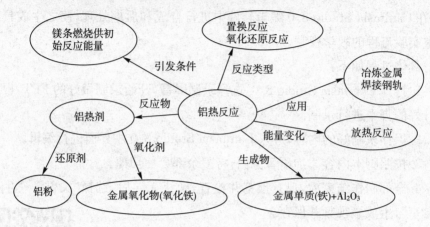

图5-15 铝热反应知识结构图

二、学情分析

铝热反应属于金属之间的置换反应,高一学生对该反应原理已经比较熟悉,但对氧化还原反应理论的运用、反应的能量变化分析以及实验操作等方面的理解还有待提高,特别是吸热反应和放热反应的区别,不能单纯地认为凡是反应条件为加热、高温的反应就一定是吸热反应,本实验就是一个典型的反例。由于受初高中学校条件的制约,学生实验做得少,动手能力不足,因而不能对实验题进行全面的、合理的分析。实验题也一直是学生考试中失分率较高的题型,本实验涵盖的基础知识较多,难度相对较低,适合高一学生学习,故制作该微视频,将其作为学生自主学习的辅助手段。

三、教学目标

根据本知识内容在高中教材的地位和常见的考查方式,制定如下三维教学目标:

1. 知识与技能。

陈述铝和三氧化二铁反应的原理。

概括铝的化学性质。

解释金属之间置换反应的条件。

分析铝与其他不活泼金属氧化物的反应情况。

识别铝热反应是吸热反应还是放热反应。

2.过程与方法。

熟悉铝热反应的实验操作,并能分析和概括出实验室进行铝热反应的条件。

3.情感、态度与价值观。

体验铝热反应的巨大威力。

激发学生学习化学、应用化学、用化学造福人类的兴趣。

四、策略方法

本次的微课程是以铝热反应的实际应用为切入点,讲述了该实验的原理、装置、操作和实际应用,通过图文、视频让学生真正掌握铝热反应的基础知识。同时,提醒学生在观看视频中可以暂停、注意观察、思考、分析实验过程,提高学生进行科学探究的意识,培养分析问题、解决问题的能力。

5.8.2 微视频脚本设计

在教学设计基础上,创作了铝热反应教学微视频的脚本,如表5-16所示。

表5-16 铝热反应微视频脚本设计

题目	铝热反应	
教学目标	了解铝热反应及其应用	
媒体技术	Camtasia Studio 8.0、PPT	
环节	画面场景	配音或字幕
课题导入	展示PPT第1页	在录制视频时口述:同学们好,本次微课我们来学习铝热反应及其应用。
	展示PPT第2页（播放视频1:铁路工人焊接钢轨）	我们先来看一段视频(展示铁路工人工作视频1)。想了解这几位工人师傅在干什么吗?让我们来学习铝热反应的知识吧,首先我们去实验室做这个实验

环节	画面场景	配音或字幕
展示实验装置、操作过程	展示PPT第3页（播放视频2：实验室中的铝热反应实验）	展示课本上铝热反应的实验装置，播放实验视频2。在录制视频时解说实验装置和实验过程：请同学们对照课本实验内容，熟悉实验装置。首先，将一张滤纸卷成一只纸漏斗，向纸漏斗中添加铝粉和氧化铁粉末，接着在沙子中挖一个小坑，将纸漏斗放在其中，在上方插一根长约3 cm并用砂纸打磨过的镁条。点燃镁条，观察现象，是不是很壮观呢！反应结束后用坩埚钳将产物夹起，由于产物的温度很高，故发出耀眼的光，并且有熔融物不断地滴落在沙中。待其冷却后，我们敲开产物，可观察到有银白色金属光泽的物质生成。请同学们暂停视频，试着写一写该反应的化学方程式
展示化学方程式，分析反应原理	展示PPT第4页	展示该反应的化学方程式，归纳实验现象。在录制视频时口述：该反应是由三氧化二铁和铝粉在高温条件下生成铁和三氧化二铝。我们可以观察到：镁条剧烈燃烧，发出耀眼白光，纸漏斗内剧烈反应，纸漏斗被烧穿，有熔融物落入沙中。提出问题：1.这个反应的反应类型是什么？2.该反应的触发条件是什么？3.该反应是吸热反应还是放热反应？你能画出该反应的能量变化图吗？请同学们暂停视频，思考以上问题，分析铝热反应的原理。
	展示PPT第5页	在录制视频时口述：这是一个置换反应，因为铝比铁活泼，所以铝能将铁从其氧化物中置换出来。其中，铝粉和氧化铁粉末的混合物叫作铝热剂。镁条的燃烧提供了发生反应所需的热能。氯酸钾受热分解产生氧气，作供氧剂。那么该反应是吸热反应还是放热反应呢？
	展示PPT第6页	分析铝热反应的能量变化情况。在录制视频时口述：在学习了化学键以后，我们知道任何反应都可看作旧化学键断裂、新化学键形成的过程。铝热反应也不例外，反应开始时，为了断开反应物铝和氧化铁中的化学键，必须吸收镁燃烧放出的能量；而在生成铁和氧化铝中的化学键时，又释放出了能量。从图上可看出成键释放的能量要大于断键吸收的能量，所以该反应是放热反应。我们再来欣赏一下铝热反应的威力吧！

续表

环节	画面场景	配音或字幕
展示化学方程式，分析反应原理	展示PPT第7页（播放视频3：铝热反应的威力）	铝热反应的产物烧熔多层铝片。在录制视频时口述：铝的熔点为660 ℃，而铝热反应的温度可超过2000 ℃，足以把铝片烧穿。铝热反应过程中生成熔岩般的铁水。
	展示PPT第8页	在录制视频时口述：铁的熔点为1500 ℃，我们可以看到生成的铁熔为液态，好像岩浆在地面流淌。展示其他铝热反应，拓展学生认识。
	展示PPT第9页	在录制视频时口述：其他活动性弱于铝的金属也可发生类似的置换反应，它们也属于铝热反应。
	展示PPT第10页	介绍铝热反应的应用。 在录制视频时口述：利用铝的还原性可将活动性弱于铝的金属从氧化物中置换出来，得到金属单质，由于反应放出大量的热，可同时将高熔点金属（如钒、锰、铬等）熔化，便于加工，因此铝热反应常用于冶金业。
	展示PPT第11页（播放视频1：铁路工人焊接钢轨）	在录制视频时口述：在野外，火车铁轨发生断裂时，若更换铁轨，则需耗费大量的人力物力，而利用铝热反应将熔化的铁水直接注入断口，则可以很轻松地把断裂的铁轨再接起来
归纳小结	展示PPT第12页	归纳总结铝热反应的特点。 在录制视频时口述：铝热反应的特点如下： 1. 铝热反应的本质是利用铝的还原性将活动性弱于铝的金属从氧化物中置换出来，得到金属单质。掌握铝热反应的本质后即可快速、准确地写出反应方程式，进一步分析解决问题。 2. 铝热反应是放热反应。由此可见，反应条件为高温、加热的反应并不一定是吸热反应，要具体反应具体分析。 3. 铝热反应主要用于冶炼活动性弱于铝的高熔点金属和焊接钢轨。此外，该反应还用于制造铝热弹，巨大的热能足以烧穿坦克的装甲
课题完结	展示PPT第13页	结束微课，致谢

5.8.3 微视频的录制、后期处理和上传

一、搜集素材

1.视频素材。这节微课的内容是实验,需要先从网络上搜集该实验的相关视频。本次教学中,下载到的视频有:视频1铁路工人焊接钢轨、视频2实验室中的铝热反应和视频3铝热反应的威力。通过视频,使学生对实验过程和反应特点有一个直观的认识和体验,并根据需要对视频进行剪辑。例如,将需要学生独立思考的内容提示暂停,对着重讲解的实验视频进行消音处理。将视频材料直接导入PPT中,可全屏播放或在幻灯片页面上播放,如图5-16所示。

图 5-16 铝热反应的视频素材

2.图片素材。在介绍铝热反应的装置和应用时,选择展示图片的方式,有的图片来自网络,简单的图片也可以用绘图软件绘制。图片分辨率要尽量高,色彩明亮,细节清晰,内容生动,这样才能吸引学生的注意力。

3.文字素材。文字素材主要用于介绍实验原理、装置和现象,方程式和文字在制作PPT前可先写在纸上,再录入幻灯片中。注意幻灯片中的文字表达,一定要条理规范,完成后一定要检查有无错别字出现。

二、制作多媒体课件

首先设计本课程 PPT 的框架,分为四个部分:装置操作、反应原理、实际应用和归纳小结,再将相关的视频、文字、图表逐个加入,然后添加标题、导入和结尾,此时课件的雏形就完成了。接着对每一张幻灯片页面进行加工编辑,调整好图文的颜色、字体、间距、布局等,并编辑每段图文的动画效果。在编辑过程中注意:图文的布局要合理,文字的内容要简洁明了,除需重点突出的内容外,其余教师配音讲解的文字可不录入;字体、颜色要保证清楚;图文的动画效果如演示时间、出现方向、出现方式等要简单合理,切忌突兀繁杂,否则会引起观看者的视觉疲劳。一次编辑后再从头播放,若有不满意或不合适的地方,需进行二次或多次编辑,直到符合微视频录制的需要为止。

三、录制微视频

微视频的录制可利用各类录屏软件完成,使用录屏软件不仅可以录制微视频,还可以进行微视频的后期剪辑处理。录制过程主要是结合 PPT 对微视频内容进行讲解,将 PPT 演示的动态视频和教师讲解的音频结合为成品视频,应在一个安静的场所完成录制。打开 PPT 和录屏软件(本节使用的是 Camtasia Studio 8.0),调试好话筒音量,开始录制。刚开始录制微视频的教师可准备好讲稿,避免在录制时讲解不连贯或无条理性,注意语速不宜过快,应尽量减少口语化和不必要的表述,提高学生接收信息的效率。若出现失误,可将 PPT 翻到失误前的那一页,停顿几秒后,再继续录制,失误的部分可在后期剪辑时删除掉。

四、后期处理

录制完成后,在 Camtasia Studio 8.0 编辑软件中进行合成和后期处理,使之生成具有完整实验流程的教学视频。

五、微视频和资源上线

录制完成的微视频不仅可以用于日常教学,还可以上传分享到各个网站,方便更多的学生观看学习。

扫一扫,观看教学微视频

5.9 生物课微视频教学案例——果酒和果醋的制作[1]

5.9.1 教学设计

一、教材分析

本节微课选自《高中生物选修 1 生物技术实践》中的第一个内容。高中生物选修 1 是一门通过实验设计和操作实践学习科学探究的选修课程，重在培养学生设计实验、动手操作、搜集证据等科学探究的能力。

学生在高中生物必修 1 中已经学习了细胞呼吸的相关知识，对于酵母菌有氧呼吸和无氧呼吸的原理也有所掌握。通过微视频来帮助学生梳理基础知识，确定菌种类型、菌种来源，了解果酒和果醋制作的原理等，从而引导学生主动探究。学生已亲自制作过果酒，尝试解释果酒和果醋的制作原理不会有太大难度。

本节微课以实验为主，教师要注意引导，既要规范实验的程序，又要充分鼓励学生亲自动手制作果酒，培养他们对生物科学的兴趣，同时为学习之后的课程做好铺垫。在实践过程中，设计制作果酒和果醋的装置，并了解各个接口的作用也很重要，如何突破就变得尤为关键，可以适当提示学生进行设计并相互点评优缺点，逐步进行改进和完善。本节的知识结构图如图 5-17 所示。

二、学情分析

首先，从知识储备上看，通过《高中生物必修 1》的学习，学生对于酵母菌细胞呼吸的方式已经比较清楚，但高二学生的知识体系还在不断完善，动手操作的能力较弱，在葡萄酒的制作过程中控制发酵条件难度较大。其次，从能力上看，不少学生的基础不太扎实，课外知识面不太广，缺乏自主学习能力，同时，学生的逻辑思维正处于发展阶段，发现问题的能力和创新意识还有

---

[1] 本节作者为山西省中阳一中生物教师崔淑燕。

待提高。因此,教师应适时进行引导,打造以问题为中心的课堂教学模式,使学生真正动起来。

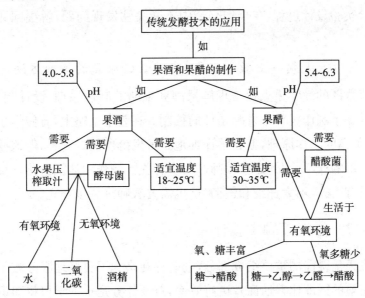

图 5-17　果酒和果醋的制作知识结构图

针对这样的学情,教师应在课堂前先行动起来,与学生一起寻找家庭自制果酒的简易方法并着手进行酿制。教师要对学生的方案进行核查,对酿制过程中存在的问题做针对性的指导,同时定期验收作品,并通过拍摄图像进行记录。这样做可以使学生很有成就感,对未来所要学习的内容更加感兴趣。

三、教学目标

1. 知识目标。

说出果酒、果醋制作所需的菌种,以及制作果酒、果醋的实验流程。

解释果酒、果醋制作的原理,会写反应式。

正确解释影响发酵的因素。

根据实验流程示意图和提供的资料,设计出简单的果酒、果醋生产装置。

2. 能力目标。

组装出简单的果酒、果醋生产装置。

通过搜集、整理和分析实验资料,撰写定量实验结果,总结实验结论,能够利用已有知识解决实际问题,综合分析并使用简约的科学术语表达。

3.情感、态度和价值观目标。

体验实验设计过程,在合作交流中不断关注发现问题、解决问题的动态过程。

四、利用微视频突出教学重点、突破教学难点的策略方法

本节微课的教学重点在于理解果酒和果醋的制作原理,设计制作装置。教学难点在于制作过程中发酵条件的控制。在教学策略上,若使学生充分理解果酒、果醋的制作原理,就必须详细地了解发酵所需的菌种,但这些在课本上仅有简单的介绍,因此需要教师进一步补充。制作中涉及的化学反应式在课本中只有简式,不太详细和透彻,这也需要教师进一步补充。

5.9.2 微视频脚本设计

微视频是微课的重要组成部分,它的存在是为了更好地服务教学。为了使一节完整的微课比普通课堂更有效率,首要任务是根据学情将知识进行抽提、分离和加工,制作成适合学生自学用的微视频(如表 5-17 所示)。

表 5-17 中阳一中翻转课堂微视频设计脚本卡

微视频课题:果酒和果醋的制作	
录制方法:用录屏软件 Camtasia Studio 8.0 对素材进行录制、剪切与后期处理	
录制人:崔淑燕 录制时间:2014 年 10 月 6 日	
目标	1.通过视频演示,使学生能够对果酒和果醋制作过程有直观的认识。 2.通过视频演示,能够增强学生对果酒和果醋制作原理的理解。 3.通过视频演示,能够促进学生对果酒和果醋实验操作技能的掌握
内容聚焦	通过观看视频,帮助学生理解果酒和果醋制作原理,提高学生在果酒和果醋制作过程中的科学探究能力
视频内容	1.介绍制作果酒和果醋实验操作流程、步骤、注意事项等内容。 2.结合课本知识,录制的 PPT 课件展示了有关果酒和果醋的制作原理,同时要提出问题,使学生带着问题去自主学习。 3.演示家庭制作简易葡萄酒的全过程。 4.展示学生制作的果酒作品
拓展问题	1.如何将葡萄上附着的酵母菌分离出来? 2.如何从食醋中分离出醋酸菌?

5.9.3 微视频的录制、后期处理和上传

一、搜集素材

本课微视频通过 Camtasia Studio 8.0 软件录制、剪切完成。视频录制的关键是制作 PPT，在 PPT 制作中需要用到大量图片、视频等素材，这些素材需要在平时教学中不断地积累。

为了更好地完成本节教学内容，需要准备图片和视频等素材。无论图片还是视频，都需要根据教学意图进行精心选择。比如，"果酒果醋的制作实验"可选择土豆网中时长为 7 分钟的同名视频；"家庭自制红葡萄酒"视频，可选择优酷网上时长为 3 分 06 秒的同名视频。图片素材及其教学意图如表 5-18 和图 5-18 所示；视频素材及其教学意图如表 5-19 和图 5-19、图 5-20 所示。

表 5-18　果酒和果醋的制作图片教学素材

序号	图片	教学意图
1	酵母菌的形态结构	了解酵母菌的结构组成
2	出芽生殖电镜照片 1	介绍酵母菌的生殖类型
3	出芽生殖电镜照片 2	介绍酵母菌的生殖类型
4	含野生酵母菌的葡萄	介绍野生酵母菌存在部位
5	醋酸菌的结构图	了解醋酸菌的形态结构
6	电镜下的醋酸菌	了解醋酸菌的外形特征
7	二分裂图示	了解细菌的二分裂过程
8	发酵装置	了解果酒与果醋发酵的异同点

表 5-19　果酒和果醋的制作视频教学素材

序号	视频	教学意图
1	果酒果醋的制作实验	让学生熟悉实验操作流程、步骤、注意事项等
2	家庭自制红葡萄酒	了解简易葡萄酒做法

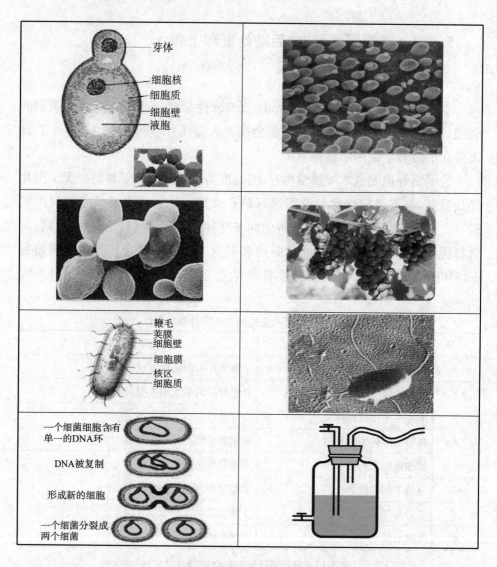

图 5-18 果酒和果醋的制作图片

图 5-19 《果酒果醋的制作实验》视频截图

图 5-20 《家庭自制红葡萄酒》视频截图

二、制作 PPT 课件

本课程用到的 PPT 有 3 个,分别是用于微视频录制的 PPT、学生自学用的 PPT 和师生交流用的 PPT。为了让学生能自主了解果酒和果醋的制作原理,结合课本知识制作了 PPT 课件,在此基础上制作成微视频。有了语言的加入,使学生带着问题去思考学习。微视频 PPT 的制作要求简洁明了、画面清晰。制作微视频所用 PPT 如图 5-21 和图 5-22 所示。

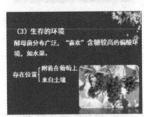

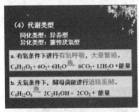
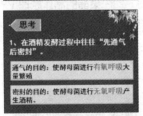

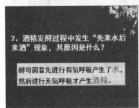

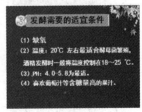

图 5-21 果酒的制作原理 PPT

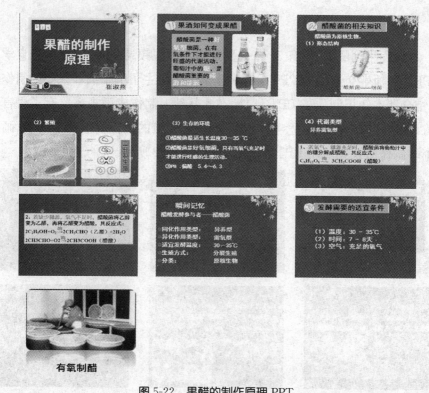

图 5-22 果醋的制作原理 PPT

为了让学生对本节课程感兴趣,在学生自主学习前介绍有关酒文化的知识,同时为了把控学生自主学习的进度,特别制作自学用的 PPT(如图 5-23 所示)。

图 5-23 自学用的 PPT

师生交流课用于解决学生在自主学习过程中存在的共性问题,在 PPT 的设计上以学生反馈的问题为主,同时附带解决策略。此课件配合微视频《家庭自制红葡萄酒》共同使用。学生在学习本节课程前已经尝试制作过葡萄酒,为了更好地拓宽学生的知识面,专门制作了微视频《学生果酒作品》,供学生观赏、学习。展示课 PPT 如图 5-24 和 5-25 所示。

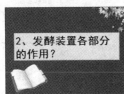

图 5-24 师生交流用的 PPT(1)

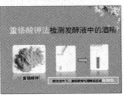

图 5-25 师生交流用的 PPT(2)

三、录制微视频

录制微视频的方法有很多，根据生物学科特点，本节课程所采用的方法是利用录屏软件 Camtasia Studio 8.0 进行录制。此款软件与以前用的超级捕快相比具有可以进行后期编辑的优势，这样可以大大减少教师在录制过程中出现的问题（如图 5-26 所示）。

录屏软件 Camtasia Studio 8.0 截图

录屏软件超级捕快截图

图 5-26　录制软件

微视频的录制不同于讲课，讲课是面向全体学生，而微视频的对象是一个人，因此，在录制过程中教师要有角色的转换，与之对应的就是说话语气、用语的转换。开始录制总是有困难的，比如无关的杂音、教师的停顿、口误、动画的播放没有从头开始、录制过程中弹出无关的窗口等，不过这些都是可以通过后期的剪辑进行处理的。关键在于录制过程中教师必须做到面前虽无学生，但心中有学生，这样语言才不会生硬且更加富有感情，微视频让学生听起来才会同步，而不会因语速太快而跟不上节奏。

作为新手，刚开始的心思只是录制好完整的微视频，录制久了，要求就会更高，便会研究 PPT 色彩、背景、字体、版式及动画呈现方式等对学生学习的影响。从有录制经验的人的角度看，要想录制出好的微视频，需要在实践过程中逐渐摸索，而不是纸上谈兵。

四、后期处理

后期处理主要是降噪处理、提高音量、插入统一的片头以及对不太满意的地方进行剪切等,这些只要会应用录屏软件便可做到。此外,生物学科中需要做实验的内容比较多,若有在实验室中进行实验操作的视频,则只需要进行插入处理。当然,为了获得更好的效果,可以进行转场上的处理。为了防止录制的视频过于单调,可以插入适当的背景音乐,这样效果会不一样。

五、微视频和资源上线

微视频制作好后,可发送或链接给学生观看学习,为了让学生更好地在有网络的地方随时观看,仅仅将视频拷入 U 盘是不够的,因为学生碰到疑难的问题不能及时地反馈。因此,学校开设专门的微慕平台,可以先将微视频传到优酷网,再将链接链入学习平台,也可以直接将微视频传到学习平台。

除了微视频,相应的课件及其他学习资源同样需要上传。拥有了配套的资源,学生学习起来才会更加方便。

5.10 教学微视频的脚本制作案例

前面我们提到,录制微视频就像拍摄电影。拍电影要有剧本,录制微视频也需要剧本,这个剧本,我们称之为"脚本"。脚本是微视频录制的蓝图和导航。它不是教案,也不是课程资料或演示文稿的简单堆砌,而是按一定格式编写的可执行文件。脚本一般包括基本信息、媒体技术、环节、画面场景、配音字幕和时间等要素。在脚本里,需要按照微视频拍摄的时间顺序,分步骤写清楚先展示什么,后展示什么,及如何衔接各个环节。

5.10.1 《血红蛋白的提取和分离》教学微视频脚本制作[①]

一、微视频制作背景

"血红蛋白的提取和分离"是《高中生物选修 1 生物技术实践》的教学内

---

① 本案例由山西师范大学生命科学学院生物科学专业 2012 级毕业生禾佳唯提供。

容,由于本课题实验的前期准备量大,普通中学实验器材又不足,课时较少,因此,大多数学校和教师在实践中都是以"黑板实验"的方式开展教学。为了给基层教师提供教学微视频资源,特地借助山西师范大学生命科学学院的实验资源,录制本实验教学微视频。

二、微视频设计与准备

首先,根据教材和课标要求,撰写教学设计方案(教案)。通过网上搜集相关教学资源,包括学案、PPT、教案、实验操作视频等,依据教学设计制作教学PPT,并撰写"血红蛋白的提取和分离"实验方案。制作PPT时,遵循以下原则:①模板背景简洁;②课件内容精练;③字号大小适中,尽量选择白底黑字;④尽量运用图表或图片阐释知识内容。考虑到视频时间最好不要超过10分钟,将该实验划分为两个教学视频进行录制。教学视频一涉及实验样品的处理和粗分离;教学视频二涉及实验样品的纯化。

本教学内容属于实验,如果按照实验过程录制,就变成了单纯的实验,无法体现探究思想。为了突出探究意识,本教学微视频的录制将采取以PPT讲授为主,以实验阐释为辅的形式。其中,制作教学视频一时,提前录制了5个实验视频片段,以展示实验仪器材料和操作步骤:视频1《实验材料、仪器介绍》、视频2《血液离心实验》、视频3《红细胞的涨破》、视频4《过滤红细胞》和视频5《透析》。制作教学视频二时,提前录制了实验视频片段。

在做每一个实验时,都要明确实验原理、实验所需仪器和试剂以及具体操作过程,准备好实验所需材料,检查各种实验仪器,以确保干净,实验结束后清理现场。做实验时,保证操作规范,程序正确。为了提高拍摄质量,特邀请专业人员帮助拍摄,并将视频分别命名后导入电脑,保存下来。在实验过程中,还可以将需记录的实验现象拍照保存,以便在后期制作PPT时使用。

所有素材准备妥当后,便可以对微视频的画面顺序、所需素材及其用途进行设计,如表5-20所示。

表 5-20　微视频画面展示的顺序

画面顺序	素材	用途
展示 PPT 第 1 页	血红蛋白的提取和分离	导入课题
展示 PPT 第 2 页	血液的分层现象	复习初中知识,认识血红蛋白的生存环境
展示 PPT 第 3 页	显微镜下的血细胞	复习初中知识,认识红细胞
展示 PPT 第 4 页	血红蛋白四级结构	从分子水平和化学结构上认识血红蛋白
展示 PPT 第 5 页	血液成分	从血液的化学成分上认识血红蛋白,阐明提取血红蛋白的思路
展示 PPT 第 6 页	操作过程	阐述实验操作
视频 1	实验材料、仪器介绍	介绍实验材料,如新鲜的鸡血等,以及微量移液管等实验仪器
视频 2	血液离心实验	演示离心实验操作
展示 PPT 第 7 页	血红蛋白的释放	提示实验进入第二个阶段
视频 3	红细胞的涨破	演示规范操作
展示 PPT 第 8 页	分离血红蛋白溶液	总结离心液中的成分,提示实验进入第三个阶段
视频 4	过滤红细胞	演示实验操作
展示 PPT 第 9 页	透析的定义和目的	认识分离、纯化血红蛋白的实验方法——透析
展示 PPT 第 10 页	透析法	阐述透析法原理
视频 5	透析	演示实验操作
展示 PPT 第 11 页	总结	总结

三、撰写教学微视频脚本

将各种素材的顺序调整好以后,就开始撰写画面配音内容,预估各个画面出现的时间,并将这些内容填写在脚本表中,完成脚本设计,如表 5-21 所示。

表 5-21 《血红蛋白的提取和分离》教学视频一《样品处理、粗分离》脚本设计

题目	教学视频一《样品处理、粗分离》			
基本信息	样品的处理(红细胞的洗涤、血红蛋白的释放、分离血红蛋白溶液),粗分离(透析)			
教学目标	能说出样品的预处理过程			
媒体技术	Camtasia Studio 8.0、PPT			
环节	画面场景	配音或字幕		时长
课题导入	展示PPT第1页	同学们好,这节课我们来学习血红蛋白的提取和分离。		1分12秒
	展示PPT第2页 血液的分层现象	我们知道,血液是由血浆和血细胞组成的。将一定量的血液放入装有抗凝剂的试管中,静置一段时间后,可以观察到血液有明显的分层现象,上层液体是血浆,下层是血细胞。		
	展示PPT第3页 显微镜下的血细胞	在显微镜下我们可以看到形态不同的血细胞,其中有白细胞、血小板和大量的红细胞,而红细胞的组成中,除了水,约90%是血红蛋白。		
	展示PPT第4页 血红蛋白四级结构	血红蛋白由4条肽链组成,即2条α肽链和2条β肽链,每条肽链环绕一个亚铁血红素基团。如果我们想要提取血红蛋白,该怎么做呢?		
	展示PPT第5页 血液成分	想要提取血红蛋白,首先应该获得红细胞,再使红细胞破裂释放出血红蛋白,最后利用血红蛋白的特性,一步步纯化获得纯度较高的血红蛋白。根据这样的实验思路,我们来做血红蛋白的提取分离实验		
	展示PPT第6页 操作过程			
红细胞的洗涤	插入(播放)提前录制的视频1:《实验材料、仪器介绍》	接下来我们选择鸡血作为材料,来看怎么获得红细胞。 实验需要的仪器和试剂有离心管、托盘天平、离心机、生理盐水、磁力搅拌器等。		2分35秒

续表

环节	画面场景	配音或字幕	时长
红细胞的洗涤	插入(播放)提前录制的视频2：《血液离心实验》	首先要获得红细胞，我们来看怎么获得红细胞。将血液加入离心管中，用另一只装有水的离心管配平，对称放入离心机中，打开离心机电源。这里要用低速离心机，先调时间，再将转速缓缓调至2500 r/min，离心10分钟，去除上清，上层透明液体是什么？是血浆，我们需要的是下层的红细胞，取下层红细胞液体，加入5倍体积的生理盐水，重复上述步骤3次，直至上清液中没有黄色，表明已洗涤干净，即获得红细胞。获得红细胞之后，怎样才能使细胞破裂释放出血红蛋白呢？	2分35秒
血红蛋白的释放和分离血红蛋白	展示PPT第7页血红蛋白释放 插入(播放)提前录制的视频3：《红细胞的涨破》	这时我们不难想到让红细胞吸水涨破的方法，下面我们来看具体操作。加入约红细胞5倍体积的蒸馏水和3倍体积的甲苯，甲苯的作用是溶解细胞膜。倒入小烧杯，用磁力搅拌器振荡10分钟，此时红细胞破裂。试管溶液中除了有蛋白质、细胞的其他内容物外，还有细胞膜，该怎么办呢？我们采取离心的方式，2500 r/min离心10分钟，离心后溶液分为4层。	2分45秒
	展示PPT第8页分离血红蛋白溶液	最上层无色液体为有机溶剂甲苯层，第二层为脂溶性物质沉淀层，第三层红色溶液为血红蛋白液，最底层是红细胞破碎物，在离心力的作用下紧贴试管底部，那么就只剩下上边的3层——甲苯层、脂溶性沉淀层和血红蛋白溶液，这时候我们该怎样来分离血红蛋白溶液呢？	
	播放实验视频4：《过滤红细胞》	将混合物用湿滤纸过滤，甲苯和脂溶性沉淀一般通不过湿滤纸，这样滤液就为血红蛋白溶液，血红蛋白中仍含有许多杂质，我们选择用透析的方式来进行粗分离	

续表

环节	画面场景	配音或字幕	时长
粗分离（透析）	展示PPT第9页 透析的定义和目的	透析是指利用小分子经过半透膜扩散到水或缓冲液的原理,将小分子与生物大分子分开的一种分离纯化技术;透析的目的就是除去分子量较小的杂质。	2分20秒
	展示PPT第10页 透析法	半透膜能使小分子物质自由进出,而大分子的蛋白质留在袋子内。这里的透析袋就相当于半透膜。	
	插入(播放)提前录制的视频5:《透析》	具体操作是,将透析袋一端用线绳扎紧,透析袋相当于半透膜,用移液枪将1 mL的血红蛋白装入透析袋中,透析12小时。用线绳将透析袋的另一端也扎紧。将透析袋放入盛有300 mL 0.02 mol/L磷酸缓冲溶液的烧杯中,经过透析除去小分子杂质。(磷酸缓冲液起到什么作用呢?是为了维持体外蛋白质的稳定)	
	展示PPT第11页 总结	好了,我们来回顾这节课所学内容。我们对材料进行了样品处理和粗分离,样品处理包括红细胞的洗涤、血红蛋白的释放和分离血红蛋白,通过透析进行了粗分离。粗分离只是除去了分子中的小分子杂质,蛋白质的进一步纯化要用凝胶色谱法,我们下节课一起来学习	

四、录制教学微视频

采取PPT与Camtasia Studio 8.0录屏软件混合制作的方式,用PPT制作片头和片尾,以及展示重要内容,穿插实验视频,在Camtasia Studio 8.0编辑软件中合成,完成后期处理,使之生成具有完整实验流程的教学视频。

扫一扫,观看教学微视频

5.10.2 《多聚酶链式反应扩增 DNA 片段》教学微视频脚本制作[①]

一、微视频制作背景

"多聚酶链式反应扩增 DNA 片段"是《高中生物选修 1 生物技术实践》(人教版)专题 5"DNA 和蛋白质技术"中课题 2 的内容。多聚酶链式反应,英文为 Polymerase Chain Reaction,一般缩写为 PCR,它是一种生物体外迅速扩增 DNA 片段的分子生物学技术,是现代分子生物实验中最重要的技术之一。这一技术在遗传病诊断、刑侦破案、考古学、基因克隆中都有极为广泛的应用,也常常用于亲子鉴定。目前大多数普通高中还不具备开展本实验的条件,为了给基层教师提供教学视频资源,特地借助山西师范大学生命科学学院的实验资源,录制本实验教学微视频。

二、微视频设计与准备

首先,根据课标和教材要求,进行教学设计,厘清视频教学的思路,撰写教学设计。在撰写教学教案时,我撰写的是详案。这样可以为脚本的设计打草稿,同时,明确如何设计教学 PPT,需要使用哪些图片和视频资源。

其次,搜集图片和视频资源,经过反复比较,寻找适合教学的多媒体资源。网上若没有找到关于实验仪器和实验材料的合适图片,则可以自己拍摄照片。拍摄的照片有:实验仪器,包括微量移液器、移液器吸嘴、PCR 仪、冰袋、离心管和离心管架、PCR 管和 PCR 管架;实验材料,包括双蒸水、引物、模板以及 PCR Mix。还有 PCR 反应体系配方,反应参数也拍成了照片。将这些拍好的照片按照照片中的实验仪器和材料的名字命名,存入计算机。

因本课题为实验教学,且实验操作难度较大,故还需要对实验做些必要的前期准备。根据实验目的,列出实验仪器和步骤,熟悉实验过程;提前去实验室准备实验仪器与材料;多次练习实验操作,直至操作熟练。在操作过程中,一边做好记录,一边构思讲解和操作顺序与时间,为撰写脚本做准备。同时,反复观看不同网站上关于 PCR 技术的实验操作视频,并思考与网上实验

---

① 本案例由山西师范大学生命科学学院生物科学专业 2012 级毕业生栗佳静提供。

操作视频的不同之处,初步设计教学视频脚本。为了使脚本设计更加精确,本节作者又到实验室试录实验操作,记录下实验的时间,并对实验操作视频进行初步剪辑。将在教学视频中使用的视频确定下来并命名,保存在计算机中。

参考预录的视频,我决定拍摄四个实验视频片段:分装移液的操作过程、配置 PCR 反应体系、启动 PCR 以及操作 PCR 仪器。为了使实验操作更加规范,特邀请山西师范大学生命科学学院的那冬晨教师进行操作示范。为了使画面稳定、美观,特地借到专门的摄影机,并联系到专业的摄影师。准备好摄影机、摄影师、实验室、实验器材之后,再进行实验视频的拍摄和录制。

我将教学 PPT、实验视频片段准备好以后,根据教学设计思路制作微视频教学 PPT。然后,将照片和视频纳入 PPT 中,从而形成微视频。微视频画面展示的顺序如表 5-22 所示。

表 5-22 微视频画面展示的顺序

画面顺序	素材	用途
幻灯片 0	警察卡通图片(略)	导入课题
幻灯片 1	艺术字:"多聚酶链式反应技术"	展示课题
幻灯片 2	艺术字:"实验仪器和材料"	提示实验开始
照片 1~4	实验仪器:微量移液器、移液器吸嘴、PCR 仪、冰袋、离心管和离心管架、PCR 管和 PCR 管架(配字幕)	展示仪器实物
照片 5	实验材料:双蒸水、引物、模板,以及 PCR Mix(配字幕)	展示材料实物
幻灯片 3	问题:"有了实验仪器,是不是就可以直接进行实验了呢?"	用设问引发学生思考,引出 PCR 反应体系
照片 6	PCR 反应体系配方	展示配方
幻灯片 4	体外扩增 DNA 片段的条件	回忆 PCR 反应条件,引出 PCR 反应体系
照片 7	PCR 反应体系	展示反应体系
视频 1	分装移液	演示规范操作
视频 2	配置 PCR 反应体系	演示规范操作
视频 3	PCR 仪器功能	介绍 PCR 仪器

续表

画面顺序	素材	用途
幻灯片 5	PCR 反应过程图解	展示反应过程
照片 8	参数照片	展示参数
视频 4	操作 PCR 仪器	演示仪器操作
幻灯片 6	估算 DNA 片段	知识应用,课后练习(作业)

三、撰写教学微视频脚本

将各种素材的顺序调整好以后,就可以撰写画面配音内容,预估各个画面出现的时间,并将这些内容填写在脚本表中,完成脚本设计,如表 5-23 所示。

表 5-23 微视频录制脚本设计表

题目	多聚酶链式反应扩增 DNA 片段		
课题目标	1. 了解 PCR 技术的基本操作。 2. 掌握 PCR 技术中主要实验仪器的使用方法。 3. 理解 PCR 技术中的一些基本原理		
主要内容	实验准备、配置 PCR 反应体系、设置程序开始扩增		
媒体技术	Camtasia Studio 8.0、PPT 和视频素材		
环节	画面展示	配音或字幕	时长
前期准备	展示幻灯片 1(警官卡通图片)导入教学 展示教学课题名称"多聚酶链式反应技术"	同学们,大家好!相信同学们都知道,当前,DNA 技术在案件侦破过程中具有非常重要的作用。假设你是一名警官,在案发现场只搜集到一根毛发,但它所含的遗传信息量太少,我们怎样才能迅速获取足量的 DNA 片段呢?没错!正是通过我们接下来要一起学习的——多聚酶链式反应技术	30 秒左右
配置 PCR 反应体系	展示幻灯片 2	首先,我们来认识一下本实验所需要的材料和仪器(出现照片,设置标注)(实验仪器有微量移液器、移液器吸嘴、PCR 仪、冰袋、离心管、离心管架、PCR 管以及 PCR 管架。实验材料有 ddH_2O、PCR Mix、引物和模板)	1 分钟 50 秒左右

续表

环节	画面展示	配音或字幕	时长
配置 PCR 反应体系	展示幻灯片 3	有了实验器材,是不是就可以直接进行实验了呢?就像我们要做蛋糕,有了面粉、牛奶、鸡蛋、食用油,就可以直接做蛋糕了吗?有经验的蛋糕师首先要按照一定的比例混合以上材料。我们的实验也如此,在开始实验之前,需要设计 PCR 反应体系配方。	1 分钟 50 秒左右
	展示照片 6	在设计配方之前,我们先来回忆一下 PCR 反应的条件是什么。	
	展示幻灯片 4	根据以上条件,我们再来设计 PCR 反应体系,并将设计好的 PCR 反应体系配方记录在实验记录本上。本实验中,我们利用相同的引物,扩增两种不同的 DNA 模板,每个模板设置三次重复和两个对照组。有的同学肯定在想,反应所需试剂中是不是少了 Taq DNA 聚合酶和原料了呢?刚才的 PCR Mix 又是什么呢?其实 PCR Mix 指的是做 PCR 时的预混液,是将除了模板、引物以外的组分按照最佳配比混合在一起的混合液。所以,大家所困惑的 Taq DNA 聚合酶和四种脱氧核苷酸原料其实已经包含在 PCR Mix 中了	
	展示照片 7		
设置程序开始扩增	插入(播放)视频 1	下面我们开始操作。首先,按照实验记录本上事先设计好的配方,先将除模板以外的其他组分依次加入一个离心管中。在此需要注意的是,因为实验需要 8 管 PCR 反应体系,而在分装移液的过程中可能会有部分损耗,所以我们一般按照 10 倍的量来配备。另外,往离心管中添加成分时,为了避免交叉污染,每吸取一种试剂后,移液器上的枪头都必须更换。待所有成分都加入之后,将反应液混合均匀。然后,将离心管中的成分分装到 8 支 PCR 管中。最后,在 1~3 号 PCR 管中加入模板一,4 号 PCR 管中加入水,5~7 号 PCR 管中加入模板二,8 号 PCR 管中加入水。	2 分钟 20 秒左右
	插入(播放)视频 2	整个实验操作都要在冰上进行,你们知道这是为什么吗?其实,这是为了防止引物降解、模板断裂等因素对实验结果造成影响。另外,为了避免外源 DNA 等因素的污染,PCR 实验中使用的微量离心管、枪头以及双蒸水都要在实验前进行高压灭菌。最后,盖上 PCR 管盖,PCR 反应体系配置完毕	

续表

环节	画面展示	配音或字幕	时长
设置程序开始扩增	插入(播放)视频3	PCR仪是一种能够自动调控温度的仪器。PCR仪中DNA的复制过程,就像是专业的厨师在炒菜一样,根据菜系以及口感的需求,在不同阶段,对于火候和时间的把控都有严格的要求。同样的道理,我们也应该根据体外DNA复制过程中不同阶段对于温度的要求,来设置PCR仪的参数。	4分钟左右
	展示幻灯片5	那么,体外DNA复制的过程是怎样的呢?(插入体外DNA复制过程的PPT动画)然后,我们再根据体外DNA复制对温度的要求来设计PCR反应程序,并记录下来。	
	展示照片8	下面按照我们设计并记录好的参数开始操作。	
	插入(播放)视频4	打开PCR仪的电源,进入文件设置,新建文件,设置单元数为4,单元节数分别为1、3、1、1;循环数为30,点击"下一步",按照之前设计好的表格设置每节的工作温度与时间,点击"保存"并命名为LJJ。最后将PCR管放入PCR仪中,放下热盖,进入刚才设置的程序并运行,DNA扩增开始	
小结	展示幻灯片6	在这节课的最后,让我们一起来思考一个问题:假设在PCR反应中只有一个DNA片段作为模板,你能估算出,在30次循环后,反应物中大约有多少个这样的DNA片段吗?	20秒左右

四、录制、处理微视频

脚本创作完成以后,就可以录制微视频了。按照下面的步骤,将微视频录制和处理完成。

1. 微视频录制。打开Camtasia Studio 8.0软件,将前期准备好的视频与PPT素材严格按照教学微视频脚本内容进行屏幕录制,将录制好的内容保存,并进入Camtasia Studio 8.0界面进行编辑。

扫一扫,观看教学微视频

2.添加语音旁白。将所有视频按顺序录制结束后,按照脚本内容添加语音旁白(如图 5-27 所示),并将多余部分剪切掉。

3.生成文件。全部制作结束后,选择"文件"—"生成并分享",生成视频并保存(如图 5-28 和图 5-29 所示)。

图 5-27 添加语音旁白界面

图 5-28 选择生成文件的类型界面

图 5-29 生成进行界面

4.音频降噪处理。回到 Camtasia Studio 8.0 界面,将视频与音频分开。选中视频,点击右键,弹出对话框(如图 5-30 左图所示)。点击"独立视频和音频"后(如图 5-30 右图所示),在原有的轨道 1 上又显示出一个轨道,即轨道 2,这就是我们要处理的音频文件。

图 5-30 独立视频和音频

在图 5-30 所示界面中,选中轨道 2,点击右键,弹出对话框(如图 5-31 左图所示)。选中"自定义生成设置",然后将音频文件单独导出并保存(如图 5-31 右图所示)。

图 5-31　导出音频文件

打开 Adobe audition(如图 5-32 左图所示)，导入刚才的音频文件(如图 5-32 右图所示)。

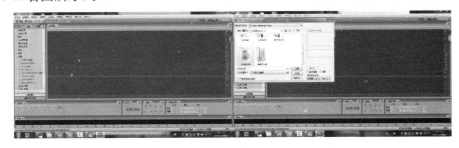

图 5-32　导入音频文件

通过多次试听，找到噪声较长的位置(如图 5-33 左图所示)。然后点击右键，弹出对话框，点击第五行"采集降噪预置噪声"，出现如图 5-33 右图所示界面。

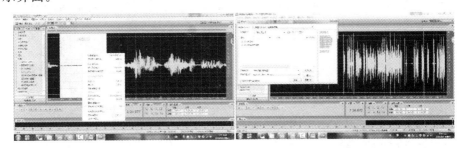

图 5-33　降噪处理设置

选中整个波形，选择"效果"—"修复"—"降噪器"，对整个音频进行降噪处理(如图 5-34 左图所示)。通过试听，确认处理完毕后，将音频文件输出并保存(如图 5-34 右图所示)。

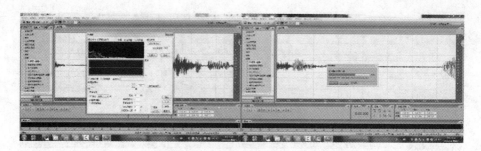

图 5-34 完成降噪处理

返回至 Camtasia Studio 8.0 界面,导入降噪后的音频文件(如图 5-35 左图所示),删除原有音频(如图 5-35 右图所示)。

图 5-35 导入新音频文件

5. 微视频生成。将剪辑好的视频文件和降噪后的音频文件前后对齐,然后选择"文件"—"生成并分享",输出最终的成品(如图 5-36 所示)。

图 5-36 输出成品

6.预览并检查。观看并检查文件,如需修改,再次回到 Camtasia Studio 8.0 软件进行剪辑。

本章小结

本章列举了 9 个教学实例,内容涉及语文、数学、英语、政治、历史、地理、物理、化学和生物 9 个学科。此外,本章第十节用两个实验教学课题展示了如何撰写微视频脚本。为了方便读者学习,作者还加入了部分案例的微视频二维码,供大家扫描学习。

【思考】

1.观看各学科教学微视频,尝试概述微视频教学的优点和缺点。

2.如何才能使微视频教学长期发展下去?

3.你是如何看待微视频教学与传统教学关系的?

4.如何才能开发出精品微课?

后 记

记得翻转课堂刚在我国教学舞台兴起的时候,人们对其展开了很热烈的讨论。有人支持,有人反对,这是任何一个新鲜事物必然会经历的过程。幸运的是,中阳一中对翻转课堂的讨论,没有停留在口头上,我们用自己的实际行动,参与到了新一轮的教育改革潮流中。

2013年底,在县委、县政府的支持下,在山西师范大学张荣华教授团队的帮助下,中阳一中启动了"翻转课堂"教学探究。这个团队里都是一些对教育教学有一定研究的人,他们具有丰厚的学识底蕴,采用浅显易懂的方法,经过视频演示、课件播放,使教师对"翻转课堂"这一概念有了初步了解,渐渐拨开了"翻转课堂"神秘的面纱。之后,我校又派出青年教师赴北京、杭州以及四川聚奎中学等地学习,外出学习不仅开阔了眼界,增长了见识,而且领略了翻转课堂的真谛。回来后干劲有了,信心足了。于是,校领导班子决定在青年教师中树立一批典范,使其成为全校教师的榜样,一批带动一批,一批影响一批,中阳一中的翻转课堂就这样热火朝天地搞起来了。2014—2015学年,我校青年教师参加了山西省教育主管部门组织的微课大赛,获得了一等、二等大奖,其中浸透了教师们的汗水和努力。本书的出版,再次彰显了中阳一中在微课制作技术方面的雄厚力量。

翻转课堂是一种真正能够做到"因人而异,因材施教"的教学方法。我校"翻转课堂"分为两个学习阶段。

第一阶段的流程是课前自主学习,感知新知——课堂交流运用,释疑解惑——课后巩固迁移,完善积累。在这一阶段,教师的任务是引导学生自主学习。教师一要为学生准备教学视频,并放在网络上的学校资源库或者以其他方式提供给学生;二要给学生提供导学案和学习任务单,将学习内容和目标(学什么)、学习方法和要点指导(怎么学)、学习结果判断和检测(学得怎么样)告知学生;三要给学生提供在线的或者其他方式的跨越时空的实时帮助,帮助学习困难和学习中有疑问的学生,也帮助学有余力的学生,在现有水平上精益求精,更上一层楼。

第二阶段的目的是让学生巩固知识、运用知识,形成能力和核心素养。在这一阶段可以让学生说一说,展示他们的学习成果;议一议甚至辩一辩,让观点碰撞,去伪存真;理一理,总结、归纳、梳理,理顺知识的逻辑,完善学生的认知结构;练一练或做一做,运用所学知识解决问题,促进知识的迁移,转化为能力。在这一过程中,学生的认知结构会有许多改变,教师既要充分预设,又要提高把握课堂进程的能力。

近两年来,国家在大力倡导互联网+创新。在教育领域,依托互联网推进在线教育发展的微课,凭借其新颖的传播形式、混合式学习方式和翻转式教学方式,赢得广大教育工作者的喜爱。现如今,它已经渗透到教育领域的每一个角落,从学校到培训机构,从民间组织到网站平台,到处都可以看到微课的身影。与传统教学不同的是,微课的实施需要一定的信息化环境技术作保障,也需要一定的信息化环境条件作基础。微课虽微,其实一点也不简单。就支撑其运行的技术系统而言,它是很多教师入门的首要障碍。本书为教师破解这一障碍提供了有利的武器。它既是我们中阳一中开展课题研究以来,从实践中积累的经验教训的总结,也是推进我校教育教学改革的"技术利器"。

"工欲善其事,必先利其器"。相信《微课其实不简单(技术篇)》这本书会成为每位好学者的良师益友,能给爱好微课的教师一大惊喜!同时感谢为本书付出努力的各位参与者。

让微课和翻转课堂在我校生根、发芽,茁壮成长。

许建华

2016 年 11 月 25 日于中阳一中